甘肃省陇南市
烤烟生产标准体系

黄明迪　许建业　王爱华　主编

中国农业科学技术出版社

图书在版编目（CIP）数据

甘肃省陇南市烤烟生产标准体系 / 黄明迪，许建业，王爱华主编．—北京：中国农业科学技术出版社，2017.11
ISBN 978-7-5116-3244-9

Ⅰ.①甘… Ⅱ.①黄…②许…③王… Ⅲ.①烤烟-烟草工业-标准-汇编-陇南 Ⅳ.①TS47

中国版本图书馆 CIP 数据核字（2017）第 218437 号

责任编辑 张孝安 崔改泵
责任校对 李向荣

出 版 者 中国农业科学技术出版社
北京市中关村南大街 12 号 邮编：100081
电　　话 （010）82109708（编辑室） （010）82109702（发行部）
（010）82109709（读者服务部）
传　　真 （010）82106650
网　　址 http://www.castp.cn
经 销 者 各地新华书店
印 刷 者 北京富泰印刷有限责任公司
开　　本 787 mm×1 092 mm 1/16
印　　张 28
字　　数 680 千字
版　　次 2017 年 11 月第 1 版 2017 年 11 月第 1 次印刷
定　　价 100.00 元

《甘肃省陇南市烤烟生产标准体系》

编　委　会

目　　录

1　基础标准

1.1　陇南市烟草公司烤烟综合标准体系

1.1.1　范围

本标准规定了烤烟生产的种子品种、育苗移栽、田间管理、病虫害防治、采收烘烤、分级扎把、产品质量、收购贮运及生产收购管理服务等全部过程主要环节的综合标准。

1.1.2　规范性引用文件

下列文件中的条款通过本标准的引用而成为本标准的条款。凡是注日期的引用文件，其随后所有的修改（不包括勘误的内容）或修订版均不适应于本标准，然而，鼓励根据本标准达成协议的各方研究是否可使用这些文件的最新版本。凡是不注日期的引用文件，其最新版本适用于本标准（表 1-1）。

表 1-1　陇南市烤烟生产标准系列统计

GB/T 18771. 1—2002	烟草术语第一部分：烟草栽培、调制与分级
YC/T 142—1998	烟草农艺性状调查方法
GB 3095—2012	环境空气质量标准
GB 9137—1988	保护农作物的大气污染最高允许浓度
GB 5084—2005	农田灌溉水质标准
GB 15618—1995	土壤环境质量标准
NY/T 391—2000	绿色食品　产地环境技术条件
YC/T 19—1994	烟草种子
YC/T 122—1994	烟草种子贮藏与运输
YC/T 238—2008	烟用聚乙烯吹塑地膜
GB/T 23222—2008	烟草病虫害分级及调查方法
GB/T 23223—2008	烟草病虫害药效试验方法

（续表）

GB/T 18771. 1—2002	烟草术语第一部分：烟草栽培、调制与分级
GB/T 2635—1992	烤烟
YC/T 25—1995	烤烟实物标样
GB/T 19616—2004	烟草成批原料取样的一般原则
GB/T 23220—2008	烟叶储存保管方法

1.1.3 烤烟综合标准体系

1.1.3.1 烤烟综合标准体系框架图（图 1-1）

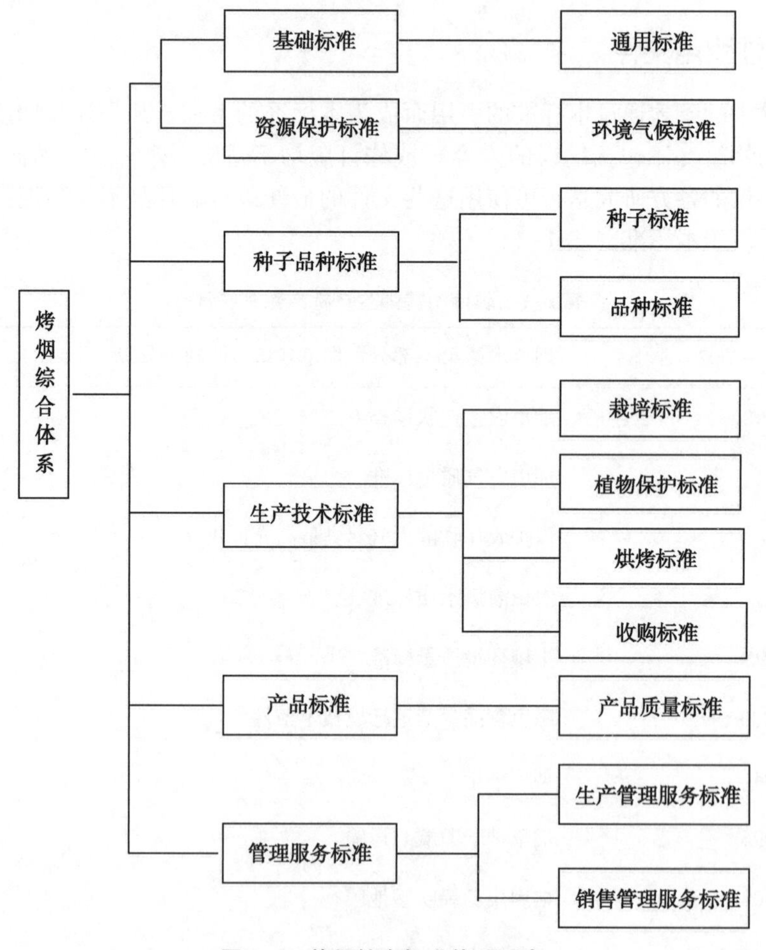

图 1-1 烤烟综合标准体系示意

1.1.3.2 烤烟综合标准体系明细表（表 1-2 和表 1-3）

表 1-2 陇南市烟草公司烤烟综合标准体系（一）

标准类型	标准种别	标准号	标准名称
基础标准	通用标准		陇南市烤烟综合标准体系
		GB/T 18771.1—2002	烟草术语第一部分：烟草栽培、调制与分级
		YC/T 142—1998	烟草农艺性状调查方法
		Q/LNYC.001—2016	烤烟生产月历表
资源保护标准	环境气候标准	GB 3095—2012	环境空气质量标准
		GB 9137—1988	保护农作物的大气污染最高允许浓度
		GB 5084—2005	农田灌溉水质标准
		GB 15618—1995	土壤环境质量标准
		NY/T 391—2000	绿色食品 产地环境技术条件
		Q/LNYC.002—2016	烟叶产地环境标准
		Q/LNYC.003—2016	基本烟田布局规划
种子品种标准	种子标准	YC/T 19—1994	烟草种子
		YC/T 122—1994	烟草种子贮藏与运输
		Q/LNYC.004—2016	烤烟生产籽种供应规程
	品种标准	Q/LNYC.005—2016	烤烟种植品种
生产技术标准	栽培标准	YC/T 238—2008	烟用聚乙烯吹塑地膜
		Q/LNYC.006—2016	烟草用农药质量要求
		Q/LNYC.007—2016	烟草集约化育苗基本技术规程
		Q/LNYC.008—2016	烤烟漂浮育苗技术规程
		Q/LNYC.009—2016	烤烟测土配方平衡施肥技术规程
		Q/LNYC.010—2016	烤烟生产轮作规范
		Q/LNYC.011—2016	烤烟整地、起垄、覆膜技术规程
		Q/LNYC.012—2016	烟叶结构优化工作规程
		Q/LNYC.013—2016	烤烟移栽技术规程
		Q/LNYC.014—2016	烟田土壤水分管理技术规程
		Q/LNYC.015—2016	优质烤烟田间长相标准
		Q/LNYC.019—2016	烤烟缺营养元素症鉴定方法
		Q/LNYC.020—2016	烟叶生产风险保障工作规程
		Q/LNYC.021—2016	烟叶生产灾害性天气预警及应对预案
		Q/LNYC.022—2016	防雹作业点建设管理规程

（续表）

标准类型	标准种别	标准号	标准名称
生产技术标准	植物保护标准	GB/T 23222—2008	烟草病虫害分级及调查方法
		GB/T 23223—2008	烟草病虫害药效试验方法
		Q/LNYC. 016—2016	烤烟病虫害预测预报规程
		Q/LNYC. 017—2016	烤烟病害防治技术规程
		Q/LNYC. 018—2016	农药合理使用规范
	烘烤标准	Q/QYYC. 023—2016	烤烟密集烘烤技术规程
		Q/QYYC. 024—2016	烤烟成熟采收技术规程
		国烟办综〔2009〕418 号	密集烤房技术规范（试行）
	收购标准	Q/LNYC. 026—2016	烟叶收购工作规程
		Q/LNYC. 027—2016	烟叶分级扎把技术规程
		Q/LNYC. 028—2016	烤烟入户预检管理规程
		Q/LNYC. 029—2016	烟叶收购系统日常操作技术规程
产品标准	产品质量标准	GB/T 2635—1992	烤烟
		YC/T 25—1995	烤烟实物标样
		GB/T 19616—2004	烟草成批原料取样的一般原则
		GB/T 23220—2008	烟叶储存保管方法
		Q/LNYC. 030—2016	烟叶质量内控标准
		Q/LNYC. 031—2016	烟叶质量检验技术规程
		Q/LNYC. 032—2016	烟叶收购质量控制标准规程
		Q/LNYC. 033—2016	烟叶产品质量安全规程
		Q/LNYC. 034—2016	烤烟贮存运输规程
管理服务标准	管理标准	Q/LNYC. 035—2016	烤烟生产科技项目实施管理规程
		Q/LNYC. 036—2016	标准化烟叶收购站管理规程
		Q/LNYC. 037—2016	烟用物资管理发放规程
		Q/LNYC. 038—2016	烟叶生产技术培训管理规程
		Q/LNYC. 039—2016	烟农户籍化管理工作规程
	服务标准	Q/LNYC. 040—2016	烟叶生产技术指导服务标准
		Q/LNYC. 041—2016	烟物资供应服务标准
		Q/LNYC. 042—2016	烤烟产品售后服务标准

（续表）

标准类型	标准种别	标准号	标准名称
现代烟草农业专业化服务标准	服务标准	Q/LNYC. 043—2016	陇南烟草烟叶精准育苗专业化服务规程
		Q/LNYC. 044—2016	陇南现代烟草农业机械专业化精准服务规程
		Q/LNYC. 045—2016	陇南烟草烟叶精准植保专业化服务规程
		Q/LNYC. 046—2016	陇南烟草烟叶精准烘烤专业化服务规程
		Q/LNYC. 047—2016	专业化分级技术规程
		Q/LNYC. 048—2016	陇南烟草职业化烟农精准培育管理规程

表 1–3　陇南市烟草公司烤烟综合标准体系统计（二）

标准类型	标准种别	标准数	国家标准	烟草行业标准	省地方标准	企业标准
基础标准	通用标准	3	1	1		1
资源保护标准	环境气候标准	7	4	1		2
种子品种标准	种子标准	3		2		1
	品种标准	1				1
生产技术标准	栽培标准	15		1		14
	植物保护标准	5	2			3
	烘烤标准	3		1		2
	收购标准	4				4
产品标准	产品质量标准	9	3	1		5
管理服务标准	管理标准	5				5
	服务标准	3				3
合计		58	10	6		42

1.1.4　支持性文件

无。

1.1.5　附录（资料性附录）

序号	记录名称	记录编号	填制/收集部门	保管部门	保管年限
—	—	—	—	—	—

ICS 65.160
X 85

GB

中华人民共和国国家标准

GB/T 18771.1—2002

烟草术语
第1部分：烟草栽培、调制与分级

Tobacco vocabulary—part 1：Tobacco cubacco cultivation，curing and grading

ISO 10185：1993，Tobacco and tobacco products—Vocabulary，NEO)

2002-07-02 发布　　2013-01-01 实施

中华人民共和国
国家质量监督检验检疫总局　发布

1.2 烟草术语（烟草栽培、调制与分级）

1.2.1 范围

GB/T 18771 的本部分规定了烟草栽培、调制与分级常用的部分术语。

本部分适用于烟草行业

1.2.2 烟草类型

1.2.2.1 烟草 tobacco

烟草在植物学分类上属于茄科（*solanceae*）烟草属（Nicotiana）。目前已发现的烟草属有 66 个种，其中多数是野生种，人类栽培利用的只有两种，一个是普通烟草（*Nicotianatabacum* L.）（1.2.2.9）又称红花烟草（1.2.2.9）；另一个是黄花烟草（*Nicotiana rustica* L.）（1.2.2.8）。

1.2.2.2 烤烟 flue-cured tobacco

在烤房（1.2.4.17）内利用火管或其他方式加热调制（1.2.4.4）的烟叶，是卷烟工业的主要原料。

1.2.2.3 晒烟 sun-cured tobacco

利用阳光照晒调制（1.2.4.4）后的烟叶颜色（1.2.5.25）分为硒红烟和晒黄烟等。

1.2.2.4 晾烟 air-cured tobacco

在无阳光直接照射的阴凉通风场所调制（1.2.4.4）的烟叶。按调制（1.2.4.4）后烟叶颜色（1.2.5.25）深浅分为浅色晾烟〔白肋烟（1.2.2.6）、马立兰烟（1.2.2.5）〕和深色晾烟。

1.2.2.5 马立兰烟 Maryland tobacco

因原产于美国马里兰州而得名的一种浅色晾烟（1.2.2.4），是混合型卷烟的原料之一。

1.2.2.6 白肋烟 burley tobacco

属于一种浅色晾烟（2~4），烟株的茎和叶脉呈乳白色，叶片有较强的吸收料液能力和填充性能，是混合型卷烟的主要原料之一。

1.2.2.7 香料烟 oriental tobacco

又称土耳其型烟或东方型烟。先晾至萎蔫后再晒制，株型和叶片小，具有较强的芳香香气，吃味好，是混合型卷烟和晒烟型卷烟的重要原料。

1.2.2.8 黄花烟草 *Nicotiana ruslica* L.

按植物学分类，为人类栽培烟草（1.2.2.1）的两个种之一，花色淡黄至绿黄，花冠长度约为普通烟草（1.2.2.9）的一半。生育期较短，耐冷凉。

1.2.2.9 普通烟草 *Nicotiana tobacum* L.

红花烟草 *Nicotiana tobacco* L.

按植物学分类，为人类栽培烟草（1.2.2.1）的最主要的一个种。其花冠呈漏斗状，长度约为3~5cm，花色多为粉红色至深红色，全株有腺毛，是卷烟工业主要原料。

1.2.3 烟草栽培

1.2.3.1 烟草包衣丸化种子 pelleted seed of tobacco

用种衣剂和粉料等包裹后形成丸粒化的烟草（1.2.2.1）种子。

1.2.3.2 播种期 sowing period

种子播入苗床的日期。

1.2.3.3 出苗期 full seedling stage

50%幼苗子叶完全展开的日期。

1.2.3.4 小十字期 two true leaves stage

50%幼苗在第三真叶出现时，第一、第二真叶与叶子大小相近，交叉呈十字形的日期。

1.2.3.5 成苗期 time of seedling desired to plant

50%幼苗达到适栽和壮苗要求，可进行移栽的日期。

1.2.3.6 苗床期 seedling stang

从播种至成苗这段时期。

1.2.3.7 移栽期 transplanting stage

烟苗栽植大田的日期。

1.2.3.8 还苗期 seedling restituion stage

烟苗从移栽至成活这段时期。移栽后50%以上烟苗根系恢复生长、叶色较青、日晒不萎，心叶开始生长，烟苗即为成活。

1.2.3.9 伸根期 root spreading stage

烟苗从成活至团棵这段时期。

1.2.3.10 团棵期 rosette stage

50%烟株达到团棵标准。此时叶片12~13片，叶片横向生长的宽度与纵向生长的高度比例约2：1，形似半球时称为团棵期。

1.2.3.11 旺长期 fast growing period

50%烟株从团棵至现蕾这段时期。

1.2.3.12 现蕾期 flower-bud appearing stage

10%烟株的花蕾完全露出的日期称为现蕾始期；50%烟株的花蕾完全露出的日期称为现蕾盛期。

1.2.3.13 开花期 flowering stage

10%烟株第一中心花开放的日期称为开花始期；50%烟株烟株第一中心花开放的日期称为开花盛期。

1.2.3.14 烟叶成熟期 leaf maturity stage

烟株现蕾后至烟叶采收（1.2.6.8）结束这段时期。

1.2.3.15 蒴果成熟期 maturity period of capsule

50%烟株半数蒴果呈黄褐色的日期。

1.2.3.16 大田生育期 growth duration after transplant

从移栽至烟叶采收（1.2.6.8）结束（留种田至种子采收结束）的整个生长阶段。

1.2.3.17 假植 temporary transplantation

烟苗有 4~5 片真叶时，将烟苗植入假植苗床或营养袋、营养体上进行培育壮苗的一种农艺措施。

1.2.3.18 锻苗 seedlings hardening

移栽前采取逐渐揭开塑料薄膜让烟苗直接受阳光照射和停止浇水等措施，促使烟苗提高抗逆能力的一种农艺措施。

1.2.3.19 种植密度 stand density; plant population

单位面积烟田实际种植的烟株数。通常以株/公顷表示。

1.2.3.20 早花 premature flowering

在干旱、低温等不利气候条件下，烟株在未达到本品种叶数特性或在正常栽培生长条件下应有的高度和叶数时就过早现蕾开花的现象。

1.2.3.21 底烘 end of drying

烟株的下部烟叶尚未达到成熟（1.2.5.13）时期，在不利生长条件下提早变黄或枯萎，进而干枯的现象。

1.2.3.22 打顶 topping

摘除烟株顶端，杜绝烟株内部营养物质为开花结果而消耗，促使营养物质供应烟叶生长，提高烟叶质量和产量的一种农艺措施。分现蕾打顶、初花打顶等。

1.2.3.23 抹杈 suckering; sucker picking

烟株打顶（1.2.3.22）后腋芽长 3cm 左右时把腋芽摘除的过程。

1.2.3.24 抑芽剂 suckercide; sucker killing agent

对烟株的腋芽具有杀伤或抑制其生长作用的物质。

1.2.3.25 留杈 keep suckers on stalk

烟株出现早花（1.2.3.20）或某种需要时，采取打顶促使腋芽长出后只保留 1~2 个腋芽加以培育的栽培措施。

1.2.3.26 黑暴烟 stout

到了成熟（1.2.5.13）期烟叶仍保持较深绿色、叶片脆较大、黏性小且不落黄的烟株。

1.2.3.27 成熟特征 characters of maturity

田间烟叶成熟（1.2.5.13）时，烟叶外观上呈现的一些特征，如叶色呈现黄绿色，中部及上部烟叶呈现黄斑，烟叶表面茸毛（腺毛）脱落，有光泽，主脉变白发亮，叶尖和叶缘下垂，茎叶角度增大等。

1.2.3.28 鲜烟叶 green leaf; fresh leaf

采收（1.2.6.8）后至调制（1.2.4.4）前的烟叶。

1.2.4 烟草调剂

1.2.4.1 绑烟 stringing; sewing

为了便于调剂（1.2.4.4），用细绳将采收（1.2.6.8）的鲜烟叶（1.2.3.28）每 2~3

片为一束绑在专用的烟杆（1.2.4.2）上以便于调剂（1.2.4.4）。

1.2.4.2　烟杆 stick；tobacco sticks

烘烤（1.2.4.5）烟叶使用的用于绑烟（1.2.4.1）的专用竹竿或木杆等。

1.2.4.3　烟折 pair of bamboo grates

竹蔑编织而成的用于夹住晒制烟叶的一种用具。

1.2.4.4　调制 curing

应用自然温湿度或人工加温和控制温、湿度的方法，促使采收（1.2.6.8）后的烟叶化学成分向有利于品质好的方面转化、叶色变化适当、烟叶达到干燥的工艺过程。

1.2.4.5　烘烤 flue--curing

采收（1.2.6.8）后的烟叶挂在烤房内用人工加温和控制温、湿度的方法使烟叶变黄并干燥。

1.2.4.6　密集烘烤 bulk curing

利用烟夹或烟箱等手段将采收（1.2.6.8）后的烟叶紧密地装挂或放在密集烤房内，采用强制热风循环等方法使烟叶变黄并干燥。

1.2.4.7　晾制 air-curing

采收（1.2.6.8）后的烟叶或烟株悬挂在专用的晾房或晾棚内，在不受阳光直射的自然条件下变黄并干燥。分为烟叶晾制（1.2.4.8）和整株晾制（1.2.4.9）。

1.2.4.8　烟叶晾制 leaf air-curing

采收（1.2.6.8）的烟叶上绳后悬挂在专用的晾房或晾棚内，在不受阳光直射的自然条件下变黄并干燥。

1.2.4.9　整株晾制 stalk air-curing

砍茎（1.2.6.10）采收（1.2.6.8）的烟叶，整株悬挂在晾房或晾棚内在不受阳光直射的自然条件下变黄并干燥。

1.2.4.10　晒制 sun-curing

将采收（1.2.6.8）后的烟叶放在阳光暴晒下变黄并干燥。分为索晒（1.2.4.11）和折晒（1.2.4.12）等。

1.2.4.11　索晒 sun-curing with string

将采收（1.2.6.8）的烟叶用绳串起来后挂在木架上，在阳光暴晒下变黄并干燥（一般是晴天晒，阴天晾，白天晒，夜间晾）。

1.2.4.12　折晒 sun-curing with pair of bamboo grates

将采收（1.2.6.8）的烟叶夹在用竹篾编织的烟折内，在阳光暴晒下变黄并干燥。

1.2.4.13　变黄 yellowing

调制（1.2.4.4）前期，在一定的温湿度条件下烟叶的颜色（1.2.5.25）由黄绿色转变为黄色［烤烟（1.2.2.2）］或棕黄色（晾晒烟）。

1.2.4.14　堆积变黄 bick yellowing

在地面铺有草席或麻袋等物的房内，将采收（1.2.6.8）的鲜烟叶（1.2.3.28）堆成一定体积的烟堆，借助烟草自身产生的热量使烟叶由黄绿色转变为黄色。

1.2.4.15 定色 color fixing

烟叶变黄（1.2.4.13）后，在一定的温湿度条件下使烟叶叶片干燥的同时把烟叶色泽固定下来。

1.2.4.16 干筋 stem drying；killing out

烟叶调制（1.2.4.4）后期，在一定的温湿度条件下使主脉水分散失并干燥。

1.2.4.17 烤房 flue-curing barn

借助于火管加热和自然通风等手段烘烤（1.2.4.5）烟叶的专用房子。

1.2.4.18 密集烤房 bulk curing barn；bulk curer

采用动力强制热风循环方法烘烤（1.2.4.5）烟叶的专用房子或设备。

1.2.4.19 太阳能加热烤房 solar-heating barn

利用太阳光热能作为烘烤（1.2.4.5）烟叶的辅助热源烘烤（1.2.4.5）烟叶的专用房子。

1.2.4.20 晾房 air-curing barn

利用自然气候条件晾制（1.2.4.7）烟叶的房子。

1.2.5 烟叶分级

1.2.5.1 烟叶部位 leaf position；stalk position

烟叶在烟株上着生的位置，由下而上分为下部叶（1.2.5.4）、中部叶（1.2.5.5）、上部叶（1.2.5.8）或分为脚叶（1.2.5.2）、下二棚（1.2.5.3）腰叶、上二棚（1.2.5.6）、顶叶（1.2.5.7）。

1.2.5.2 脚叶 fly

着生在烟株主茎最下面靠近地面的2~3片烟叶。

1.2.5.3 下二棚 lugs

着生在脚叶（1.2.5.2）之上并与脚叶（1.2.5.2）相邻的若干片下部烟叶。

1.2.5.4 下部叶 lower leaf

着生在烟株主茎下部的烟叶，包括脚叶（1.2.5.2）和下二棚（1.2.5.3）烟叶。

1.2.5.5 中部叶 cutters

着生在烟株主茎中部的若干片烟叶。

1.2.5.6 上二棚 leaf

着生在中部叶（1.2.5.5）之上并与中部叶（1.2.5.5）相邻的若干片上部烟叶。

1.2.5.7 顶叶 tips

着生在烟株主茎最上部的3~4片烟时。

1.2.5.8 上部叶 upper leaf

着生在烟株主茎上部的烟叶，包括上二棚（1.2.5.6）和顶叶（1.2.5.7）。

1.2.5.9 分组 groups

在烟叶着生部位、颜色（1.2.5.25）和其总体质量相关的特征的基础上，将相近似的等级划分成组。

1.2.5.10　分级 grading

将同一组列内的烟叶，按质量的优劣划分的级别。

1.2.5.11　成熟度 maturity

调制（1.2.4.4）后烟叶的成熟（1.2.5.13）程度〔包括田间和调制（1.2.4.4）成熟（1.2.5.13）程度〕。分为完熟（1.2.5.12）、成熟（1.2.5.13）、尚熟（1.2.5.14）、欠熟（1.2.5.15）、假熟（1.2.5.16）、过熟等档次。

1.2.5.12　完熟 mellow

上部烟叶在田间达到高度的成熟（1.2.5.13），且调制（1.2.4.4）后熟充分。

1.2.5.13　成熟 ripe

烟叶在田间及调制（1.2.4.4）后熟均达到成熟程度。

1.2.5.14　尚熟 mature

烟叶在田间生长到接近成熟（1.2.5.13），生化变化尚不充分或调制（1.2.4.4）失当后熟不够。

1.2.5.15　欠熟 unripe

烟叶在田间未达到成熟（1.2.5.13）或调制（1.2.4.4）失当。

1.2.5.16　假熟 premature

外观似成熟（1.2.5.13），实质上未达到真正成熟（1.2.5.13）。

1.2.5.17　叶片结构 leaf structure

烟叶细胞排列的疏密程度，分为下列档次，疏松（open）、尚疏松（firm）、稍密（close），紧密（tight）。

1.2.5.18　身份 body

烟叶厚度、细胞密度或单位面积重量。以厚度表示，分下列档次：薄（thin）、稍薄（lessthin）、中等（medium）、稍厚（fleshy）、厚（heavy）。

1.2.5.19　油分 oil

烟叶内含有的一种柔软半液体物质。

1.2.5.20　色度 color intensty

烟叶表面颜色（1.2.5.25）的饱和程度、均匀度和光泽强度。

1.2.5.21　烟叶长度 leaf length

从叶片主脉柄端至烟叶尖端间的距离。对香料烟则是指烟叶尖到叶底的距离。

1.2.5.22　烟叶宽度 leaf width

烟叶最宽处两个对边之间最短距离。

1.2.5.23　残伤 waste

烟叶组织受破坏，失去成丝的强度和坚实性，基本无使用价值。以百分数（%）表示。

1.2.5.24　破损 injury

叶片受到机械损伤而失去原有的完整性，且每片烟叶破损面积不超过50%。以百分数表示。

1.2.5.25 颜色 color

同一型烟叶经调制（1.2.4.4）后烟叶的色彩、色泽饱和度和色值的状态。

1.2.5.26 柠檬黄色 lemon

烟叶表观全部呈现黄色，在淡黄、正黄色色域内。

1.2.5.27 橘黄色 orange

烟叶表观呈现橘黄色，在金黄色、深黄色色域内。

1.2.5.28 红棕色 red

烟叶表观呈现红黄色、或浅棕黄色，在红黄、棕黄色色域内。

1.2.5.29 微带青 greenish

黄色烟叶上叶脉带青或叶片含微浮青面积在10%以内者。

1.2.5.30 青黄色 green-yellow

黄色烟叶上有任何可见的青色，且不超过三成者。

1.2.5.31 光滑 slick

烟叶组织平滑或僵硬。任何叶片上平滑或硬面积超过20%者，均列为光滑叶。

1.2.5.32 杂色 variegated

烟叶表面存在的非基本色的颜色（1.2.5.25）斑块（青黄烟除外），包括轻度烟筋，蒸片及局部挂灰，全叶受污染，青痕较多，严重烤红、严重潮红，受蚜虫损害的烟叶等。凡杂色面积达到或超过20%者，均视为杂色叶片。

1.2.5.33 洇筋 swelled stem；wet rib

由于干筋期烤房内温度下降，尚未烤干的主脉中水分渗透到已烤干的叶片内，使烘烤（1.2.4.5）后烟叶沿主脉旁边呈褐色长条状斑块。

1.2.5.34 挂灰 scalding

烟叶表面呈现局部或全部浅灰色或灰褐色。

1.2.5.35 青痕 green spotty

烟叶在调制（1.2.4.4）前受到机械擦压伤而造成的青色痕迹。

1.2.5.36 烤红 scorched leaf

由于干筋期烤房（1.2.4.17）内温度过高，烘烤（1.2.4.5）后烟叶叶面有红色、红褐色斑点或斑块。

1.2.5.37 潮红 sponged leaf

调制（1.2.4.4）后的烟叶因回潮过度引起烟叶变成红褐色。

1.2.5.38 光泽 brilliance

烟叶表面色彩的纯鲜程度。分为鲜明、尚鲜明、稍暗、较暗、暗。

1.2.5.39 把烟 bundle

同一等级一定数量的烟叶为一束，在其烟柄处被同级的1～2片烟叶缠绕扎紧后的一束烟叶。

1.2.5.40 自然把 crumpled leaf bundle

烟叶调制（1.2.4.4）后形成的自然形态下分级并扎成的把烟（1.2.5.39）。

1.2.5.41　平摊把 flattened leaf bundle

在烟叶分级（1.2.5.10）过程中用手将烟叶平摊开。使叶面平展后扎成的把烟（1.2.5.39）。

1.2.5.42　散烟叶 loose leaves

分级（1.2.5.10）后不扎把的烟叶。

1.2.5.43　纯度允差 tolerance

混级的允许度。允许在上、下一级总和之内，纯度允差以百分数（%）表示。

1.2.6　与香料烟有关的术语

1.2.6.1　烟叶尺寸 leaf size

烟叶的大概尺寸（大、中或小）。

〔ISO 10185：1993 中 2.1〕

1.2.6.2　叶柄 petiole

烟叶上把烟叶本体连接到烟株茎上的那一部分。

〔ISO 10185：1993 中 2.41〕

1.2.6.3　无柄烟叶 sessile leaf

用增宽的叶基把烟叶连在烟株茎上的叶型。

〔ISO 10185：1993 中 2.51〕

1.2.6.4　长宽比 diametrical ratio

烟叶长度（1.2.5.21）和最大宽度的比例。

〔ISO 10185：1993 中 2.6〕

1.2.6.5　中心距 central distance

烟叶叶基和烟叶最大宽度处之间的距离。

〔ISO 10185：1993 中 2.71〕

1.2.6.6　椭圆度系数 coefficent of ovality

烟叶长度（1.2.5.21）和中心距（1.2.6.5）的比例。

〔ISO 10185：1993 中 2.8〕

1.2.6.7　叶尖角 tip angle

从烟叶叶尖到烟叶边缘划出的两条切线之间的夹角。

1.2.6.8　采收 harvest

通过分次采收叶（1.2.6.9）或砍茎（1.2.6.10）而收获烟叶。

〔ISO 10185：1993 中 2.10.1〕

1.2.6.9　采叶 priming

逐叶采收（1.2.6.8）已成熟（1.2.5.13）的烟叶。

〔ISO 10185：1993 中 2.10.2〕

1.2.6.10　砍茎 stalk cutting

砍下整个烟株（烟叶附着茎秆上）。

〔ISO 10185：1993 中 2.10.3〕

1.2.6.11 混合砍茎 mixed cutting

下部烟叶采收（1.2.6.8），上部烟叶砍茎（1.2.6.10）。

〔ISO 10185：1993 中 2.10.4〕

1.2.6.12 把 hand

成熟（1.2.5.13）时一起采摘的具有相同尺寸和形态的一组烟叶。

〔ISO 10185：1993 中 2.10.5〕

1.2.6.13 针 needle

用于烟叶穿绳。

〔ISO 10185：1993 中 2.10.6〕

1.2.6.14 绳 string

由麻制成的用于穿烟叶的绳子。

〔ISO 10185：1993 中 2.10.7〕

1.2.6.15 穿绳 Stringing

用针（1.2.6.13）从烟叶主脉到叶柄部位把烟叶穿在一起。

〔ISO 10185：1993 中 2.10.8〕

1.2.6.16 打包 baling

使用合适的方法把同产地级别的烟叶压紧和包装。

〔ISO 10185：1993 中 2.11.1〕

1.2.6.17 烟包 bale

最适合于烟叶仓储、发酵和运输的一种包装形式。在香料烟产区通常使用的烟包形式是通加（tonga）包（散叶打包的一种烟包）。

〔ISO 10185：1993 中 2.11. 2〕

1.2.6.18 大通加包 big tonga bale

烟包质量为 31~55kg。

〔ISO 10185：1993 中 2.11.3〕

1.2.6.19 小通加包 small to nga bale

烟包质量为 20~30kg。

〔ISO 10185：1993 中 2.11.4〕

1.2.6.20 包布 wrapper

用于包裹烟包（1.2.6.17）的材料。通常使用的织物是麻袋布、打包麻布或可以透气和透水分的其他类似。

〔ISO 10185：1993 中 2.11.5〕

1.2.6.21 底包布 bottom wrapper

用于覆盖没有包下面、上面和后面的包布。

〔ISO 10185：1993 中 2.11.6〕

1.2.6.22 侧包布 side wrapper

用于覆盖没有被包布（1.2.6.21）盖住的烟包的前面、后面和左面的包布。

〔ISO 10185：1993 中 2.11.7〕

1.2.6.23　通加绳 tonga rope

用麻或任何其他类似的非污染材料制成的一种绳（1.2.6.14）。这种绳（1.2.6.14）用于系紧包布（1.2.6.21）的上面和下面。

〔ISO 10185：1993 中 2.11.8〕

1.2.6.24　缝包线 bale sewing thread

用麻或任何其他类似的非污染材料制成的一种线。这种线用于缝连底包布（1.2.6.21）和侧包布（1.2.6.22）。

〔ISO 10185：1993 中 2.11.9〕

ICS 55.160
X 87
备案号：29060—2010

中华人民共和国烟草行业标准

YC/T 142—2010
代替 YC/T 142—1998

烟草农艺性状调查测量方法

Investigating and measuring methods of agronomical character of tobacco

2010-05-12 发布 **2010-05-20 实施**

国家烟草专卖局 发布

前　言

本标准依据 GB/T 1.1—2009《标准化工作导则 第1部分：标准的结构和编写》的要求进行编写。

本标准代替 YC/T 142—1998《烟草农艺性状调查测量方法》。

请注意本文件的某些内容可能涉及专利。本文件的发布机构不承担识别这些专利的责任。

本标准由国家烟草专卖局提出。

本标准由全国烟草标准化技术委员会农业分技术委员会（SAC/TC 144/SC 2）归口。

本标准起草单位：中国烟草总公司青州烟草研究所。

本标准主要起草人：申国明、陈爱国、王程栋、刘光亮、梁晓芳和董建新。

本标准所代替标准的历次版本发布情况为：

——YC/T 142—1998。

YC/T 142—2010

1.3 烟草农艺性状调查测量方法

1.3.1 范围

本标准规定了烟草农艺性状及生育期的调查方法，规定了田间试验农艺性状调查原则、测量方法和一级数据、二级数据的整理归纳分析方法。

本标准适用于栽培烟草的农艺性状调查。

1.3.2 规范性引用文件

下列文件对于本文件的应用是必不可少的。凡是注日期的引用文件，仅注日期的版本适用于本文件。凡是不注日期的引用文件，其最新版本（包括所有的修改单）适用于本文件。

GB/T 23222 烟草病虫害分级及调查方法。

YC/T 344 烟草种质资源描述和数据规范。

1.3.3 术语和定义

下列术语和定义适用于本文件。

1.3.3.1 生育期 growth period

烟草从出苗到子实成熟的总天数；栽培烟草从出苗到烟叶采收结束的总天数。

1.3.3.2 农艺性状 agronomical character

烟草具有的与生产有关的特征和特性，是鉴别品种生产性能的重要标志，受品种特性和环境条件的影响。

1.3.3.3 播种期 sowing period

烟草种子播种到母床和直播育苗盘的日期。

1.3.3.4 出苗期 full seedling stage

从播种至幼苗子叶完全展开的日期。

1.3.3.5 十字期 period of cross-shaped

幼苗在第三真叶出现时，第一、第二真叶与子叶大小相近，交叉呈十字形的日期，称小十字期。幼苗在第五真叶出现时，第三、第四真叶与第一、第二真叶大小相近，交叉呈十字形的日期，称大十字期。

1.3.3.6 生根期 root spreading stage

十字期后，从幼苗第三真叶至第七真叶出现时称为生根期。此时幼苗的根系已形成。

1.3.3.7 假植期 temporary transplantation stage

将烟苗再次植入托盘、假植苗床或营养袋（块）的时期。

1.3.3.8 成苗期 time of seedling desired to plant

烟苗达到移栽的壮苗标准，可进行移栽的日期。

1.3.3.9　苗床期 seedling stage

从播种到成苗这段的时间。

1.3.3.10　移栽期 transplanting stage

烟苗移栽大田的日期。

1.3.3.11　还苗期 seedling restitution stage

烟苗从移栽到成活为还苗期。根系恢复生长，叶色转绿、不凋萎、心叶开始生长，烟苗即为成活。

1.3.3.12　伸根期 root spreading stage

烟苗从成活到团棵称为伸根期。

1.3.3.13　团棵期 rosette stage

植株达到团棵标准，此时叶片12~13片，叶片横向生长的宽度与纵向生长的高度比例约为2∶1，形似半球状时为团棵期。

1.3.3.14　旺长期 fast growing period

植株从团棵到现蕾称为旺长期。

1.3.3.15　现蕾期 flower-bud appearing stage

植株的花蕾完全露出的时间为现蕾期。

1.3.3.16　打顶期 topping stage

植株可以打顶的时期。

1.3.3.17　开花期 flowering stage

植株第一中心花开放的时期。

1.3.3.18　盛花期 most flowering stage

植株50%以上的花开放的时期。

1.3.3.19　第一青果期 first young capsule stage

植株第一中心蒴果完全长大，呈青绿色的时期。

1.3.3.20　蒴果成熟期 maturity period of capsule

蒴果呈黄绿色，大多数种子成熟的时期。

1.3.3.21　收种期 seed pick up period

实际采收种子的时期。

1.3.3.22　生理成熟期 physiological maturity stage

植株叶片定型，干物质积累最多的时期。

1.3.3.23　工艺成熟期 technical maturity stage

烟叶充分进行内在生理生化转化，达到了卷烟原料所要求的可加工性和可用性，烟叶质量达最佳状态的时期。

1.3.3.24　过熟期 hypermature stage

烟叶达到工艺成熟以后，如不及时采收，养分大量消耗，逐渐衰老枯黄的时期。

1.3.3.25　烟叶成熟期 tobacco leaf mature stage

烟叶达到工艺成熟的时期。

1.3.3.26 大田生育期 growth duration after transplant

从移栽到烟叶采收完毕（留种田从移栽到种子采收完毕）的这段时期。

1.3.3.27 叶形 leaf shape

或称叶形指数，根据叶片的性状和长宽比例以及叶片最宽处的位置确定。分椭圆形、卵圆形、心脏形和披针形。

1.3.3.28 影像 video

拍摄带背景数码照片或影音资料，至少应包括影像的主题、日期和试验（小区）名称等信息。

1.3.4 调查及项目记载

1.3.4.1 调查要求

1.3.4.1.1 调查方法

以株为单位。

1.3.4.1.2 选点

大区选取有代表性的田块，采用对角线或S形选点。

1.3.4.1.3 取样

田间采用对角线5点、S形多于5点取样的方法。每点10~20株，小区试验每小区选取10株调查，如相同处理所有小区20~30株应作普查。

1.3.4.2 农艺性状调查

1.3.4.2.1 苗期生长势

在生根期调查记载。分强、中、弱三级。

1.3.4.2.2 苗色

在生根期调查。分深绿、绿、浅绿、黄绿四级。

1.3.4.2.3 大田生长势

分别在团棵期和现蕾期记载。分强、中、弱三级。

1.3.4.2.4 整齐度

在现蕾期调查。分整齐、较齐、不整齐三级。以株高和叶数的变异系数10%以下的整齐；25%以上的为不整齐。

1.3.4.2.5 腋芽生长势

打顶后首次抹芽前调查。分强、中、弱三级。

1.3.4.2.6 株型

植株的外部形态，开花期或打顶后一周调查。

（1）塔形。植株自下而上逐渐缩小，呈塔形。

（2）筒形。植株上、中、下三部位大小相近，呈筒形。

（3）腰鼓形。植株上下部位较小，中部较大，呈腰鼓形。

1.3.4.2.7 株高

（1）自然株高。不打顶植株在第一青果期进行测量。自地表茎基处至第一蒴果基部的高度（单位：cm，下同）。

（2）栽培株高。打顶植株在打顶后茎顶端生长定型时测量。自地表茎基处至茎部顶端的高度，又称茎高。

（3）生长株高。是现蕾期以前的株高，为自地表茎基处至生长点的高度。

1.3.4.2.8　茎围

（1）定期测量。第一青果期或打顶后1周至10d内在自下而上第5~6叶位之间测量茎的周长。

（2）不定期测量。在试验规定的日期于自下而上第5~6叶位之间测量茎的周长。

1.3.4.2.9　节距

（1）定期测量。第一青果期或打顶后1周至10d内测量株高和叶数，计算其平均长度。

（2）不定期测量。在试验规定的日期测量株高和叶数，计算其平均长度。

1.3.4.2.10　茎叶角度

于第一青果期或打顶后1周至10d内的10：00前，自下而上测量第10叶片与茎的着生角度。分甚大（90°以上）、大（60°~90°）、中（30°~60°）和小（30°以内）四级。

1.3.4.2.11　叶序

以分数表示。于第一青果期或打顶后1周至10d内测量，自脚叶向上计数，把茎上着生在同一方向的两个叶节之间的叶数作为分母；两叶节之间着生叶片的顺时针或逆时针方向所绕圈数作为分子表示。通常叶序有2/5、3/8和5/13等。

1.3.4.2.12　茸毛

（1）定期测量。现蕾期在自上而下第4~5片叶的背面调查，与对照比较，观察描述茸毛的多少。分多、少两级。

（2）不定期测量。在试验规定的日期在自上而下第4~5片叶的背面调查，记载茸毛的多少。

1.3.4.2.13　叶数

（1）有效叶数。实际采收的叶数。

（2）着生叶数。也叫总叶数，自下而上至第一花枝处顶叶的叶数。

（3）生长期叶数调查。苗期和大田期调查叶数时，苗期长度1cm以下的小叶、大田期长度5cm以下的小叶不计算在内。

1.3.4.2.14　叶片长宽

（1）一般调查。分别测量脚叶、下二棚、腰叶、上二棚和顶叶各个部位的长度和宽度。长度指叶片正面自茎叶连接处至叶尖的直线长度；宽度指叶面最宽处与主脉的垂直长度。

（2）最大叶长宽。测量最大叶片的长度和宽度，在不能用肉眼区分时，可测量与最大叶（包括该叶片）相邻的3个叶片，取长乘宽之积最大的叶片数值。

1.3.4.2.15　叶形

（1）椭圆形。叶片最宽处在中部。

（2）宽椭圆形。长宽比为（1.6~1.9）：1。

（3）椭圆形。长宽比为（1.9~2.2）：1。

(4) 长椭圆形。长宽比为 (2.2~3.0)：1。

(5) 卵圆形。叶片最宽处靠近基部（不在中部）。

(6) 宽卵圆形。长宽比为 (1.2~1.6)：1。

(7) 卵圆形。长宽比为 (1.6~2.0)：1。

(8) 长卵圆形。长宽比为 (2.0~3.0)：1。

(9) 心脏形。叶片最宽处靠近基部，叶基近主脉处凹陷状，长宽比为 (1.0~1.5)：1。

(10) 披针形。叶片披长，长宽比为 3.0：1 以上。

1.3.4.2.16 叶柄

分有、无两种。自茎至叶基部的长度为叶柄长度。

1.3.4.2.17 叶尖

分钝尖、渐尖、急尖和尾尖 4 种。

1.3.4.2.18 叶耳

分大耳、中耳、小耳和无耳 4 种。

1.3.4.2.19 叶面

分皱折面、较皱面、较平面和平面 4 种。

1.3.4.2.20 叶缘

分皱折、波状和较平 3 种。

1.3.4.2.21 叶色

分浓绿、深绿、绿、黄绿等。

1.3.4.2.22 叶片厚薄

分厚、较厚、中、较薄和薄五级。

1.3.4.2.23 叶肉组织

分细密、中等、疏松三级。

1.3.4.2.24 叶脉形态

(1) 叶脉颜色。分绿、黄绿、黄白等。多数白肋烟为乳白色。

(2) 叶脉粗细。分粗、中和细三级。

(3) 主侧脉角度。在叶片最宽处测量主脉和侧脉着生角度。

1.3.4.2.25 茎色

分深绿、绿、浅绿和黄绿四种。多数白肋烟为乳白色。

1.3.4.2.26 花序

在盛花期记载花序的密集或松散的程度。

1.3.4.2.27 花朵

在盛花期调查花冠、花萼的形状、长度、直径和颜色。分深红、红、淡红、白色、黄色、黄绿色等。

1.3.4.2.28 蒴果

青果期记载蒴果长度、直径及形状。

1.3.4.2.29 种子

晾干后记载种子的形状、大小和色泽。

1.3.4.3　生育期调查

1.3.4.3.1　播种期

实际播种日期，以月、日表示。

1.3.4.3.2　出苗期

全区50%及以上出苗的日期。

1.3.4.3.3　小十字期

全区50%及以上幼苗呈小十字形的日期。

1.3.4.3.4　大十字期

全区50%及以上幼苗呈大十字形的日期。

1.3.4.3.5　生根期

全区50%及以上幼苗第四、五真叶明显上竖的日期。

1.3.4.3.6　假植期

烟苗从母床假植到托盘或营养钵的日期，以月、日表示。

1.3.4.3.7　成苗期

全区50%及以上幼苗达到适栽和壮苗标准的日期。

1.3.4.3.8　苗床期

从播种到成苗的时期，以天数表示。

1.3.4.3.9　移栽期

烟苗移栽到大田的日期，以月、日表示。

1.3.4.3.10　还苗期

移栽后全区50%以上烟苗成活的日期。

1.3.4.3.11　伸根期

烟苗成活后到团棵的时期，以月、日表示。

1.3.4.3.12　团棵期

全区50%植株达到团棵标准。

1.3.4.3.13　旺长期

全区50%植株从团棵到现蕾称为旺长期。

1.3.4.3.14　现蕾期

全区10%植株现蕾时为现蕾始期；达50%时为现蕾盛期。

1.3.4.3.15　打顶期

全区50%植株可以打顶的日期。

1.3.4.3.16　开花期

全区10%植株中心花开为开花始期；达50%时为开花盛期。

1.3.4.3.17　第一青果期

全区50%植株中心蒴果达青果标准的日期。

1.3.4.3.18　蒴果成熟期

全区50%植株半数蒴果达成熟标准的日期。

1.3.4.3.19 收种期

实际收种的日期，以月、日表示。

1.3.4.3.20 烟叶成熟期

分别记载下部叶成熟期、中部叶成熟期和上部叶成熟期的日期。

1.3.4.3.21 大田生育期

从移栽到最后一次采收或从移栽到种子收获的时期，以天数表示。

1.3.4.4 生育期天数

1.3.4.4.1 苗期天数

出苗至成苗的天数（以苗龄__天表示）。

1.3.4.4.2 大田期天数

移栽至烟叶末次采收的天数。

1.3.4.4.3 烟叶采收天数

首次采收至末次采收的天数。

1.3.4.4.4 现蕾天数

出苗至现蕾天数、移栽至现蕾天数分别记载。

1.3.4.4.5 开花天数

出苗至开花天数、移栽至开花天数分别记载。

1.3.4.4.6 蒴果成熟天数

开花盛期至蒴果成熟的天数。

1.3.4.4.7 打顶天数

移栽至打顶天数。

1.3.4.4.8 全生育期天数

出苗至烟叶采收结束的天数，出苗至种子采收结束的天数分别记载。

1.3.4.5 物理测定

1.3.4.5.1 单叶质量

（1）一般单叶质量。取中部叶等级相同的干烟叶 100 片，称其质量，以克表示。重复 2~4 次取平均值。

（2）特定单叶质量。根据试验要求，分部位或等级测量单叶质量，每次测量叶数不少于 10 片。

1.3.4.5.2 干烟率

（1）一般干烟率。干烟叶占鲜烟叶质量的百分数。在采收烟叶时随机取中部烟叶 300 片称量，经调制平衡水后达到定量水分（含水率 16%左右）时再称重，计算出干烟率。

（2）特定干烟率。根据试验要求，分部位或等级测量干烟率，每次测量叶片数不少于 10 片。

1.3.4.5.3 叶面积

（1）手工测量。在打顶后 1 周至 10d，测量最大叶的长宽，每个样本数量不少于 10 片，以长乘宽乘修正系数（0.6345）之积代表叶面积。

（2）仪器测量。使用叶面积仪进行测量，每个样本数量不少于 10 片。

1.3.4.5.4 叶面积系数

是单位土地面积上的叶面积，为植物群落叶面积大小指标的无名数。

叶面积系数=（平均单叶面积×单株叶数×株数）/取样的土地面积。

1.3.4.5.5 单位叶面积重量

用2~10cm^2的圆形打孔器自干烟叶或根据试验要求确定的叶片上叶尖、叶中、叶基对称取样，取叶肉样品若干，用千分之一天平称重，计算每平方厘米的平均重量，单位为mg/cm^2。

1.3.4.5.6 根系

测量根系在土壤中自然生长的深度和广度（扩展范围），以厘米表示。如试验需要时，可增加测定调查项目（如根系重量和侧根数目、长度等）。

1.3.4.6 影像资料

1.3.4.6.1 照片

（1）拍照时间。原则上每次观察记载农艺性状时，只要条件允许都要拍摄数码照片，同一试验的不同处理（小区）应在同时间段完成。

（2）照片信息。照片上的信息应至少包括时间、地点、主题和参照物等内容，根据需要增加其他必要的信息量。

1.3.4.6.2 录像

（1）录像时间。在条件允许时，尽量多拍摄录像资料，同一试验的不同处理（小区）应在同时间段完成，使用普通话。

（2）录像信息。画面上的信息应至少包括，时间、地点、声音、主题和参照物等内容，根据需要增加其他必要的信息量。

1.3.5 观察记载表格

农艺性状观察记载分一级数据表和二级数据表两大类。

1.3.5.1 一级数据表

用于在田间进行观察记载的原始表，格式见附录A。

1.3.5.2 二级数据表

对一级数据表进行整理、统计分析后的表，格式见附录B。

附　录　A

（规范性附录）

一级数据记载本

项目或课题名称

________年度记载本

试验地点：

负责人：

记载人：

表 A.1　试验地基本情况及试验材料

<table>
<tr><td colspan="6">基本情况：

注：主要填写试验地地点、海拔、土壤类型、地势、面积、肥力、有无水浇条件、有无典型性、前茬作物等情况。</td></tr>
<tr><td colspan="6">土壤理化性状</td></tr>
<tr><td>碱解氮</td><td>有效磷</td><td>速效钾</td><td>pH 值</td><td>有机质</td><td>……</td></tr>
<tr><td></td><td></td><td></td><td></td><td></td><td></td></tr>
<tr><td>试验品种</td><td colspan="5"></td></tr>
<tr><td>……</td><td colspan="5"></td></tr>
<tr><td></td><td colspan="5"></td></tr>
</table>

表 A. 2　试验处理

试验处理	
处理 1	
处理 2	
处理 3	
……	
对照	
试验设计方法 注：填写采用的试验设计方法、重复数等。	

表 A.3　田间种植图示表

北

东

小区长：________ m　　小区宽：________ m　　行距：________ m　　株距：________ m

小区面积：________ m^2　　小区种植株数：________

注：画田间种植图，以小区为单位，小区图框内标注处理代号，能够明了地看出重复，如处理 1、第二重复，可注为 T1-2。

表 A.4 苗期农事操作记载表

育苗方式		
播种期		
出苗期		
假植期		
成苗期		
炼苗处理		
剪叶时间及技术要点	第 1 次	
	第 2 次	
	第 3 次	
	第 4 次	
成苗素质	苗高	
	叶数	
	叶色	
	茎围	
	根色	
注：育苗方式主要填写漂浮育苗、托盘育苗、湿润育苗和普通育苗。剪叶技术要点填写剪去叶长几分之几的烟叶、剪叶时苗高等。		

表 A.5　施肥农事操作记载表　(单位：kg)

施肥用途	施肥方法	施肥时间	施肥种类及数量	主要技术要求
基肥		移栽前________天		
		移栽时		
追肥	提苗肥	移栽后________天		
	第一次追肥	移栽后________天		
	第二次追肥	移栽后________天		
	第三次追肥	移栽后________天		

综合：

1. 种植密度：
2. 各种肥料氮磷钾配比：
3. 施纯氮：
4. $N:P_2O_5:K_2O=$
5. 有机氮所占比例：
6. 硝态氮比例：
7. 基追比：

注：施肥用途：底肥、追肥、提苗肥；施肥方法：条施、穴施；施肥时间：移栽前或后几天；主要技术要求：写明施肥深度、施肥位置、堆沤要求、对水浇施、撒施盖土、配药浇施等。

表 A.6 农事操作记载表

<table>
<tr><td colspan="2">整地</td><td></td><td>起垄</td><td></td></tr>
<tr><td colspan="2">覆膜</td><td></td><td>移栽</td><td></td></tr>
<tr><td colspan="2">查苗补苗</td><td></td><td>中耕</td><td></td></tr>
<tr><td colspan="2">培土</td><td></td><td>除草</td><td></td></tr>
<tr><td colspan="2">揭膜</td><td></td><td>灌溉</td><td></td></tr>
<tr><td rowspan="2">打顶</td><td>时间</td><td colspan="3"></td></tr>
<tr><td>方法</td><td colspan="3"></td></tr>
<tr><td rowspan="2">抹杈</td><td>时间</td><td colspan="3"></td></tr>
<tr><td>方法</td><td colspan="3"></td></tr>
<tr><td colspan="2">采收成熟度</td><td colspan="3"></td></tr>
<tr><td colspan="2">始烤期</td><td></td><td>终烤期</td><td></td></tr>
<tr><td colspan="2">第一炉</td><td colspan="3"></td></tr>
<tr><td colspan="2">第二炉</td><td colspan="3"></td></tr>
<tr><td colspan="2">第三炉</td><td colspan="3"></td></tr>
<tr><td colspan="2">第四炉</td><td colspan="3"></td></tr>
<tr><td colspan="2">第五炉</td><td colspan="3"></td></tr>
<tr><td colspan="2">……</td><td colspan="3"></td></tr>
<tr><td colspan="5">注：主要填写方法和时间。除了时间因素必填外，整地、覆膜方法主要是机械或人工，如不覆膜，可不填写。起垄主要是机械或人工，以及垄体宽度和高度。移栽方法主要是膜上移栽、膜下移栽、裸地移栽等。中耕、培土方法主要是机械或人工，除草主要是人工或除草剂。灌溉主要是漫灌或滴灌等。打顶抹杈主要是现蕾打顶或中心花开放打顶（用或不用抑芽剂抑芽）。采收成熟度主要是描述成熟程度。调制主要是每炉采烤时间、数量。</td></tr>
</table>

表 A.7　主要气象数据记载表

年份：________地点：________

项目	____月																														
	1	2	3	4	5	6	7	8	9	10	11	12	13	14	15	16	17	18	19	20	21	22	23	24	25	26	27	28	29	30	31
平均气温（℃）																															
降水量（mm）																															
日照时数（h）																															
旬平均气温（℃）																															
旬降水量（mm）																															
旬日照时数（h）																															
自然灾害																															
综合评价																															

注 1：记录自然灾害和特殊气候及各种自然灾害对试验的影响。

注 2：如表格不够时，应留足备用表格。

表 A.8 主要生育期记载表

日/月/天

处理	重复	播种期	出苗期	成苗期	移栽期	团棵期	初花期	打顶时期	中心花开放期	脚叶成熟期	顶叶成熟期	大田生育期

注：如表格不够时，应留足备用表格。

表 A.9　主要病害发病记载表

处理	重复	黑胫病		赤星病		青枯病		TMV		野火病		……	
		发病率	病情指数	发病率	病情指数	发病率	病情指数	发病率	病情指数	发病率	病情指数	发病率	病情指数

注 1：主要填写病情指数和发病率，以小区为单位统计，病情指数和发病率计算按 GB/T23222 执行。
注 2：如表格不够时，应留足备用表格。

表 A.10 病虫害防治记载表

防治对象	使用药剂	使用量	方法	时间
注：施用量和方法根据药剂使用说明填写或者根据当地推荐填写。				

表 A. 11　主要农艺性状记载表

农艺性状调查表　（试验处理：　　　　　　　）　　　　　　　年　　月　　日

小区	株号	下部叶		中部叶		上部叶		株高（cm）	叶数（片）	茎围（cm）	节距（cm）	备注
		长（cm）	宽（cm）	长（cm）	宽（cm）	长（cm）	宽（cm）					
1	1											
	2											
	3											
	4											
	5											
	6											
	7											
	8											
	9											
	10											
	X											
2	1											
	2											
	3											
	4											
	5											
	6											
	7											
	8											
	9											
	10											
	X											
3	1											
	2											
	3											
	4											
	5											
	6											
	7											
	8											
	9											
	10											
	X											

注 1：X 为平均值。
注 2：该表需要较多，在印刷时根据试验处理和重复数计算所需页数，并酌情留足备用表格。

表 A.12 主要植物学性状记载表

处理	小区	株形	叶形	叶色	茎叶角度	主脉粗细	田间整齐度	成熟特性	生长势		
									苗期	团棵期	现蕾期

注 1：主要为定性描述，每个小区或处理进行描述，条件许可的情况下，尽量拍照或录像。
注 2：如表格不够时，应留足备用表格。

表 A. 13 计产计值记载表

等级	单价元(kg)	处理					
		重复 1		重复 2		重复 3	
		数量(g)	金额(元)	数量(g)	金额(元)	数量(g)	金额(元)
X1L							
X2L							
X3L							
X4L							
X1F							
X2F							
X3F							
X4F							
C1L							
C2L							
C3L							
C4L							
C1F							
C2F							
C3F							
C4F							
B1L							
B2L							
B3L							
B4L							
B1F							
B2F							
B3F							
B4F							
X2V							
C3V							
B2V							
B3V							
CX1K							
CX2K							
B1K							
B2K							
B3K							
GY1							
GY2							
合计							

注 1：表中没有的等级可以通过修改等级名称来记录。
注 2：该表需要较多，在印刷时根据试验处理和重复数计算所需页数，并酌情留足备用表格。
注 3：各处理小区数据按实测株数进行推算。

表 A.14 原烟外观质量记载表

处理	重复	送样等级	评价等级	颜色	部位	成熟度	油分	身份	结构	色度	综合评价
	1										
	2										
	3										
	1										
	2										
	3										
	1										
	2										
	3										
	1										
	2										
	3										
	1										
	2										
	3										
	1										
	2										
	3										

表 A.15 照片清单

照片编号	拍摄时间	拍摄地点	拍摄内容	拍摄人
注：如表格不够时，应留足备用表格。				

表 A. 16　录像清单

录像编号	拍摄时间	拍摄地点	拍摄内容	拍摄人
注：如表格不够时，应留足备用表格。				

附　录　B

（规范性附录）

二级数据统计分析本

项目或课题名称

________年度数据统计分析本

试验地点：

负责人：

数据统计分析人：

表 B.1 主要气象数据统计分析表

（常年气象资料系________年平均）

<table>
<tr><td colspan="2" rowspan="2">项目</td><td colspan="2">____月</td><td colspan="2">____月</td><td colspan="2">____月</td><td colspan="2">____月</td><td colspan="2">____月</td><td colspan="2">____月</td><td colspan="2">____月</td></tr>
<tr><td>当年</td><td>常年</td><td>当年</td><td>常年</td><td>当年</td><td>常年</td><td>当年</td><td>常年</td><td>当年</td><td>常年</td><td>当年</td><td>常年</td><td>当年</td><td>常年</td></tr>
<tr><td rowspan="4">平均气温（℃）</td><td>上旬</td><td></td><td></td><td></td><td></td><td></td><td></td><td></td><td></td><td></td><td></td><td></td><td></td><td></td><td></td></tr>
<tr><td>中旬</td><td></td><td></td><td></td><td></td><td></td><td></td><td></td><td></td><td></td><td></td><td></td><td></td><td></td><td></td></tr>
<tr><td>下旬</td><td></td><td></td><td></td><td></td><td></td><td></td><td></td><td></td><td></td><td></td><td></td><td></td><td></td><td></td></tr>
<tr><td>平均</td><td></td><td></td><td></td><td></td><td></td><td></td><td></td><td></td><td></td><td></td><td></td><td></td><td></td><td></td></tr>
<tr><td rowspan="3">降水量（mm）</td><td>上旬</td><td></td><td></td><td></td><td></td><td></td><td></td><td></td><td></td><td></td><td></td><td></td><td></td><td></td><td></td></tr>
<tr><td>中旬</td><td></td><td></td><td></td><td></td><td></td><td></td><td></td><td></td><td></td><td></td><td></td><td></td><td></td><td></td></tr>
<tr><td>下旬</td><td></td><td></td><td></td><td></td><td></td><td></td><td></td><td></td><td></td><td></td><td></td><td></td><td></td><td></td></tr>
<tr><td colspan="2">月降水总量（mm）</td><td></td><td></td><td></td><td></td><td></td><td></td><td></td><td></td><td></td><td></td><td></td><td></td><td></td><td></td></tr>
<tr><td colspan="2">月日照总时数</td><td></td><td></td><td></td><td></td><td></td><td></td><td></td><td></td><td></td><td></td><td></td><td></td><td></td><td></td></tr>
<tr><td colspan="2">……</td><td></td><td></td><td></td><td></td><td></td><td></td><td></td><td></td><td></td><td></td><td></td><td></td><td></td><td></td></tr>
<tr><td colspan="2">……</td><td></td><td></td><td></td><td></td><td></td><td></td><td></td><td></td><td></td><td></td><td></td><td></td><td></td><td></td></tr>
<tr><td colspan="16">注：特殊气候及各种自然灾害对试验的影响</td></tr>
</table>

表 B.2　主要生育期统计分析表

年　月　日

处理	播种期	出苗期	成苗期	移栽期	团棵期	初花期	打顶 时期	中心花 开放期	脚叶 成熟期	顶叶 成熟期	大田 生育期
……											
注：各处理重复的平均值。											

表 B. 3 主要病害发病数据统计分析表

处理	黑胫病	赤星病	青枯病	气候斑点病	野火病	TMV	……
……							
注：各处理重复的平均值。							

表 B.4 病虫害防治数据统计分析表

防治对象	使用药剂	使用量	方法	时间
……				
注：施用量和方法根据药剂使用说明填写或者根据当地推荐填写。				

表 B.5 主要农艺性状数据统计分析表

处理	下部叶		中部叶		上部叶		株高（cm）	叶数（片）	茎围（cm）	节距（cm）
	长（cm）	宽（cm）	长（cm）	宽（cm）	长（cm）	宽（cm）				
……										
注：各处理重复的平均值。										

表 B.6　主要植物学性状数据统计分析表

品种（系）或处理名称	株形	叶形	叶色	茎叶角度	主脉粗细	田间整齐度	成熟特性	生长势		
								苗期	团棵期	现蕾期
……										

表 B.7 经济性状数据统计分析表

处理	产量（kg/hm^2）	产值（元/hm^2）	均价（元/kg）	中等烟比例（%）	上等烟比例（%）
……					

注：产量和产值均根据小区收获株数和每公顷株数进行换算，每公顷株数根据行株距计算。然后取各处理重复的平均值。

产量=小区产量/收获株数×每公顷株数

产值= 产值/收获株数×每公顷株数

均价=产值/产量

表 B. 8　原烟外观质量统计分析表

处理	送样等级	评价等级	颜色	部位	成熟度	油分	身份	结构	色度	综合评价
……										

表 B. 9　照片归类统计表

照片类别	拍摄数量	拍摄内容

表 B. 10　录像归类统计表

录像类别	拍摄数量	拍摄内容

Q/LNYC

甘肃省陇南市烟草公司企业标准

Q/LNYC. 001—2016

烤烟生产月历表

2016-07-08 发布 2016-07-08 实施

甘肃省陇南市烟草专卖局（公司） 发布

前 言

本标准由陇南市烟草公司提出。

本标准由陇南市烟草公司负责起草。

本标准起草人：黄明迪、许建业和王爱华。

1.4 烤烟生产月历表

1.4.1 范围

本标准规定了陇南市优质烤烟生产的主要农事、农时工作。

本标准适用于陇南市烟叶生产工作。

1.4.2 月历表

1.4.2.1 1月

（1）宣传国家烤烟生产工作方针和政策。

（2）制订年度烟叶工作计划，以烟站为单位，初步落实烤烟种植面积。

（3）制订年度标准化烟叶生产技术培训计划，印发标准化生产技术培训资料。

（4）确定年度技术推广项目，制订具体实施方案。

（5）做好育苗物资准备。

1.4.2.2 2月

（1）按照年度下达的烤烟种植收购计划，做好种植布局安排和计划分解落实工作。

（2）择优选择农户，落实种植面积，签订种植收购合同。

（3）做好籽种采购和催芽工作。

（4）做好育苗地选址和苗床建造工作。

1.4.2.3 3月

（1）按合同兑现烟农育苗物资。

（2）母床育苗，母床播种于3月5日前全面结束。

（3）加强苗床管理，适时间苗、定苗、防治病虫害，并做好日常记载。

（4）分片区采集土样，检测土壤养分含量，制订平衡施肥方案。

（5）举办漂浮育苗、苗床管理及平衡施肥技术培训班，召开现场会。

（6）制作漂浮育苗子床，做好烟苗假植准备工作。

1.4.2.4 4月

（1）子床假植，子床烟苗假值于4月5日前全面结束。

（2）加强漂浮育苗子床管理、剪叶、炼苗、防治病虫害，并做好日常记载。

（3）烟田整地，土壤消毒。

（4）平衡施肥，起垄、覆膜，4月20日全面结束。

（5）膜下小苗移栽在4月20日前移栽结束。

1.4.2.5 5月

（1）施肥、控水、炼苗，做好移栽准备工作。

（2）规范移栽，合理密植，三角定苗，带药、带水、带肥移栽，5月10日前全面结束。

（3）及时查苗、补苗、灌溉保苗。

（4）加强大田管理及时中耕，做好病虫害防治，按合同兑现农药等生产物资。

（5）按计划做好烟叶收购物资采购。

1.4.2.6 6月

（1）做好大田管理、中耕、除草、加强病虫害防治。

（2）根据气候状况，做好烟田灌溉或排涝。

（3）组织烟农举办大田管理技术培训班。

（4）适时打顶，合理留叶，及时抹杈。

（5）加强田间卫生管理，及时清理杂草，花、杈、病株、病叶集中处理。

（6）维修保养烤房，做好烘烤准备。

1.4.2.7 7月

（1）继续做好大田管理，打顶、抹杈和病虫害防治。

（2）组织烟农举办成熟采收、烘烤、分级扎把技术培训班。

（3）适时成熟采收，科学烘烤，边烘烤边按标准分级扎把。

（4）对烟叶收购站、收购场地、机械设备进行维修、保养、调试。

（5）验收、调配收购物资，准备必备收购用品，做好收购前的准备。

1.4.2.8 8月

（1）继续加强大田中后期管理，打顶、抹杈和病虫害防治。

（2）继续做好成熟采收，科学烘烤。

（3）参照审定样品，给烟农制作分级样品，指导烟农分级扎把。

（4）继续做好烟叶收购前的准备。

（5）对收购人员进行岗前收购政策、法律法规、业务技能、职业道德培训。

1.4.2.9 9月

（1）继续做好烟田后期管理，成熟采收和科学烘烤。

（2）组织烟农继续做好分级扎把，准备按合同预检交售烟叶。

（3）组织烟叶预检人员按计划入户预检。

（4）组织烟叶收购站按收购程序开磅收购烟叶。

（5）做好烟叶入库保管和调拨工作。

（6）做好来年烟叶种植面积预留计划工作。

1.4.2.10 10月

（1）继续做好烟叶预检与收购工作。

（2）继续做好烟叶保管和调拨工作。

（3）做好预留烟田秋末深翻工作。

1.4.2.11 11月

（1）继续做好烟叶保管和调拨工作。

（2）做好烟叶调拨结算工作。

（3）初步落实来年烟叶种植面积。

1.4.2.12 12月

（1）继续做好烟叶调拨结算工作。

（2）总结当年烟叶生产、收购工作，制订来年生产计划。

（3）做好来年烟叶种植面积落实。

（4）宣传国家烟叶产业政策。

1.4.3 支持性文件

无。

1.4.4 附录（资料性附录）

序号	记录名称	记录编号	填制/收集部门	保管部门	保管年限
—	—	—	—	—	—

ICS 13.040.20
Z 50

GB

中华人民共和国国家标准

GB 3059—2012
代替 GB 3059—1996 GB 9137—88

环境空气质量标准

Ambient air quality standards

2012-02-29 发布 2016-01-01 实施

环境保护部
国家质量监督检验检疫总局 发布

GB 3095—2012

中华人民共和国环境保护部

公告

2012 年 第 7 号

为贯彻《中华人民共和国环境保护法》和《中华人民共和国大气污染防治法》，保护环境，保障人体健康，防止大气污染，现批准《环境空气质量标准》为国家环境质量标准，并由我部与国家质量监督检验检疫总局联合发布。

标准名称/编号如下：

环境空气质量标准（GB 3095—2012）。

按有关法律规定，本标准具有强制执行的效力。

本标准自 2016 年 1 月 1 日起在全国实施。

在全国实施本标准之前，国务院环境保护行政主管部门可根据《关于推进大气污染联防联控工作改善区域空气质量的指导意见》（国办发〔2010〕33 号）等文件要求指定部分地区提前实施本标准，具体实施方案（包括地域范围、时间等）另行公告；各省级人民政府也可根据实际情况和当地环境保护的需要提前实施本标准。

本标准由中国环境科学出版社出版，标准内容可在环境保护部网站（bz. mep. gov. cn）查询。

自本标准实施之日起，《环境空气质量标准》（GB 3095—1996）、《〈环境空气质量标准〉（GB 3095—1996）修改单》（环发〔2000〕1 号）和《保护农作物的大气污染物最高允许浓度》（GB 9137—88）废止。

特此公告。

2012 年 2 月 29 日

前　　言

为贯彻《中华人民共和国环境保护法》和《中华人民共和国大气污染防治法》，保护和改善生活环境、生态环境，保障人体健康，制定本标准。

本标准规定了环境空气功能区分类、标准分类、污染物项目、平均时间及浓度限值、监测方法、数据统计的有效性规定及实施与监督等内容。各省、自治区、直辖市人民政府对本标准中未作规定的污染物项目，可以制定地方环境空气质量标准。

本标准中的污染物浓度为质量浓度。

本标准首次发布于1982年。1996年第一次修订，2000年第二次修订，本次为第三次修订。本标准根据国家经济社会发展状况和环境保护要求适时修订。

本次修订的主要内容：

第一，调整了环境空气功能区分类，将三类区并入二类区。

第二，增设了颗粒物（粒径小于等于2.5μm）浓度限值和臭氧8小时平均浓度限值。

第三，调整了颗粒物（粒径小于等于10μm）、二氧化氮、铅和苯并［a］芘等的浓度限值。

第四，调整了数据统计的有效性规定。

自本标准实施之日起，《环境空气质量标准》（GB 3095—19960）、《〈环境空气质量标准〉（GB 3095—1996）修改单》（环发〔2000〕1号）和《保护农作物的大气污染物最高允许浓度》（GB 9137—88）废止。

本标准附录A为资料性附录，为各省级人民政府制定地方环境空气质量标准提供参考。

本标准由环境保护部科技标准司组织制定。

本标准主要起草单位：中国环境科学研究院、中国环境监测总站。

本标准环境保护部2012年2月29日批准。

本标准由环境保护部解释。

2 资源保护标准

2.1 环境空气质量标准

2.1.1 适用范围

本标准规定了环境空气功能区分类、标准分类、污染物项目、平均时间及浓度限值、监测方法、数据统计的有效性规定及实施与监督等内容。

本标准适用于环境空气质量评价与管理。

2.1.2 规范性引用文件

本标准引用下列文件或其中的条款。凡是未注明日期的引用文件，其最新版本适用于本标准。

GB 8971 空气质量 飘尘中苯并[a]芘的测定 乙酰化滤纸层析荧光分光光度法。

GB 9801 空气质量 一氧化碳的测定 非分散红外法。

GB/T15264 环境空气 铅的测定 火焰原子吸收分光光度法。

GB/T 15432 环境空气 总悬浮颗粒物的测定 重量法。

GB/T 15439 环境空气 苯并[a]芘的测定 高效液相色谱法。

HJ 479 环境空气 氮氧化物（一氧化氮和二氧化氮）的测定 盐酸萘乙二胺分光光度法。

HJ 482 环境空气 二氧化硫的测定 甲醛吸收-副玫瑰苯胺分光光度法。

HJ 483 环境空气 二氧化硫的测定 四氯汞盐吸收-副玫瑰苯胺分光光度法。

HJ 504 环境空气 臭氧的测定 靛蓝二磺酸钠分光光度法。

HJ 539 环境空气 铅的测定 石墨炉原子吸收分光光度法（暂行）。

HJ 590 环境空气 臭氧的测定 紫外光度法。

HJ 618 环境空气 PM10 和 PM2. 5 的测定 重量法。

HJ 630 环境检测质量管理技术导则。

HJ/T 193 环境空气质量自动监测技术规范。

HJ/T 194 环境空气质量手工监测技术规范。

《环境空气质量监测规范（试行）》（国家环境保护总局公告 2007 年第 4 号）。

《关于推进大气污染联防联控工作改善区域空气质量的指导意见》（国办发〔2010〕33 号）。

2.1.3 术语和定义

下列术语和定义适用于本标准。

2.1.3.1 环境空气 ambient air

指人群、植物、动物和建筑物所暴露的室外空气。

2.1.3.2 总悬浮物颗粒 total suspended particle（TSP）

指环境空气中空气动力学当量直径小于等于 10μm 的颗粒物。

GB 3095—2012

2.1.3.3 颗粒物（粒径小于等于 10μm）particulate matter（PM10）

指环境空气中空气动力学当量值直径小于等于 10μm 的颗粒物，也称可吸入颗粒物。

2.1.3.4 颗粒物（粒径小于等于 2.5μm）particulate matter（PM2.5）

指环境空气中空气动力学当量值直径小于等于 2.5μm 的颗粒物，也称细颗粒物。

2.1.3.5 铅 lead

只存在于总悬浮物颗粒中的铅及其化合物。

2.1.3.6 苯并［a］芘 benzo［a］pyrene（BaP）

指存在于颗粒物（粒径小于等于 10μm）中的苯并［a］芘。

2.1.3.7 氟化物 fluoride

指以气态和颗粒态形式存在的无机氟化物。

2.1.3.8 1 小时平均 1-hour average

指任何 1 小时污染物浓度的算术平均值。

2.1.3.9 8 小时平均 8-hour average

指连续 8 小时平均浓度的算术平均值，也称 8 小时滑动平均。

2.1.3.10 24 小时平均 24-hour average

指一个自然日 24 小时平均浓度的算术平均值，也称为日平均。

2.1.3.11 月平均 monthly average

指一个日历月内各日平均浓度的算术平均值。

2.1.3.12 季平均 quarterly average

指一个日历季内各日平均浓度的算术平均值。

2.1.3.13 年平均 annual average

指一个日历年内各日平均浓度的算术平均值。

2.1.3.14 标准状态 standard mean

指温度为 273K，压力为 101.325kPa 时的状态。本标准中的污染物浓度均为标准状态下的浓度。

2.1.4 环境空气功能区分类和质量要求

2.1.4.1 环境功能区分类

环境空气功能区分为二类：一类区为自然保护区、风景名胜区和其他需要特殊保护的区域；二类区为居住区、商业交通居民混合区、文化区、工业区和农村地区。

2.1.4.2 环境空气功能区质量要求

一类区适用于一级浓度限值，二类区适用于二级浓度限值。一、二类环境空气功能区质量要求如表 2-1 和表 2-2 所示。

表 2-1 环境空气污染物基本项目浓度限值

序号	污染物项目	平均时间	浓度限值		单位
			一级	二级	
1	二氧化硫（SO_2）	年平均	20	60	μg/m^3
		24 小时平均	50	150	
		1 小时平均	150	500	
2	二氧化氮（NO_2）	年平均	40	40	
		24 小时平均	80	80	
		1 小时平均	200	200	
3	一氧化碳（CO）	24 小时平均	4	4	mg/m^3
		1 小时平均	10	10	
4	臭氧（O_3）	日最大 8 小时平均	100	160	μg/m^3
		1 小时平均	160	200	
5	颗粒物（直径小于等于 10μm）	年平均	40	70	
		24 小时平均	50	150	
6	颗粒物（直径小于等于 2. 5μm）	年平均	15	35	
		24 小时平均	35	75	

表 2-2 环境空气污染物其他项目浓度限值

序号	污染物项目	平均时间	浓度限值		单位
			一级	二级	
1	总悬浮颗粒（TSP）	年平均	80	200	μg/m^3
		24 小时平均	120	300	
2	氮氧化物（NO_X）（以 NO_2 计）	年平均	50	50	
		24 小时平均	100	100	
		1 小时平均	250	250	
3	铅（Pb）	年平均	0. 5	0. 5	
		季度平均	1	1	
4	苯并［a］芘（BaP）	年平均	0. 001	0. 001	
		24 小时平均	0. 0025	0. 0025	

2.1.4.3 本标准自 2016 年 1 月 1 日起在全国实施。

基本项目（表 2-1）在全国范围内实施；其他项目（表 2-2）由国务院环境保护行政主管部门或省级人民政府根据实际情况，确定具体实施方式。

2.1.4.4 在全国实施本标准之前，国务院环境保护行政主管部门可根据《关于推进大气污染联防联控工作改善区域空气质量的指导意见》等文件要求指定部分地区提前实施本标准，具体实施方案（包括地域范围、时间等）另行公告，各省级人民政府也可根据实际情况和当地环境保护的需要提前实施本标准。

2.1.5 监测

环境空气质量监测工作应按照《环境空气质量监测规范（试行）》等规范性文件的要求进行。

2.1.5.1 监测点位布设

表 2-1 和表 2-2 中环境空气污染物监测点位的设置，应按照《环境空气质量监测规范（试行）》中的要求执行。

2.1.5.2 样品采集

环境空气质量监测中的采样环境、采样高度及采样频率等要求，按 HJ/T 193 或 HJ/T 194 的要求执行。

2.1.5.3 污染物分析

应按表 2-3 的要求，采用相应的方法分析各项污染物的浓度。

表 2-3 各项污染物分析方法

序号	污染物项目	手工分析方法		自动分析方法
		分析方法	标准编号	
1	二氧化硫（SO_2）	环境空气 二氧化硫的测定 甲醛吸收-副玫瑰苯胺分光光度法	HJ 428	紫外荧光法、差分吸收光谱分析
		环境空气 二氧化硫的测定 四氯汞盐吸收-副玫瑰苯胺分光光度法	HJ 483	
2	二氧化氮（NO_2）	环境空气 氮氧化物（一氧化氮和二氧化氮）的测定 盐酸萘乙二胺分光光度法	HJ 479	化学发光法、差分吸收光谱分析法
3	一氧化碳（CO）	环境空气 一氧化碳的测定 非分散红外法	GB 9801	气体滤波相关红外吸收法、非分散红外吸收法

（续表）

序号	污染物项目	手工分析方法		自动分析方法
		分析方法	标准编号	
4	臭氧（O_3）	环境空气　臭氧的测定　靛蓝二磺酸钠分光光度法	HJ 504	紫外荧光法、差分吸收光谱分析法
		环境空气　臭氧的测定 紫外分光度法	HJ 590	
5	颗粒物（粒径小于等于10μm）	环境空气　PM_{10}和$PM_{2.5}$的测定　重量法	HJ 618	微量振荡天平法、β射线法
6	颗粒物（粒径小于等于2.5μm）	环境空气　PM_{10}和$PM_{2.5}$的测定　重量法	HJ 618	微量振荡天平法、β射线法
7	总悬浮物颗粒（TSP）	环境空气　总悬浮物颗粒的测定　重量法	GB/T 15432	—
8	氮氧化物（NO_X）	环境空气　氮氧化物（一氧化氮和二氧化氮）的测定　盐酸萘乙二胺分光光度法	HJ 479	化学发光发、差分吸收光谱分析法
9	铅（Pb）	环境空气　铅的测定　石墨炉原子吸收分光光度法（暂行）	HJ 539	—
		环境空气　铅的测定　火焰原子吸收分光光度法	GB/T 15264	—
10	苯并［a］芘（BaP）	空气质量　飘尘中苯并［a］芘的测定　乙酰化滤纸层析荧光分光光度法	GB 8971	—
		环境空气　苯并［a］芘的测定　高效液相色谱法	GB/T 15439	—

2.1.6　数据统计的有效性规定

2.1.6.1　应采取措施保证监测数据的准确性、连续性和完整性

确保全面、客观地反映检测结果。所有有效数据均应参加统计和评价，不得选择性地舍弃不利数据以及人为干预监测和评价结果。

2.1.6.2　采用自动监测设备检测时

监测仪器应全天365d（闰年366d）连续运行。在监测仪器校准、停电和设备故障，以及其他不可抗得因素导致不能获得连续监测数据时，应采取有效措施及时恢复。

2.1.6.3　异常值的判断和处理应符合HJ 630的规定

对于监测过程中缺失和删除的数据均应说明原因，并保留详细的原始数据记录，以备数据审核。

2.1.6.4　任何情况下，有效的污染物浓度数据

均应符合表2-4中得最低要求，否则应视为无效数据。

表 2-4 污染物浓度数据有效性的最低要求

污染物项目	平均时间	数据有效性规定
二氧化硫（SO_2）、二氧化氮（NO_2）、颗粒物（粒径小于等于 10μm）、颗粒物（粒径小于等于 2.5μm）、氮氧化物（NO_X）	年平均	每年至少有 324 个日平均浓度值；每月至少有 27 个日平均浓度值（二月至少有 25 个日平均浓度值）
二氧化硫（SO_2）、二氧化氮（NO_2）、一氧化碳（CO）、颗粒物（粒径小于等于 10μm）、颗粒物（粒径小于等于 2.5μm）、氮氧化物（NO_X）	24 小时平均	每日至少有 20 个小时平均浓度值或采样时间
臭氧（O_3）	8 小时平均	每 8 个小时至少有 6 个小时平均浓度值
二氧化硫（SO_2）、二氧化氮（NO_2）、一氧化碳（CO）、臭氧（O_3）、氮氧化物（NO_X）	1 小时平均	每小时至少有 45 分钟的采样时间
总悬浮颗粒物（TSP）、苯并［a］芘（BaP）、铅（Pb）	年平均	每年至少有分布均匀的 60 个日平均浓度值；每月至少有分布均匀的 5 个日平均浓度值
铅（Pb）	季平均	每季至少有分布均匀的 15 个日平均浓度值；每月至少有分布均匀的 5 个日平均浓度值
总悬浮颗粒物（TSP）、苯并［a］芘（BaP）、铅（Pb）	24 小时平均	每日应有 24 小时的采样时间

2.1.7 实施与监督

2.1.7.1 本标准

由各级环境保护行政主管部门负责监督实施。

2.1.7.2 各类环境空气功能区的范围

由县级以上（含县级）人民政府环境保护行政主管部门划分，报本级人民政府批准实施。

2.1.7.3 按照《中华人民共和国大气污染防治法》的规定

未达到本标准的大气污染防治重点城市，应当按照国务院或者国务院环境保护行政主管部门规定的期限，达到本标准。该城市人民政府应当制定限期达标规划，并可以根据国务院的授权或者规定，采取更严格的措施，按期实现达标规划。

附录 A

（资料性附录）

环境空气中镉、汞、砷、六价铬和氟化物参考浓度限值

各省级人民政府可根据当地环境保护的需要，针对环境污染的特点，对本标准中未规定的污染物项目制定并实施地方环境空气质量标准。以下为环境空气中部分污染物参考浓度限值。

表 A.1　环境空气中镉、汞、砷、六价铬和氟化物参考浓度限值

序号	污染物项目	平均时间	浓度（通量）限值		单位
			一级	二级	
1	镉（Cd）	年平均	0.005	0.005	μg/m^3
2	汞（Hg）	年平均	0.05	0.05	
3	砷（As）	年平均	0.006	0.006	
4	六价铬［Cr（VI）］	年平均	0.000025	0.000025	
5	氟化物	1 小时平均	20①	20①	
		24 小时平均	7①	7①	
		月平均	1.8②	3.0③	μg/（dm^2·d）
		植物生长季平均	1.2②	2.0③	
注：①适应于城市地区；②适用于农牧业区和以牧业为主的半农半牧区，蚕桑区；③适用于农业和林业区					

GB

中华人民共和国国家标准

GB 9137—1988

保护农作物的大气污染物最高允许浓度

Maximum allowable concentration of pollutants in atmosphere for protection crops

国家环境保护局

2.2 保护农作物的大气污染物最高允许浓度

根据《中华人民共和国环境保护法（试行）》和《中华人民共和国大气污染防治法》的有关规定，为维护农业生态系统良性循环，保护农作物的正常生长和农畜产品优质高产，特制定本标准。

本标准保护的主要对象是具有重要经济价值的作物、蔬菜、果树、桑茶和牧草。

本标准是 GB 3095—82《大气环境质量标准》的补充。

2.2.1 根据各种作物、蔬菜、果树、桑茶和牧草对二氧化硫、氟化物的耐受能力

将农作物分为敏感、中等敏感和抗性 3 种不同类型，分别制定浓度限值。农作物敏感性的分类是以各项大气污染物对农作物生产力、经济性状况和叶片伤害的综合考虑为依据。各项大气污染物的浓度限值列于表 2-5。

表 2-5 保护农作物的大气污染物浓度限值

污染物	作物敏感程度	生长季平均浓度①	日平均浓度②	任何一次③	农作物种类
二氧化硫④	敏感作物	0.05	0.15	0.5	冬小麦、春小麦、大麦、荞麦、大豆、甜菜、芝麻、菠菜、青菜、白菜、莴苣、黄瓜、南瓜、西葫芦、马铃薯、苹果、梨、葡萄、苜蓿、三叶草、鸭茅、黑麦草
	中等敏感作物	0.08	0.25	0.7	水稻、玉米、燕麦、高粱、棉花、烟草、番茄、茄子、胡萝卜、桃、杏、李、柑橘、樱桃
	抗性作物	0.12	0.3	0.8	蚕豆、油菜、向日葵、甘蓝、芋头、草莓

注：①“生长季平均浓度”为任何一个生长季的日平均浓度值不许超过的限值

②“日平均浓度”为任何一日的平均浓度不许超过的限值

③“任何一次”为任何一次采样测定不许超过的浓度限值

④二氧化硫浓度单位为 mg/m^3

2.2.2 各类不同敏感性农作物的大气污染物浓度限值

是在长期和短期接触的情况下，保证各类农作物正常生长，不发生急、慢性伤害的空气质量要求。

2.2.3 氟化物敏感农作物的浓度限值

除保护作物、蔬菜、果树、桑叶和牧草的正常生长外，不发生急、慢性伤害外，还保

证桑叶和牧草一年内月平均的含氟量分别不超过 30mg/kg 和 40mg/kg 的浓度阈值，保护桑蚕和牲畜免遭危害。

2.2.4　标准的实施与管理

本标准由各级环境保护部门会同各级农业环境保护部门负责监督实施。

2.2.5　监测方法

2.2.5.1　大气监测中的布点、采样、分析、数据处理等分析方法工作程序

暂按城乡建设环境保护部环保局颁布的《环境监测分析方法》（1983 年）的有关规定进行。

2.2.5.2　标准中各项污染物的监测方法

各项污染物的监测方法，如表 2-6 所示。

表 2-6　各项污染物的监测方法

污染物名称	监测方法
二氧化硫	GB8970—88 盐酸副玫瑰苯胺比色法
氟化物	碱性滤纸采样、氟离子电极法

附加说明：

本标准由国家环境保护局规划标准处和农业部能源环保局提出

本标准由农业部环境保护科研监测所负责起草

本标准由国家环境保护局负责解释

ICS 13.060.10
Z 50

GB

中 华 人 民 共 和 国 国 家 标 准

GB 5084—2005
代替 GB 5084—1992

农田灌溉水质标准

Standards for irrigation water quality

2005-07-21 发布 **2006-11-01 实施**

中华人民共和国国家质量监督检验检疫总局
中国国家标准化管理委员会
发布

GB 5084—2005

前　言

为贯彻执行《中华人民共和国环境保护法》，防止土壤、地下水和农产品污染，保障人体健康，维护生态平衡，促进经济发展，特制定本标准。本标准的全部技术内容同为强制性。

本标准将控制项目分为基本控制项目和选择控制项目。基本控制项目适用于全国以地表水、地下水和处理后的养殖业废水及以农产品为原料加工的工业废水为水源的农田灌溉用水；选择性控制项目由县级以上人民政府环境保护和农业行政部门，根据本地区农业水源水质特点和环境、农产品管理的需要进行选择控制，所选择的控制项目作为基本控制项目的补充指标。

本标准控制项目共计 27 项，其中农田灌溉用水水质基本控制项目 16 项，选择性控制项目 11 项。

本标准与 GB 5084—1992 相比，删除了凯氏氮、总磷两项指标。修订了五日生化需氧量、化学需氧量、悬浮物、氯化物、总镉、总铅、总铜、粪大肠群落数和蛔虫卵数等 9 项指标。

本标准由中华人民共和国农业部提出。

本标准由中华人民共和国农业部归口并解释。

本标准由农业部环境保护科研监测所负责起草。

本标准主要起草人：王德荣、张泽、徐应明、宁安荣和沈跃。

本标准于 1985 年首次发布，1992 年第一次修订，本次修订为第二次修订。

2.3 农田灌溉水质标准

2.3.1 范围

本标准规定了农田灌溉水水质要求、检测和分析方法。

本标准适用于全国以地表水、地下水和处理后的养殖业废水及以农产品为原料加工的工业废水为水源的农田灌溉用水。

2.3.2 规范性引用文件

下列文件中的条款通过本标准的引用而成为本标准的条款，凡是注明日期的引用文件，其随后所有的修改单（不包括勘误的内容）和修订版均不适用于本标准。然而，鼓励根据本标准达成协议的各方研究是否可使用这些文件的最新版本。凡是不注日期的引用文件，其最新版本适用于本标准。

GB/T 5750—1985　生活饮用水标准检测法。

GB/T 6920　水质　pH 值的检测　玻璃电极法。

GB/T 7467　水质　六价铬的测定　二苯碳酰二肼分光光度法。

GB/T 7468　水质　总汞的测定　冷原子吸收分光光度法。

GB/T 7475　水质　铜、锌、铅、铬的测定　原子吸收分光光度法。

GB/T 7484　水质　氟化物的测定　离子选择电极法。

GB/T 7485　水质　总砷的测定　二乙基二硫代氨基甲酸银分光光度法。

GB/T 7486　水质　氰化物的测定　第一部分　总氰化物的测定。

GB/T 7488　水质　5 日生化需氧量（BOD_5）的测定　稀释与接种法。

GB/T 7490　水质　挥发酚的测定　蒸馏后 4-氨基安替比林分光光度法。

GB/T 7494　水质　阴离子表面活性剂的测定　亚甲蓝分光光度法。

GB/T 11896　水质　氯化物的测定　硝酸银滴定法。

GB/T 11901　水质　悬浮物的测定　重量法。

GB/T 11902　水质　硒的测定　2，3-二氨基萘荧光法。

GB/T 11914　水质　化学需氧量的测定　重铬酸盐法。

GB/T 11934　水源水中乙醛、丙烯醛卫生检验标准方法　气相色谱法。

GB/T 11937　水源水中苯系物卫生检验标准方法　气相色谱法。

GB/T 13195　水质　水温的测定　温度计或颠倒温度计测定法。

GB/T 16488　水质　石油类和动物油的测定　红外光度法。

GB/T 16489　水质　硫化物的测定　亚甲基蓝分光光度法。

HJ/T 49　水质　硼的测定　姜黄素分光光度法。

HJ/T 50　水质　三氯乙醛的测定　吡唑啉酮分光光度法。

HJ/T 51　水质　全盐量的测定　重量法。

NY/T 396　农用水源环境质量检测技术规范。

2.3.3　技术内容

2.3.3.1　农田灌溉用水

水质应符合表2-7和表2-8的规定。

表2-7　农田灌溉用水水质基本控制项目标准值

序号	项目类别	作物种类		
		水作	旱作	蔬菜
1	五日生化需氧量（mg/L）≤	60	100	40[a]，15[b]
2	化学需氧量（mg/L）≤	150	200	100[a]，60[b]
3	悬浮物（mg/L）≤	80	100	60[a]，15[b]
4	阴离子表面活性剂（mg/L）≤	5	8	5
5	水温℃ ≤	35		
6	pH值	5.5~8.5		
7	全盐量（mg/L）≤	1 000[c]（非盐碱土地区），2 000[c]（盐碱土地区）		
8	氯化物（mg/L）≤	350		
9	硫化物（mg/L）≤	1		
10	总汞（mg/L）≤	0.001		
11	镉（mg/L）≤	0.01		
12	总砷（mg/L）≤	0.05	0.1	0.05
13	铬（六价）（mg/L）≤	0.1		
14	铅（mg/L）≤	0.2		
15	粪大肠菌落数（个/100ml）≤	4 000	4 000	2 000[a]，1 000[b]
16	蛔虫卵数（个/L）≤	2		2[a]，1[b]

a. 加工、烹调及去皮果蔬

b. 生食类蔬菜、瓜果和草本水果

c. 具有一定的水利灌排设施，能保证一定的排水和地下水径流条件的地区，或有一定溃水资源能满足冲洗土体中盐分的地区，农田灌溉水质全盐量指标可以适当放宽

表2-8　农田灌溉用水水质选择性控制项目标准值

序号	项目类别	作物种类		
		水作	旱作	蔬菜
1	铜（mg/L）≤	0.5	1	
2	锌（mg/L）≤	2		
3	硒（mg/L）≤	0.02		
4	氟化物（mg/L）≤	2（一般地区），3（高氟区）		

（续表）

序号	项目类别		作物种类		
			水作	旱作	蔬菜
5	氰化物（mg/L）	≤	0.05		
6	石油类（mg/L）	≤	5	10	1
7	挥发酚（mg/L）	≤	1		
8	苯（mg/L）	≤	2.5		
9	三氯乙醛（mg/L）	≤	1	0.5	0.5
10	丙烯醛（mg/L）	≤	0.5		
11	硼（mg/L）	≤	1[a]（对硼敏感作物），2[b]（对硼耐受性较强的作物），3[c]（对硼耐受性强的作物）		

a. 对硼敏感作物，如黄瓜、豆类、马铃薯、笋瓜、韭菜、洋葱、柑橘等
b. 对硼耐受性较强的作物，如小麦、玉米、青椒、小白菜、葱等
c. 对硼耐受性强的作物，如水稻、萝卜、油菜、甘蓝等

2.3.3.2 向农田灌溉渠道排放

处理后的养殖业废水及以农产品为原料加工的工业废水，应保证其下游最近灌溉取水点的水质符合本标准。

2.3.3.3 当本标准不能满足当地环境保护需要或农业生产需要时

省、自治区、直辖市人民政府可以补充本标准中未规定的项目或制定严于本标准的相关项目，作为地方补充标准，并报国务院环境保护行政主管部门和农业行政主管部门备案。

2.3.4 检测与分析方法

2.3.4.1 检测

（1）农田灌溉用水水质基本控制项目，检测项目的布点监测频率应符合 NY/T 396 的要求。

（2）农田灌溉用水水质选择性控制项目，由地方主管部门根据当地农业水源的来源和可能的污染物种类选择相应的控制项目，所选择的控制项目监测布点和频率应符合 NY/T 396 的要求。

2.3.4.2 分析方法

本标准控制项目分析方法按表 2-9 执行。

表 2-9 农田灌溉水质控制项目分析方法

序号	分析项目	测定方法	方法来源
1	生化需氧量（BOD_5）	稀释与接种法	GB/T 7488
2	化学需氧量	重铬酸盐法	GB/T 11914

（续表）

序号	分析项目	测定方法	方法来源
3	悬浮物	重量法	GB/T 11901
4	阴离子表面活性剂	亚甲蓝分光光度法	GB/T 7494
5	水温	温度计或颠倒温度计测定法	GB/T 13195
6	pH 值	玻璃电极法	GB/T 6920
7	全盐量	重量法	HJ/T 51
8	氯化物	硝酸银滴定法	GB/T 11896
9	硫化物	亚甲基蓝分光光度法	GB/T 16489
10	总汞	冷原子吸收分光光度法	GB/T 7468
11	镉	原子吸收分光光度法	GB/T 7475
12	总砷	二乙基二硫代氨基甲酸银分光光度法	GB/T 7485
13	铬（六价）	二苯碳酰二肼分光光度法	GB/T 7467
14	铅	原子吸收分光光度法	GB/T 7475
15	铜	原子吸收分光光度法	GB/T 7475
16	锌	原子吸收分光光度法	GB/T 7475
17	硒	2，3-二氨基萘荧光法	GB/T 11902
18	氟化物	离子选择电极法	GB/T 7484
19	氰化物	硝酸银滴定法	GB/T 7486
20	石油类	红外光度法	GB/T 16488
21	挥发酚	蒸馏后 4-氨基安替比林分光光度法	GB/T 7490
22	苯	气相色谱法	GB/T 11937
23	三氯乙苯	吡唑啉酮分光光度法	HJ/T 50
24	丙烯醛	气相色谱法	GB/T 11934
25	硼	姜黄素分光光度法	HJ/T 49
26	粪大肠菌群数	多管发酵法	GB/T 5750—1985
27	蛔虫卵数	沉淀集卵法[a]	《农业环境检测实用手册》第三章中“水质　污水蛔虫卵的测定　沉淀集卵法”

a. 暂采用此方法，待国家方法标准颁布后，执行国家标准

ICS

GB

中华人民共和国国家标准

GB 15618—1995

土壤环境质量标准

1995-01-01 发布　　　　1995-12-01 实施

国家质量技术监督局　发布

前　　言

为贯彻《中华人民共和国环境保护》防止土壤污染，保护生态环境，保障农林生产，维护人体健康，制定本标准。本标准按土壤应用功能、保护目标和土壤主要性质，规定了土壤中污染物的最高允许浓度指标值及相应的监测方法。本标准适用于农田、蔬菜地、茶园、果园、牧场、林地、自然保护区等地的土壤。

本标准由国家环境保护局科技标准司提出。

本标准由国家环境保护局南京环境科学研究所负责起草，中国科学院地理研究所、北京农业大学、中国科学院南京土壤研究所等单位参加。

本标准主要起草人：夏家淇、蔡道基、夏增禄、王宏康、武玫玲和梁伟等。

本标准由国家环境保护局负责解释。

2.4 土壤环境质量标准

2.4.1 主题内容与适用于范围

2.4.1.1 主题内容

本标准按土壤应用功能、保护目标和土壤主要性质，规定了土壤中污染物的最高允许浓度指标值及相应的监测方法。

2.4.1.2 适用范围

本标准适用于农田、蔬菜地、菜园、果园、牧场、林地、自然保护区等地的土壤。

2.4.2 术语

（1）土壤。指地球陆地表面能够生长绿色植物的疏松层。

（2）土壤阳离子交换量。指带负电荷的土壤胶体，借静电引力而对溶液中的阳离子所吸附的数量，以每千克干土所含全部代换性阳离子的厘摩尔（按一价离子计）数表示。

2.4.3 土壤环境质量分类和标准分级

2.4.3.1 土壤环境质量分类

根据土壤应用功能和保护目标，划分为 3 类：

Ⅰ类为主要适用于国家规定的自然保护区（原有背景重金属含量高的除外）、集中式生活饮用水源地、茶园、牧场和其他保护地区的土壤，土壤质量基本上保持自然背景水平。

Ⅱ类主要适用于一般农田、蔬菜地、茶园果园、牧场等到土壤，土壤质量基本上对植物和环境不造成危害和污染。

Ⅲ类主要适用于林地土壤及污染物容量较大的高背景值土壤和矿产附近等地的农田土壤（蔬菜地除外）。土壤质量基本上对植物和环境不造成危害和污染。

2.4.3.2 标准分级

一级标准 为保护区域自然生态、维持自然背景的土壤质量的限制值。

二级标准 为保障农业生产，维护人体健康的土壤限制值。

三级标准 为保障农林生产和植物正常生长的土壤临界值。

2.4.3.3 各类土壤环境质量执行标准的级别规定如下

Ⅰ类土壤环境质量执行一级标准。

Ⅱ类土壤环境质量执行二级标准。

Ⅲ类土壤环境质量执行三级标准。

2.4.4 标准值

本标准规定的三级标准值，如表 2-10 所示。

表 2-10 土壤环境质量标准值 （单位：mg/kg）

级别		一级	二级		三级	
	土壤 pH 值	自然背景	<6.5	6.5~7.5	>7.5	>6.5
	项目					
	镉≤	0.20	0.30	0.60	1.0	
	汞≤	0.15	0.30	0.50	1.0	1.5
砷	水田≤	15	30	25	20	30
	旱地≤	15	40	30	25	40
铜	农田等≤	35	50	100	100	400
	果园≤	—	150	200	200	400
	铅≤	35	250	300	350	500
铬	水田≤	90	250	300	350	400
	旱地≤	90	150	200	250	300
	锌≤	100	200	250	300	500
	镍≤	40	40	50	60	200
	六六六≤	0.05	0.50			1.0
	滴滴涕≤	0.05	0.50			1.0

注：①重金属（铬主要是三价）和砷均按元素量计，适用于阳离子交换量>5cmol（+）/kg 的土壤，若≤5cmol（+）/kg，其标准值为表内数值的半数

②六六六为 4 种异构体总量，滴滴涕为 4 种衍生物总量

③水旱轮作地的土壤环境质量标准，砷采用水田值，铬采用旱地值

2.4.5 监测

（1）采样方法。土壤监测方法参照国家环保局的《环境监测分析方法》《土壤元素的近代分析方法》（中国环境监测总站编）的有关章节进行。国家有关方法标准颁布后，按国家标准执行。

（2）分析方法按表 2-11 执行。

表 2-11 土壤环境质量标准选配分析方法

序号	项目	测定方法	检测范围（mg/kg）	注释	分析方法来源
1	镉	土样经盐酸-硝酸-高氯酸（或盐酸-硝酸-氢氟酸-高氯酸）消解后，（1）萃取-火焰原子吸收法测定（2）石墨炉原子吸收分光光度法测定	0.025 以上 0.005 以上	土壤总镉	①、②

（续表）

序号	项目	测定方法	检测范围（mg/kg）	注释	分析方法来源
2	汞	土样经硝酸-硫酸-五氧化二钒或硫、硝酸锰酸钾消解后，冷原子吸收法测定	0.004 以上	土壤总汞	①、②
3	砷	（1）土样经硫酸-硝酸-高氯酸消解后，乙基二硫代氨基甲酸银分光光度法测定 （2）土样经硝酸-盐酸-高氯酸消解后，氢化钾-硝酸银分光光度法测定	0.5 以上 0.1 以上	土壤总砷	①、②
4	铜	土样经盐酸-硝酸-高氯酸（或盐酸-硝酸-氢氟酸-高氯酸）消解后，火焰原子吸收分光光度法测定	1.0 以上	土壤总铜	①、②、②
5	铅	土样经盐酸-硝酸-氢氟酸-高氯酸消解后（1）萃取-火焰原子吸收法测定（2）石墨炉原子吸收分光光度法测定	0.4 以上 0.06 以上	土壤总铅	②
6	铬	土样经硫酸-硝酸-氢氟酸消解后，（1）高锰酸钾氧，二苯碳酰二肼光度法测定（2）加氯化铵液，火焰原子吸收分光光度法测定	1.0 以上 2.5 以上	土壤总铬	①
7	锌	土样经盐酸-硝酸-高氯酸（或盐酸-硝酸-氢氟酸-高氯酸）消解后，火焰原子吸收分光光度法测定	0.5 以上	土壤总锌	①、②
8	镍	土样经盐酸-硝酸-高氯酸（或盐酸-硝酸-氢氟酸-高氯酸）消解后，火焰原子吸收分光光度法测定。	2.5 以上	土壤总镍	②
9	六六六和滴滴涕	丙酮-石油醚提取，浓硫酸净化，用带电子捕获检测器的气相色谱仪测定	0.005 以上		GB/T 14550—93
10	pH 值	玻璃电极法（土：水=1.0：2.5）	—		②
11	阳离子交换量	乙酸铵法等	—		③

注：分析方法除土壤六六六和滴滴涕有国标外，其他项目待国家方法标准发布后执行，现暂采用下列方法：

①环境监测分析方法，1983，城乡建设环境保护部环境保护局

②土壤元素的近代分析方法，1992，中国环境监测总站编，中国环境科学出版社

③土壤理化分析，1978，中国科学院南京土壤研究所编，上海科技出版社

2.4.6 标准的实施

（1）本标准由各级人民政府环境保护行政主管部门负责监督实施，各级人民政府的有关行政主管部门依照有关法律和规定实施。

（2）各级人民政府环境保护行政主管部门根据土壤应用功能和保护目标会同有关部门划分本辖区土壤环境质量类别，报同级人民政府批准。

中华人民共和国农业行业标准

NY/T 391—2000

绿色食品　产地环境技术条件

Green food-Technical conditions for environmental of area

2.5 绿色食品环境质量标准

2.5.1 范围

本标准规定了绿色食品产地的环境空气质量、农田灌溉水质、渔业水质、畜禽养殖水质和土壤环境质量的各项指标及浓度限值、监测和评价方法。

本标准适用于绿色食品（AA 级和 A 级）生产的农田、蔬菜地、果园、茶园、饲养场、放牧场和水产养殖场。

本标准还提出了绿色食品产地土壤肥力分级，供评价和改进土壤肥力状况时参考，列于附录之中，适用于栽培作物土壤，不适于野生植物土壤。

2.5.2 引用标准

下列标准所包含的条文，通过在本标准中引用而构成为本标准的条文。本标准出版时，所示版本均为有效。所有标准都会被修订，使用本标准的各方应探讨使用下列标准最新版本的可能性。

GB 3095—1996 环境空气质量标准。

GB 5084—1992 农田灌溉水质标准。

GB 5749—1985 生活饮用水卫生标准。

GB 9137—1988 保护农作物的大气污染物最高允许浓度。

GB 11607—1989 渔业水质标准。

GB 15618—1995 土壤环境质量标准。

NY/T 53—1987 土壤全氮测定法（半微量开氏法）（原 GB 7173—1987）。

LY/T 1225—1999 森林土壤颗粒组成（机械组成）的测定。

LY/T 1233—1999 森林土壤有效磷的测定。

LY/T 1236—1999 森林土壤速效钾的测定。

LY/T 1243—1999 森林土壤阳离子交换量的测定。

2.5.3 定义

本标准采用下列定义。

2.5.3.1 绿色食品

遵守可持续发展原则，按照特定生产方式生产，经专门机构认定，许可使用绿色食品标志，无污染的安全、优质、营养类食品。

2.5.3.2 AA 级绿色食品

生产地的环境质量符合 NY/T 391 的要求，生产过程中不使用化学合成的肥料、农药、兽药、饲料添加剂、食品添加剂和其他有害于环境和身体健康的物质，按有机生产方式生产，产品质量符合绿色食品产品标准，经专门机构认定，许可使用 AA 级绿色食品标志的产品。

2.5.3.3 A级绿色食品

生产地的环境质量符合 NY/T 391 的要求，生产过程中严格按照绿色食品生产资料使用准则和生产操作规程要求，限量使用限定的化学合成生产资料，产品质量符合绿色食品标准，经专门机构认定，许可使用A级绿色食品标志的产品。

2.5.3.4 绿色食品产地环境质量

绿色食品植物生长地和动物养殖地的空气环境、水环境和土壤环境质量。

2.5.4 环境质量要求

绿色食品生产基地应选择在无污染和生态条件良好的地区。基地选点应远离工矿区和公路铁路干线，避开工业和城市污染源的影响，同时绿色食品生产基地应具有可持续的生产能力。

2.5.4.1 空气环境质量要求

绿色食品产地空气中各项污染物含量不应超过表2-12所列的指标要求。

表2-12 空气中各项污染物的指标要求（标准状态）

项目		指标	
		日平均	1h平均
总悬浮颗粒物（TSP）（mg/m^3）	≤	0.3	—
二氧化硫（SO_2）（mg/m^3）	≤	0.15	0.5
氮氧化物（NO_x）（mg/m^3）	≤	0.1	0.15
氟化物（F）	≤	7μg/m^3 1.8μg/（dm^2/d）（挂片法）	20μg/ m^3

注：①日平均指任何1d的平均指标

②1h平均指任何1h的平均指标

③连续采样3d，1d 3次，晨、午和夕各1次

④氟化物采样可用动力采样滤膜法或用石灰滤纸挂片法，分别按各自规定的指标执行，石灰滤纸挂片法挂置7d

2.5.4.2 农田灌溉水质要求

绿色食品产地农田灌溉水中各项污染物含量不应超过表2-13所列的指标要求。

表2-13 农田灌溉水中各项污染物的指标要求

项目		指标
pH值		5.5~8.5
总汞（mg/L）	≤	0.001
总镉（mg/L）	≤	0.005

（续表）

项目		指标
总砷（mg/L）	≤	0.05
总铅（mg/L）	≤	0.1
六价铬（mg/L）	≤	0.1
氟化物（mg/L）	≤	2
粪大肠菌群（个/L）	≤	10 000

注：灌溉菜园用的地表水需测粪大肠菌群，其他情况不测粪大肠菌群

2.5.4.3 渔业水质要求

绿色食品产地渔业用水中各项污染物含量不应超过表 2-14 所列的指标要求。

表 2-14 渔业用水中各项污染物的指标要求

项目		指标
色、臭、味		不得使水产品带异色、异臭和异味
漂浮物质		水面不得出现油膜或浮沫
悬浮物（mg/L）		人为增加的量不得超过 10
pH 值		淡水 6.5~8.5，海水 7.0~8.5
溶解氧（mg/L）		>5
生化需氧量（mg/L）	≤	5
总大肠菌群（个/L）	≤	5 000（贝类 500）
总汞（mg/L）	≤	0.0005
总镉（mg/L）	≤	0.005
总铅（mg/L）	≤	0.05
总铜（mg/L）	≤	0.01
总砷（mg/L）	≤	0.05
六价铬（mg/L）	≤	0.1
挥发酚（mg/L）	≤	0.005
石油类（mg/L）	≤	0.05

2.5.4.4 畜禽养殖用水要求

绿色食品产地畜禽养殖用水中各项污染物不应超过表 2-15 所列的指标要求。

表 2-15 畜禽养殖用水各项污染物的指标要求

项目		标准值
色度		15 度，并不得呈现其他异色
混浊度		3 度
臭和味		不得有异臭、异味
肉眼可见物		不得含有
pH 值		6.5~8.5
氟化物（mg/L）	≤	1
氰化物（mg/L）	≤	0.05
总砷（mg/L）	≤	0.05
总汞（mg/L）	≤	0.001
总镉（mg/L）	≤	0.01
六价铬（mg/L）	≤	0.05
总铅（mg/L）	≤	0.05
细菌总数（个/ml）	≤	100
总大肠菌群，个/L	≤	3

2.5.4.5 土壤环境质量要求

本标准将土壤按耕作方式的不同分为旱田和水田两大类，每类又根据土壤 pH 值的高低分为三种情况，即 pH 值<6.5，pH 值=6.5~7.5，pH 值>7.5。绿色食品产地各种不同土壤中的各项污染物含量不应超过表 2-16 所列的限值。

表 2-16 土壤中各项污染物的指标要求

项目	耕作条件					
	旱田			水田		
pH 值	<6.5	6.5~7.5	>7.5	<6.5	6.5~7.5	>7.5
镉≤	0.3	0.3	0.4	0.3	0.3	0.4
汞≤	0.25	0.3	0.35	0.3	0.4	0.4
砷≤	25	20	20	20	20	15
铅≤	50	50	50	50	50	50
铬≤	120	120	120	120	120	120
铜≤	50	60	60	50	60	60

2.5.4.6 土壤肥力要求

为了促进生产者增施有机肥，提高土壤肥力，生产 AA 级绿色食品时，转化后的耕地土壤肥力要达到土壤肥力分级1~2级指标（附录A）。生产A级绿色食品时，土壤肥力作为参考指标。

2.5.5 监测方法

采样方法除本标准有特殊规定外（表2-12注），其他的采样方法和所有分析方法按本标准引用的相关国家标准执行。

空气环境质量的采样和分析方法按照GB 3095中6.1、6.2、7和GB 9137中5.1和5.2的规定执行。

农田灌溉水质的采样和分析方法按照GB 5084中6.2、6.3的规定执行。

渔业水质的采样和分析方法按照GB 11607中6.1的规定执行。

畜禽养殖水质的采样和分析方法按照GB 5749的规定执行。

土壤环境质量的采样和分析方法按照GB 15618中5.1、5.2的规定执行。

附录 A
(标准的附录)
绿色食品产地土壤肥力分级

A.1 土壤肥力分级参考指标

土壤肥力的分级指标如表 A. 1 所示。

表 A. 1 土壤肥力分级参考指标

项目	级别	旱地	水田	菜地	园地	牧地
有机质（g/kg）	Ⅰ	>15	>25	>30	>20	>20
	Ⅱ	10~15	20~25	20~30	15~20	15~20
	Ⅲ	<10	<20	<20	<15	<15
全氮（g/kg）	Ⅰ	>1. 0	>1. 2	>1. 2	>1. 0	—
	Ⅱ	0. 8~1. 0	1. 0~1. 2	1. 0~1. 2	0. 8~1. 0	—
	Ⅲ	<0. 8	<1. 0	<1. 0	<<0. 8	—
有效磷（mg/kg）	Ⅰ	>10	>15	>40	>10	>10
	Ⅱ	5~10	10~15	20~40	5~10	5~10
	Ⅲ	<5	<10	<20	<5	<5
有效钾（mg/kg）	Ⅰ	>120	>100	>150	>100	—
	Ⅱ	80~120	50~100	100~150	50~100	—
	Ⅲ	<80	<50	<100	<50	—
阳离子交换量(cmol/kg)	Ⅰ	>20	>20	>20	>15	—
	Ⅱ	15~20	15~20	15~20	15~20	—
	Ⅲ	<15	<15	<15	<15	—
质地	Ⅰ	轻壤、中壤	中壤、重壤	轻壤	轻壤	砂壤-中壤
	Ⅱ	砂壤、重壤	砂壤、轻黏土	砂壤、中壤	砂壤、中壤	重壤
	Ⅲ	砂土、黏土	砂土、黏土	砂土、黏土	砂土、黏土	砂土、黏土

A.2 土壤肥力评价

土壤肥力的各项指标，Ⅰ级为优良，Ⅱ级为尚可，Ⅲ级为较差，供评价者和生产者在评价和生产时参考。生产者应增施有机肥，使土壤肥力逐年提高。

A.3 土壤肥力测定方法

按 NY/T 53、LY/T 1225、LY/T 1233、LY/T1236、LY/T 1243 的规定执行。

Q/LNYC

甘肃省陇南市烟草公司企业标准

Q/LNYC. 002—2016

烟叶产地环境标准

2016-07-08 发布 2016-07-08 实施

甘肃省陇南市烟草专卖局（公司） 发布

前　　言

本标准由陇南市烟草公司提出。

本标准由陇南市烟草公司负责起草。

本标准起草人：许建业。

2.6 烟叶产地环境标准

2.6.1 范围

本标准规定了烟叶产地环境质量要求、试验方法及监测等内容。

本标准适用于陇南市烟叶标准化示范区。

2.6.2 规范性引用文件

下列文件中的条款通过本标准部分的引用而成为本标准的条款。凡是注日期的引用文件，其随后所有的修改单（不包括勘误的内容）或修订版均不适用于本标准，然而，鼓励根据本标准达成协议的各方研究是否可使用这些文件的最新版本。凡是不注明日期的引用文件，其最新版本适用于本标准。

GB 3095—1996　环境、空气质量标准。

GB 9137—1988　保护农作物的大气污染物最高允许浓度。

GB 5084—1992　农田灌溉水质标准。

GB 15618—1995　土壤环境质量标准。

NY/T 391—2000　绿色食品环境质量标准。

2.6.3 环境质量要求

烟叶产地应选择在不受污染源影响或污染物含量限制在允许范围之内，生态条件好，具有一定生产规模的烟叶农业生产区。

2.6.3.1 气候要求

烟草产地的气候要求应不超过表 2-17 的规定。

表 2-17　气候环境指标

项目	指标
海拔	850~1 350m
平均气温	>9℃
无霜期	>120d
年降水量	>550mm
稳定通过 10℃的积温	>2 600℃
日均气温≥20℃的持续日数	≥70d
光照（年日照百分率）	≥50%

2.6.3.2 空气环境质量要求

烟草产地空气中各项污染物含量不超过表 2-18 所到的指标。

表 2-18 空气中各项污染物的指标要求

项目		指标	
		日平均	年平均
总悬浮颗粒物（TSP）mg/m^3	≤	0.3	0.20
二氧化硫（SO_2）mg/m^3	≤	0.15	0.006
氮氧化物（NO_2）mg/m^3	≤	0.10	0.05
氟化物 F	≤	0.7ug/ m^3 1.8 ug/ m^3（挂片法）	20ug/ m^3

注：①日平均指任何 1d 的平均指数。

②1h 平均值指任何 1h 的平均指标。

③连续采样 3d，1d 3 次，晨、午和夕各 1 次。

④氟化物采样可用动力采样滤膜法或用石灰滤纸挂片法，分别按各自规定的指标执行，石灰滤纸挂片法挂置 7d。

2.6.3.3 农田灌溉水质要求

烟草产地农田灌溉水中各项污染物含量不应超过表 2-19 规定。

表 2-19 灌溉水中各项污染物的指标要求

项目		指标
pH 值（mg/L）	≤	5~8.5
总镉（mg/L）	≤	0.005
总汞（mg/L）	≤	0.001
总砷（mg/L）	≤	0.5
总铅（mg/L）	≤	0.1
六价铬（mg/L）	≤	0.1
氟化物（mg/L）	≤	2.0
氯化物（mg/L）	≤	250
氰化物（mg/L）	≤	0.5

2.6.3.4 土壤环境质量要求

烟草产地各种不同土壤中的各项污染物含量不应超过表 2-20 的规定。

表 2-20 土壤中各项污染物的指标要求

项目		指标（mg/kg）
镉	≤	0.40
汞	≤	0.35

（续表）

项目		指标（mg/kg）
砷	≤	20
铅	≤	50
铬	≤	120
铜	≤	60
六六六	≤	0.5
滴滴涕	≤	0.5
0~60cm 土壤含氯量	≤	30

2.6.3.5　土壤肥力要求

为了促进烟叶生产者增施有机肥提高土壤肥力，烟草产地土壤肥力应符合表 2-21 规定。

表 2-21　烟草产地土壤肥力要求

项目	指标			
	一级		二级	
有机质（g/kg）	>	15	≥	10~15
全氮（g/kg）	>	1.0	>	0.8~1.0
有效磷（mg/kg）	>	10	>	5~10
有效钾（mg/kg）	>	120	>	80~120
阳离子交换量（com1/kg）	>	20	>	15~20
质地	轻壤、中壤		砂壤、重壤	

2.6.3.6　地膜回收要求

为了减少残留地膜危害，烟叶收获后，必须要及时清理烟地中残留的地膜，确保烟地卫生、整洁。

2.6.4　监测方法

2.6.4.1　采样方法

除本标准有特殊规定外（表 2-17），其他的采样方法和所有分析方法按标准引用的相关国家标准执行。

2.6.4.2　环境空气质量的采样和分析方法

按照 GB 3059 中 6.1、6.2、7 和 GB 137 中 5.1 和 5.2 规定执行。

2.6.4.3　土壤环境质量的采样和分析方法

按照 GB 15618 中 5.1、5.2 规定执行。

2.6.4.4 烟草农田灌溉水质的采样和分析

方法按照 GB 5084 中 6.2、6.3 的规定执行。

2.6.4.5 土壤肥力分析方法

按照 NY/T 391—2000 执行。

2.6.4.6 烟叶和土壤中残留量检测方法

按农药残留量实用检测方法手册执行。

2.6.5 支持性文件

无。

2.6.6 附录（资料性附录）

序号	记录名称	记录编号	填制/收集部门	保管部门	保管年限
—	—	—	—	—	—

Q/LNYC

甘肃省陇南市烟草公司企业标准

Q/LNYC. 003—2016

基本烟田布局规划

2016-07-08 发布　　　　2016-07-08 实施

甘肃省陇南市烟草专卖局（公司）　发布

前 言

本标准由陇南市烟草公司提出。
本标准由陇南市烟草公司负责起草。
本标准起草人：许建业。

2.7 基本烟田布局规划规程

2.7.1 范围

本标准规定了基本烟田必须具有的自然条件及必须实行的轮作制度、原则等。

本标准适用于陇南市基本烟田布局规划。

2.7.2 自然地理条件

（1）基本烟田规划宜选择在地势平坦，光照充足，排灌方便，土层深厚，肥力中上，土壤理化指标合理，生态环境能满足优质烟叶生长，道路畅通的塬地、川地及小丘陵的坡地。

（2）以下几种田块不能规划为基本烟田。

①持续连作烤烟，病害历年加重的田块。

②前茬作物不利于烤烟生长，为茄科、葫芦科作物的田块。

③土层较薄、耕层浅、板结严重、保水保肥能力差，养分失调，易涝怕旱、排水不畅的积水地、坡度在25°以上的田块。

2.7.3 轮作制度

坚持烟田3年一轮作制度，轮作前茬为糜、谷茬或冬小麦茬。

2.7.4 理化指标

（1）植烟土壤pH值以5.5~7.0为宜。

（2）植烟土壤有机质含量大于1%以上。

2.7.5 布局原则

（1）坚持当地农业发展规划与基本烟田规划有机结合的原则。

（2）坚持合理利用资源，优化布局的原则。

（3）坚持以烟为主、合理轮作、用养结合的原则。

（4）坚持适度规模种植的原则。

2.7.6 支持性文件

无。

2.7.7 附录（资料性附录）

序号	记录名称	记录编号	填制/收集部门	保管部门	保管年限
—	—	—	—	—	—

ICS

YC

中华人民共和国烟草行业标准

YC/T 19—1994

烟草种子

1994-08-23 发布　　　　1994-10-01 实施

国家烟草专卖局　发布

前　言

本标准由国家烟草专卖局提出。

本标准由国家烟草标准化技术委员会归口。

本标准由中国烟草总公司青州烟草研究所负责起草。

本标准主要起草人：佟道儒、刘洪祥、王元英、艾树理、蒋予恩、石金天。

3 种子品种标准

3.1 烟草种子

3.1.1 范围

本标准规定了烟草种子有关概念及分级参数。

本标准适用于烟草种子分级。

3.1.2 规范性引用文件

YC/T 20—1994 烟草种子检验规程。

3.1.3 术语

3.1.3.1 规定

依法经过审定合格的育成品和引进品种的原始种子，经过提纯获得的与该品种典型性状一致，符合原种质量标准的种子。

3.1.3.2 良种

利用原种繁殖出来的符合良种质量标准的优良品种的种子。

3.1.3.3 品种纯度

符合本品种典型的特征、性状一致的个体占被检验群体的百分率。

3.1.3.4 种子纯度

在检验样品中，本品种净种子的重量占样品总重量的百分率。

3.1.3.5 发芽率

在种子发芽实验的技术条件和时间里，能够正常发芽的种子数占供试种子总数的百分率。

3.1.4 烟草种子分级

3.1.4.1 原种不在分等级

良种分一级良种和二级良种。

3.1.4.2 烟草种子分级

以品种纯度、净度和发芽率为依据，其中品种纯度为主要定级标准。

3.1.4.3 凡净度和发芽率两项中

无论一项或两项等于或高于品种纯度级别的都按品种纯度等级定级。凡净度和发芽率两项都比品种纯度级别低一级，按品种纯度等级降低一级定级，但两项均不得低于其最低标准。

3.1.5 烟草种子分级指标（表）

表 烟草种子分级指标

项目	纯度（%）不低于	纯度（%）不低于	纯度（%）不低于	水分	色　泽	饱　满　度
原　种	99.9	99.0	99.5		深褐油亮、色泽一致	饱满、均匀
一级良种	99.5	98.0	90.0	7~8	深褐油亮、色泽一致	饱满、均匀
二级良种	99.0	96.0	85.0		深褐色、色泽稍差	饱满、均匀度稍差

3.1.6 烟草种子的检验方法按 YC/T 20—1994 进行。

ICS

YC

中华人民共和国烟草行业标准

YC/T 22—1994

烟草种子贮藏与运输

1994-08-28 发布　　　　1994-10-01 实施

国家烟草专卖局　发布

前　言

本标准由国家烟草专卖局提出。

本标准由国家烟草标准化技术委员会归口。

本标准由中国烟草总公司青州烟草研究所负责起草。

本标准主要起草人：佟道儒、刘洪祥、王元英、艾树理、蒋予恩和石金天。

3.2 烟草种子贮藏与运输

3.2.1 范围

本标准规定了烟草种子贮藏、运输条件、方法和技术要求。

本标准适用于各类原（良）种生产单位繁殖的烟草种子的贮藏和运输。

3.2.2 引用标准

YC/T 19—1994 烟草种子。

3.2.3 贮藏

3.2.3.1 仓库与设备

3.2.3.1.1 仓库

要选地势高，干燥向阳的地点建造，要求牢固安全，不漏雨，门窗能密闭、能通风，有防潮设施，有存放架。库内禁止堆放易燃、易爆物品及化肥、农药等与种子无关的物资。

3.2.3.1.2 器具

细口玻璃瓶，机制棉布袋，包装、运输、清扫、整理等仓用工具和材料，清洗机械，熏蒸杀虫器械和通风去湿设备及准确的衡器。

3.2.3.1.3 仪器

配备测温仪器、测湿仪器和种子检测仪器。

3.2.3.1.4 消防器材

配备灭火器械和水源。器材每月检查1次，灭火器要定期换药。

3.2.3.2 贮藏种子质量

（1）种子入库必须持有符合烟草种子检验规程的种子检验合格证。种子水分、净度、纯度必须符合 YC/T19—1994 的规定。

（2）入库种子不得混入害虫及虫卵。

（3）入库种子须称重、填写单证，做到账目、卡片、实物相符。

（4）种子入库完毕，由检验员复验种子质量，按堆架、品种等级扦样，将检验结果记入卡片。

3.2.3.3 种子保管

（1）库内设架堆放种子袋（瓶）必须分品种、分等级、分架单独堆放，品种间隔存放，瓶装种子单层摆放，袋装种子两层存放。

（2）种子架间和沿仓壁四周应留 50cm 的通道，架底层距地面要求不少于 60cm，架层间隔 50cm。

（3）种子仓架、堆垛要有标牌，标明品种名称、等级、产地、入库日期。新陈种子不得混放。

（4）原种一律用瓶装，瓶内应有卡片，瓶外有标签。

（5）防止种子混杂

仓库用具不得带有异品种（品系）种子。

3.2.3.3.1 种子检查

种子贮藏期间，根据不同季节，不同品种实行定期定点检查，遇到灾害性天气要及时检查，检查内容包括种子水分、发芽率、仓库相对湿度、仓温、种子虫霉、鼠雀等，检查结果均应记入卡片，仓温要求不高于 18℃。

（1）种子水分检查。一、四季度期间检查 1 次，二、三季度检查 1 次。

（2）种子发芽率测定。种子进出仓、熏蒸前后各测定 1 次，每年冬季测定 1 次。

3.2.3.3.2 仓库去湿与通风

（1）通风。根据仓内与仓外空气温、湿度状况比较而定，当仓外两项指标均低于仓内，或一项相同另一项低于仓内时可通风。

（2）去湿。具有密闭条件仓库，根据仓库大小，种子贮藏数量，配备不同功率的去湿机，以降低仓内湿度，仓内相对湿度大于 40%，且仓外湿度大于此值时，应采用机械去湿。

3.2.3.3.3 定期核实账目

保管员要定期与会计核实账目，做到日清月结。账目、卡片、实物相符。

3.2.3.3.4 种子合理损耗

（1）指种子入库到出库的过程中，在安全贮藏水分内的自然蒸发，倒袋尘杂的扬弃以及多次抽样检验、衡量微差等而发生的自然减量。

（2）种子合理损耗规定。

①保管期在 6 个月内不得超过 0.2%。

②保管期在 1 年内不得超过 0.25%。

③保管期在 1 年以上不得超过 0.5%。

3.2.3.4 病虫鼠害防治

3.2.3.4.1 仓内外清洁卫生

仓内保持清洁卫生，要求做到无洞、无缝、大门有防虫线，仓外 3m 以内无垃圾、无积水、无杂草，检查用具、机械设备保持清洁无虫、无卵。

3.2.3.4.2 清仓消毒

种子入库前消毒，用敌敌畏、敌百虫喷雾消毒，密闭 72h，然后通风 24h。

3.2.3.4.3 物理、机械防治

采用晒种、风选、筛选等消灭仓虫。

3.2.3.4.4 治虫

入库种子不得带有检疫性仓虫，其他仓虫用磷化铝熏蒸或防虫磷原液超低量喷雾防治。

3.2.3.4.5 防霉变

种子因受潮、结霜和自然吸湿而超过安全水分标准时，必须晾晒，去湿到安全水分范围内，以防种子霉烂。

3.2.3.4.6 防鼠雀

种子袋、瓶离地架放，仓内设防鼠板，防雀网，做到无鼠、无雀、无鼠洞、无雀巢。

3.2.3.5 出库

3.2.3.5.1 种子出库前

必须经过发芽试验，发芽率不符合国家标准的种子，不准做种子供应。

3.2.3.5.2 种子保管

应与种子销售仓分开，种子应凭证出仓，种子销售凭三联单，核对品种、等级、数量、严防错发。

3.2.3.5.3 销售种子时

要随同种子发给种子说明书。并留种样以作验证。

3.2.4 种子运输

3.2.4.1 每批种子必须附有“种子检验合格证”

并标明发货、受货单位或个人的详细地址及邮政编码。

3.2.4.2 运输工具必须清洁、干燥

有防雨设备，严防油渍。

3.2.4.3 运输包装要求集袋装箱

层层标记，袋箱要求坚固耐用。

3.2.4.4 在运输过程中，严防潮湿、雨淋、混乱破损

3.2.4.5 在运输过程中，如发现包装受潮、破损、混杂等情况

应做出标记并及时处理。

3.2.4.6 受货单位查验有关单证

齐备后方可接货。

Q/LNYC

甘肃省陇南市烟草公司企业标准

Q/LNYC. 004—2016

烤烟生产籽种供应规程

2016-07-08 发布　　**2016-07-08 实施**

甘肃省陇南市烟草专卖局（公司）　发布

前　　言

本标准是根据《陇南市烤烟综合标准体系》要求制定，属种子品种采购供应标准。
本标准由陇南市烟草公司提出。
本标准由陇南市烟草公司和中国农业科学院烟草研究所负责起草。
本标准主要起草人：罗成刚、李玉良。

3.3 烤烟生产籽种供应规程

3.3.1 范围

本标准对烤烟生产用种的采购及供应进行规范和要求。

本标准适用于陇南市烤烟生产籽种的供应。

3.3.2 规范性引用文件

下列文件中的条款通过本标准的引用而成为本标准的条款。凡是注日期的引用文件，其随后所有的修改单（不包括勘误的内容）或修订版均不适用于本标准，然而，鼓励根据本标准达成协议的各方研究是否可使用这些文件的最新版本。凡是不注日期的引用文件，其最新版本适用于本标准。

YC/T 22—1994 烟草种子贮藏与运输。

YC/T 141—1998 烟草包衣丸化种子。

3.3.3 生产用种的采购

3.3.3.1 烟叶种植县营销部

在年度烟叶生产开始前，上报年度种植品种布局及品种采购计划，经市局（公司）审批后，向国家规定的良种繁育基地统一订购本年度所需的良种。

3.3.3.2 生产用种

应选择由良种繁育基地上年度繁育的良种。

3.3.3.3 采购的包衣良种

必须符合 YC/T 141—1998 的规定。

3.3.4 生产用种的供应

3.3.4.1 烟叶种植县营销部

按照年度国家下达烟叶种植收购计划，对申请烟叶种植的农户进行调查摸底，科学安排品种布局，择优选择农户，并签订种植收购合同，育苗时按照合同面积、数量将烤烟种子发放给烟叶生产技术指导员，统一催芽，统一播种，并建立种子供应台账。

3.3.4.2 凡种植烤烟的农户

不得自行留种或到当地烟草部门以外的其他地方采购种植杂劣品种。

3.3.4.3 对不签订烤烟种植收购合同、不履行合同规定的义务或超计划、无计划种植的烟农

烟草部门不得供应烤烟种子或烟苗。

3.3.5 生产用种的贮藏与运输

按 YC/T 22—1994 的规定执行。

3.3.6 支持性文件

无。

3.3.7 附录（资料性附录）

序号	记录名称	记录编号	填制/收集部门	保管部门	保管年限
—	—	—	—	—	—

Q/LNYC

甘肃省陇南市烟草公司企业标准

Q/LNYC. 005—2016

烤烟种植品种

2016-07-08 发布　　　　2016-07-08 实施

甘肃省陇南市烟草专卖局（公司）　发布

前　言

本标准是根据陇南市烤烟综合标准体系要求制定，属陇南烤烟种植品种规范。
本标准由陇南市烟草公司提出。
本标准由陇南市烟草公司和中国农业科学院烟草研究所负责起草。
本标准起草人：许建业、罗成刚。

3.4 烤烟种植品种

3.4.1 范围

本规范规定了该品种的来源、植物学特征、生物学特征、品质、适应地区、栽培与烘烤要点和产量表现。

本规范适用于陇南市烤烟种子生产、收购、调运、销售及使用时作为对该品种检验的依据。

3.4.2 规范性引用文件

下列文件中的条款通过本标准的引用而成为本标准的条款。凡是注日期的引用文件，其随后所有的修改单（不包括勘误的内容）或修订版均不适用于本标准，然而，鼓励根据本标准达成协议的各方研究是否可使用这些文件的最新版本。凡是不注明日期的引用文件，其最新版本适用于本标准。

YC19　烟草种子。

3.4.3 栽培品种

3.4.3.1 NC89

3.4.3.1.1　品种来源

美国烤烟品种（由6955×6772杂交育成），1980年引入河南省，1986年“由河南省农作物品种审定委员会”第八次会议审定。1983年引入本市试种成功。

3.4.3.1.2　植物学特征

（1）植株。株式塔形，株高100~120cm，有效叶片20片左右，节距4~5cm，茎围7~8cm，叶形长椭圆形，叶色深绿，叶面稍平，叶尖渐尖，腰叶长50~60cm，叶宽20~26cm。

（2）花序。聚伞状花序，淡红色，花枝较疏松。

（3）果实。蒴果长圆形，单株结实80万~100万粒。种子呈黄褐色。

3.4.3.1.3　生物学特征

（1）生育期130d左右。

（2）抗逆性。中抗黑茎病，根腐病；抗根结线虫病，中感花叶病、脉斑病，易感赤星病和气候性斑点病。耐肥、耐熟，较抗旱。

3.4.3.1.4　品质

（1）烤后叶片橘黄或金黄色，光泽尚鲜明，尚油润，叶片较厚。

（2）总糖22%左右，总氮1.7%左右，蛋白质7%左右，烟减2.5%左右。

（3）香气质好、量多，气味舒适，劲头适中，杂气较少，燃烧性较强。

3.4.3.1.5　适宜地区

在本市海拔1 350 m以下地区均可种植。

3.4.3.1.6　栽培与烘烤要点

（1）栽培要点。3月1—10日育苗，5月1—10日移栽，密度1 200~1 300株/亩（1亩≈667m^2。全书同），单株留有效叶18~20片，中等地亩补纯氮2.5kg，氮、磷、钾比为1∶2∶(2~3)；烟叶充分成熟后采收。

（2）烘烤要点。烘烤时烟叶变黄较慢，要适当延长变黄期时间，中、下部烟叶在36~40℃条件下达到全黄程度约45h。叶片全黄后，再以0.5℃/h升至43℃，当烟筋变黄时升至45℃，使烟叶勾尖卷边，转火定色，定色前期要慢升温。干筋期不得超过70℃。

3.4.3.1.7　产量

亩产量175kg左右。

3.4.3.2　红花大金元

3.4.3.2.1　品种来源

云南省1962年从大金元品种中选育而成，1976年引入陇南市试种成功。

3.4.3.2.2　植物学特征

（1）植株。株式筒形，株高110~120cm，节距4~5cm，叶形椭圆形，叶色深绿，叶面多皱纹，主脉较粗。有效叶片20片左右，腰叶长60~70cm，叶宽24~32cm。

（2）花序。聚伞状花序，花冠深红色。

（3）果实。蒴果长圆形，单株结实100万粒以上。种子呈黄褐色。

3.4.3.2.3　生物学特征

（1）生育期。120~130d，为中熟品种。长势中等，腋牙生长势强。

（2）抗逆性。耐熟，有一定抗旱能力，较耐肥。中抗黑茎病，花叶病、脉斑病，耐赤星病。中抗根结线虫病、烈赤星病、黑胫病，中烈野头病和普通花叶病。

3.4.3.2.4　品质

（1）总糖18%~24%，总氮1.7%~2.1%，蛋白质7.8%~9.3%，烟碱1.46%~2.4%，香气质较好，劲头适中，吃味醇和。

（2）烤后叶片多金黄、橘黄，色泽鲜亮，油分足。

3.4.3.2.5　适宜地区

在本市海拔1 350 m以下地区均可种植。

3.4.3.2.6　栽培与烘烤要点

（1）栽培要点。3月1—10日育苗，5月1~10移栽，密度1 200~1 300株/亩，中等地亩补纯氮2~2.5kg，氮、磷、钾比为1∶2∶3；单株留有效叶20片左右，熟后采收。

（2）烘烤要点。烘烤特点是变黄速度慢，中、下部烟叶在40℃条件下，需55~70h叶片才能全黄，之后再以0.5℃/h升至43℃，使烟筋变黄时，再升至45℃，当叶尖勾尖，叶缘卷边时转火定色。

3.4.3.2.7　产量

亩产量175~200kg。

3.4.3.3　K326

3.4.3.3.1　品种来源

由美国烤烟品种MCN225×（MCN30×NC95）选育而成。1989年经“全国烟草品种审定委员会”认定为推广良种。1990 年引入本市试种成功。

3.4.3.3.2 植物学特征

（1）植株。株式筒形，打顶株高 100~110cm，大田单株着生叶片数 23~25 片，有效叶片 20~22 片，腰叶椭圆形，长 60~65cm，宽 25~30cm，叶色浅绿，叶面较皱，叶尖渐尖，叶耳稍大，叶缘波浪状，主脉中等，茎围 7~8cm，节距 4~5cm，叶片分布均匀。

（2）花序。聚伞状花序，花冠淡红色。

（3）果实。蒴果长圆形，单株结实 80 万粒左右。种子呈黄褐色。

3.4.3.3.3 生物学特征

（1）生育期。110~120d，苗床后期及大田前期生长较快，整齐高度。

（2）抗逆性。该品种抗根结线虫病，中抗黑茎病和青枯病，烈赤星病，烈气候斑点病、普通花叶病、黄瓜花叶病、脉斑病。抗旱性较差。

3.4.3.3.4 品质

（1）烤后烟叶色度较强，多橘黄色，油分多，结构疏松，叶片厚度适中。

（2）总糖 19%左右，总氮 1.8%左右，烟减 2.2%~3.0%。

（3）香气质较好，香气量充足，劲头适中，杂气少，燃烧性好。

3.4.3.3.5 适宜地区

在本市海拔 1 350 m 以下地区均可种植。

3.4.3.3.6 栽培与烘烤要点

（1）栽培要点。3 月 1—10 日育苗，5 月 1—10 日移栽，密度 1 200~1 300株/亩，单株留有效叶 18~20 片，中等地亩补纯氮 3~3.5kg，氮、磷、钾比为 1∶2∶3。

（2）烘烤要点。该品种成熟落黄明显，易烘烤，变黄快，适当延长定色时间，干筋期温度不得超过 68℃。

3.4.3.3.7 产量

亩产量 175kg 左右。

3.4.3.4 秦烟 96

3.4.3.4.1 品种来源

秦烟 96 是陕西烟草研究所从中国烟草总公司青州烟草研究所育成的 CT862 品种（G-28×净叶黄）中选育而成的烤烟新品种。2009 年通过全国烟草品种审定委员会审定。

3.4.3.4.2 植物学特征

（1）植株。株式筒形。打顶株高 143.5cm，有效叶数 22.5 片，叶色绿，叶面较平展，叶片椭圆，腰叶长 67.2cm，宽 35.0cm，节距 6.5cm，茎围 10.3cm，田间生长势较强。

（2）花序。聚伞状花序，淡红色，花枝较疏松。

（3）果实。蒴果长圆形，单株结实 100 万~120 万粒，种子呈黄褐色。

3.4.3.4.3 生物学特征

（1）生育期。115~125d。

（2）抗逆性。抗黑胫病，中抗赤星病、青枯病和 PVY，耐气候斑点病，中感 TMV、CMV 和根结线虫病。

3.4.3.4.4 品质

秦烟 96 烤后烟叶各项化学成分协调，感观评吸质量中等，色泽柠檬黄至橘黄，光泽较鲜明、油润，叶片结构尚疏松，香气度较好，香气质较多、劲头适中，燃烧性较好。

3.4.3.4.5 适宜地区

在本市海拔 1 350 m 以下地区均可种植。

3.4.3.4.6 栽培调制技术要点

秦烟 96 喜肥水，适宜在中等和中等以上肥力地块种植，宜宽行栽培，亩栽烟 1 000~1 100株。该品种叶片大，叶脉较粗，烘烤中烟叶变黄失水慢，易烤成黄片青筋。烘烤时绑杆和装炉不宜过密，适当延长变黄时间，使烟叶烟筋变黄。

3.4.3.5 陇烟 1 号

3.4.3.5.1 品种来源

陇南市烟草研究所于 1995 年从大田生产品种变异株中系统选育而成。从 1996 年试种推广以来，栽植面积逐年扩大，占栽培品种 40%以上。

3.4.3.5.2 植物学特征

（1）植株。株式筒形，打顶株高 112cm，有效叶 20 片，茎围 9.1cm，节距 5.6cm；叶色绿，腰叶长 68cm，宽 46cm，叶面较平展。

（2）花序。聚伞状花序，粉红色，花枝较紧凑。

（3）果实。蒴果椭圆形，单株结实 100 万~150 万粒，种子褐色。

3.4.3.5.3 品种生物学特征

（1）生育期。130d

（2）抗逆性。高抗 PVY、CMV、TMV，高抗气候性斑点病，中感野火病，中抗赤星病。抗旱，喜肥水。

3.4.3.5.4 品质

烤后叶片柠檬黄、橘黄，光泽鲜明，油分较好，叶片尚疏松。内在化学成分较协调；总糖 21.23%，还原糖 18.71%，烟碱 1.847%，总氯 0.937%，总氮 1.568%。香气评吸：劲头适中，浓度中等，香气质较好，香气量较足，余味较舒适，杂气较轻。

3.4.3.5.5 适宜地区

在本市海拔 1 350 m 以下地区均可种植。

3.4.3.5.6 栽培与烘烤要点

3 月 5—10 日育苗，5 月上旬移栽，中等地力亩补纯氮 2.5~3.5kg，氮、磷、钾比例为 1∶2∶(2~3)；栽植密度 1 000~1 100株/亩。该品种易烤，变黄速度较快，变黄期干球 35~42℃，定色期干球温度 45~54℃，干湿差 3~5℃，定色期干球温度控制在 55~68℃。

3.4.4 支持性文件

无。

3.4.5 附录（资料性附录）

序号	记录名称	记录编号	填制/收集部门	保管部门	保管年限
—	—	—	—	—	—

ICS 65.160
X 87
备案号：23383—2008

YC

中华人民共和国烟草行业标准

YC/T 238—2008

烟用聚乙烯吹塑地膜

Polyenthylene blown mulch film for tobacco planting

2008-03-12 发布　　**2008-03-12 实施**

国家烟草专卖局　发布

YC/T 238—2008

前　言

本标准由国家烟草专卖局提出。

本标准由全国烟草标准化技术委员会（TC144）归口。

本标准由中国烟草总公司青州烟草研究所、中国烟叶公司负责起草。

本标准主要起草人：刘建利、王树声、刘好宝、刘新民、李青常、董建新、徐志民、鲁建新、王刚、黄晓东、赵松义、林桂华和戴培刚。

4 生产技术标准

4.1 烟用聚乙烯吹塑地膜

4.1.1 范围

本标准规定了聚乙烯烟用地膜的技术要求、试验方法、检验规则及标志、标签、包装、运输与贮存。

本标准适用于以低密度聚乙烯树脂（LDPE）、线性低密度聚乙烯树脂（LLDPE）、高密度聚乙烯树脂。

（HDPE）为主要原料或与其他树脂共混，加入其他功能性助剂，以吹塑法制成的聚乙烯烟用地膜，以及同规格加入光、生物等降解剂的烟用地膜。

其他类型的烟用膜也可参照使用。

4.1.2 规范性引用文件

下列文件中的条款通过本标准的引用而成为本标准的条款。凡是注日期的引用文件，其随后所有的修改单（不包括勘误的内容）或修订版均不适用于本标准，然而，鼓励根据本标准达成协议的各方研究是否可使用这些文件的最新版本。凡是不注日期的引用文件，其最新版本适用于本标准。

GB/T 2828.1—2003　计数抽样检验程序　第1部分：按接收质量限（AQL）检索的逐批检验抽样计划（IOS 2895.1：1999）。

GB/T 2918　塑料试样状态调节和试验的标准环境（GB/T 2918—1998，idtISO 291：1997）。

GB/T 6672　塑料薄膜和薄片厚度测定　机械测量法（GB/T 6672—2001，idtISO 4593：1993）。

GB/T 6673　塑料薄膜和薄片　长度和宽度的测定（GB/T 6673—2001，idtISO 4592：1992）。

GB/T 13022　塑料　薄膜拉伸性能试验方法。

GB/T 13735—1992　聚乙烯吹塑农用地面覆盖薄膜。

GB/T 16422.2—1999　塑料实验室光源暴露试验方法　第2部分：氙弧灯（idtISO 4892.2：1994）。

QB/T 1130　塑料直角撕裂性能试验方法。

4.1.3 要求

4.1.3.1 宽度、厚度及偏差

宽度、厚度及偏差应符合表 4-1 规定。

表 4-1 宽度、厚度及偏差

项目		极限偏差（mm）	平均厚度偏差（%）
单幅宽度（mm）	≤800	±15	—
	>800	±20	—
厚度（mm）	0.006	±0.001	±15
	0.008	±0.002	
	0.010	±0.002	
	0.012	±0.002	

4.1.3.2 每卷净质量及偏差

每卷净质量及偏差应符合表 4-2 规定。

表 4-2 净质量及偏差单位为千克

每卷净质量	偏差
5	±0.10
10	±0.10

4.1.3.3 外观质量

（1）产品应质地均匀，不应有影响使用的气泡、斑点、褶皱、杂质、针孔、鱼眼和僵块等缺陷，对不影响使用的缺陷不应超过 20 个/100cm^2。

（2）膜卷卷取平整，不应有明显的暴筋。每卷断头数不应超过 2 个，每段长度不少于 100m。端面卷绕错位宽度不超过公称宽度 25mm。

4.1.3.4 物理性能

物理性能应符合表 4-3 的规定。

表 4-3 物理性能

项目		指标
拉伸强度（N）	纵/横	≥1.0
断裂伸长率（%）	纵/横	≥150
直角撕裂负荷（N）	纵/横	≥0.5

4.1.3.5 降解性能

光降解后断裂伸长率保留率应不大于10%。

4.1.4 试验方法

4.1.4.1 取样方法

从膜卷外端先剪去1m，裁取足够数量的薄膜样品进行试验。

4.1.4.2 试样状态调节和试验的环境

按GB/T 2918的标准环境与正常偏差范围进行，并在此条件下进行试验。状态调节时间4h以上。

4.1.4.3 宽度

按GB/T 6673的规定进行测定。

4.1.4.4 厚度

（1）按GB/T 6672的规定进行测定。

（2）极限厚度偏差的结果计算与表示，见式（1）。

$$\Delta t = t_{max}\ (\text{或}\ t_{min}) - t_0 \tag{1}$$

式中：

Δt———极限厚度偏差，单位为毫米（mm）。

t_{max}———实测的最大值，单位为毫米（mm）。

t_{min}———实测的最小值，单位为毫米（mm）。

t_0———公称厚度，单位为毫米（mm）。

（3）平均厚度偏差的结果计算与表示，见式（2）。

$$t = (t_n - t_0) / t_0 \times 100\% \tag{2}$$

式中：

t———平均厚度偏差（%）。

t_0———公称厚度，单位为毫米（mm）。

t_n———平均厚度，单位为毫米（mm）。

4.1.4.5 外观

在自然光或日光灯下目测。

4.1.4.6 拉伸强度和断裂伸长率

按GB/T 13022的规定进行测定。

4.1.4.7 直角撕裂强度

按QB/T 1130的规定进行测定。

4.1.4.8 光降解后断裂伸长率保留率

4.1.4.8.1 光降解试验

按GB/T 16422.2—1999的规定进行试验。

a. 光降解试验条件

———黑板温度：(63±3)℃。

———相对湿度：(65±5)%。

———喷水周期为：18min/102min（喷水时间/不喷水时间）。

b. 光降解试验时间：120h。

4.1.4.8.2 光降解后断裂伸长率的测定

按 GB/T 13022 的规定进行测定。

4.1.4.8.3 光降解后断裂伸长率的保留率

光降解后断裂伸长率的保留率按式（3）计算。

$$f=f_2/f_1\times100\% \qquad (3)$$

式中：

f———光降解后断裂伸长率的保留率（%）。

f_1———光降解前断裂伸长率（%）。

f_2———光降解后断裂伸长率（%）。

4.1.5 检验规则

4.1.5.1 组批

产品以批为单位进行验收，同一配方、同一规格连续生产的产品 20t 以下为一批。

4.1.5.2 抽样

产品规格、外观按 GB/T 2828.1—2003 规定的二次正常抽样方案进行；采用一般检查水平Ⅱ，接收质量限（AQL）为 6.5，如表 4-4 所示。

表 4-4 抽样方案

批量/卷	样本	样本大小	累计样本大小	合格判定数 Ac	不合格判定数 Re
26~50	第一 第二	5 5	5 10	0 1	2 2
51~90	第一 第二	8 8	8 16	0 3	3 4
91~150	第一 第二	13 13	13 26	1 4	3 5
151~280	第一 第二	20 20	20 40	2 6	5 7

物理性能从抽取的任一个样本中裁取进行检验。

4.1.5.3 检验分类

4.1.5.3.1 出厂检验

出厂检验项目为 3.1、3.2、3.3 及 3.4 中的表 4-3 所示。

4.1.5.3.2 型式检验

按 GB/T 13735—1992 中 6.3.2 的规定执行。

4.1.5.4 判定规则

4.1.5.4.1 合格项的判定

（1）规格、外观样本单位的判定，分别按 3.1、3.2 和 3.3 进行。样本单位的检验结果根据表 4-4 作出判定。

（2）物理性能若有不合格项目时，应在原批中抽取双倍样品分别对不合格项目进行复检，复检结果全部合格判为合格，否则判为不合格产品。

4. 1. 5. 4. 2　交付批质量判定

规格、外观按 GB/T 2828. 1—2003 规定的二次正常抽样方案进行，检查水平Ⅱ，接收质量限（AQL）为 6. 5，具体规定如表 4-4 所示。

4.1.6　标志、包装、运输、贮存

按 GB/T 13735—1992 中第 7 章标志、包装、运输、贮存规定执行。

Q/LNYC

甘肃省陇南市烟草公司企业标准

Q/LNYC. 006—2016

烟草肥料合理使用技术规程

2016-07-08 发布　　2016-07-08 实施

甘肃省陇南市烟草专卖局（公司）　发布

前　　言

本标准对陇南市烟草公司烟叶生产过程烟草肥料合理使用技术的策划、实施、检查与改进的内容与要求、责任与权限等做出了规定。

本标准由陇南市烟草公司生产技术科提出。

本标准由陇南市烟草公司生产技术科归口管理。

本标准由陇南市烟草公司生产技术科起草。

本标准主要起草人：许建业、董建新、宋文静、王程栋。

本标准 2016 年首次发布。

4.2 烟草肥料合理使用技术规程

4.2.1 范围

为规范烤烟规范化生产的烟草肥料合理使用的基本原理与准则、方法及烤烟肥料合理用量，特制定本标准。

本标准适用于陇南市烟草公司。

4.2.2 规范性引用文件

下列文件对于本文件的应用是必不可少的。凡是注日期的引用文件，仅所注日期的版本适用于本文件。凡是不注日期的引用文件，其最新版本（包括所有的修改单）适用于本文件。

GB 15063 复混肥料（复合肥料）。

GB 15618 土壤环境质量。

GB/T 17419 含氨基酸叶面肥料。

GB/T 17420 含微量元素叶面肥料。

GB 18877 有机—无机复混肥料。

GB 20406 农业用硫酸钾。

GB 20412 钙镁磷肥。

GB 20413 过磷酸钙。

GB/T 20784 农业用硝酸钾。

GB/T 23221 烤烟栽培技术规程。

GB/T 23349 肥料中砷、镉、铅、铬、汞生态指标。

NY 227 微生物肥料。

NY525 有机肥料。

NY/T 798 复合微生物肥料。

NY 884 生物有机肥。

NY/T 1118 测土配方施肥技术规范。

YC/T 479—2013 烟草商业企业标准体系构成与要求。

YC/Z 290—2009 烟草行业农业标准体系。

4.2.3 术语与定义

下列术语和定义适用于本标准。

4.2.3.1 肥料

以提供植物养分为其主要功效的物料。

4.2.3.2 有机肥料

主要来源于植物和（或）动物、施于土壤以提供植物营养为其主要功效的含碳物料。

4.2.3.3 无机［矿质］肥料

标明养分呈无机盐形式的肥料，由提取、物理和（或）化学工业方法制成。

4.2.3.4 单一肥料

氮、磷和钾 3 种养分中，仅具有一种养分标明量的氮肥、磷肥或钾肥的通称。

4.2.3.5 氮肥

具有氮（N）标明量，以提供植物氮养分为其主要功效的单一肥料。

4.2.3.6 磷肥

具有磷（P_2O_5）标明量，以提供植物磷养分为其主要功效的单一肥料。

4.2.3.7 钾肥

具有钾（K_2O）标明量，以提供植物钾养分为其主要功效的单一肥料。

4.2.3.8 复混肥料

氮、磷和钾 3 种养分中，至少有两种养分标明量的由化学方法和（或）掺混方法制成的肥料。

4.2.3.9 商品有机肥料

具有明确养分标明的、以大量动植物残体、排泄物及其他生物废物为原料加工制成的商品肥料。

4.2.3.10 饼肥

作为肥料使用的、以各种含油分较多的种子经加工去油后的残渣，如菜籽饼、豆饼、芝麻饼、花生饼等。

4.2.3.11 测土配方施肥

测土配方施肥是以肥料田间试验和土壤测试为基础，根据作物需肥规律、土壤供肥性能和肥料效应，在合理施用有机肥料的基础上，提出氮、磷、钾及中、微量元素（植物生长所必需的、但相对来说是少量的元素，例如硼、锰、铁、锌、铜、钼或钴等）等肥料的施用品种、数量、施肥时期和施用方法。

4.2.4 烟草合理施肥总则

4.2.4.1 合理施肥目标

烟草合理施肥应达到优质、适产、高效、安全和土壤可持续利用等目标。

4.2.4.2 合理施肥依据

4.2.4.2.1 合理施肥原理

烟草施肥应根据矿质营养理论、养分归还学说、最小养分律、报酬递减律和因子综合作用律等施肥理论确定合理用量。

4.2.4.2.2 烟草营养特性

（1）不同烟草品种对养分吸收利用能力存在差异。

（2）烟草不同生育期、不同产量水平对养分需求数量和比例不同。

（3）烟草属喜钾忌氯作物，烟草打顶前对氮需求旺盛，打顶后应减少或停止氮供应。

4.2.4.2.3 土壤性状

土壤类型、物理性质、化学性质和生物性状等因素导致土壤保肥和供肥能力不同，从而影响烟草的肥料效应。适宜烟草种植的土壤应符合 GB/T 23221 的规定；烟草施肥应根据土壤养分状况采用测土配方施肥技术，土壤采样和分析按照 NY/T 1118 要求执行。

4.2.4.2.4 气象条件

干旱、降雨等因素导致养分吸收困难或流失，从而影响烟草的肥料效应。

4.2.4.2.5 肥料种类

不同肥料种类和肥料品种施用后对土壤农化性质的影响决定该肥料适宜的土壤类型和施肥方法。烟草肥料应含一定比例的硝态氮肥，不宜使用酰胺态氮肥，不含或含适量氯。

注 1：硝态氮肥指具有氮标明量，氮素形态以硝酸根离子（NO^{3-}）形式存在的化肥，主要有硝酸钾等。

注 2：酰胺态氮肥指具有氮标明量、氮素形态以酰胺态形式存在的化肥，主要有尿素等。

4.2.4.2.6 耕作（种植）制度

不同的前茬作物影响烟草生长季的土壤养分有效性，烟叶主产区应建立以烟草为主的种植制度，统筹考虑周年养分供应。

4.2.4.2.7 土壤环境容量

确定不同生态区烟草肥料用量时应综合考虑土壤环境容量。

注：土壤环境容量又称土壤负载容量，指一定土壤环境单元在一定时限内遵循环境质量标准，既维持土壤生态系统的正常结构与功能，保证农产品的生物学产量与质量，又不使环境系统污染超过土壤环境所能容纳污染物的最大负荷量。

4.2.5 允许施用的肥料种类

4.2.5.1 有机肥料

允许施用的有机肥料包括农家肥料（堆肥、厩肥、作物秸秆肥等）、饼肥、商品有机肥料等。

4.2.5.2 无机肥料

允许施用的无机肥料包括烤烟专用基肥、烤烟专用追肥、普通过磷酸钙、钙镁磷肥、硫酸钾、硝酸钾等。

4.2.5.3 绿肥

允许使用的绿肥包括紫云英、紫花苕子、黑麦草和燕麦等。

4.2.5.4 其他肥料

有机—无机烤烟专用肥、正式登记的不含化学合成调节剂的生物肥料和叶面肥料等也可使用。

4.2.6 禁止施用的肥料种类

4.2.6.1 城市生活垃圾、污泥、工业废渣、含病原菌或污染物超标的有机肥料

4.2.6.2 无正式登记的肥料

4.2.6.3 不符合 GB/T 17419 和 GB/T 17420 要求的叶面肥料

4.2.7 肥料质量要求

4.2.7.1 有机肥料

农家肥料使用前应充分发酵腐熟。商品有机肥料的技术指标应符合 NY 525 的要求。农家肥料和商品有机肥中重金属和有害生物限量符合 NY 525 的要求。

4.2.7.2 无机肥料

无机复合肥料（氮、磷、钾三种养分中，至少有两种养分标明量的仅由化学方法制成的肥料）技术指标应符合 GB 15063 的要求。过磷酸钙的技术指标应符合 GB 20413 的要求；钙镁磷肥的技术指标应符合 GB 20412 的要求；硫酸钾的技术指标应符合 GB 20406 的要求；硝酸钾的技术指标应符合 GB/T 20784 的要求；各类无机肥料中重金属限量符合 GB/T 23349 的要求。

4.2.7.3 其他肥料

有机—无机复混肥料（来源于标明养分的有机和无机物质的产品，由有机和无机肥料混合（或）化合制成的肥料）技术指标和重金属限量应符合 GB 18877 的要求。

生物肥料技术指标、重金属和有害生物限量应符合 NY 884 和 NY/T 798 的要求，微生物肥料技术指标、重金属和有害生物限量应符合 NY 227 的要求。

4.2.8 烤烟肥料合理用量

烟草肥料合理用量的确定方法参照支持文件烟草合理施肥量的确定方法。

4.2.9 支持文件

4.2.9.1 肥量的确定方法

4.2.9.2 测土配方施肥技术规程

4.2.9.3 大田移栽技术规程

4.2.10 附录（资料性附录）

序号	记录名称	记录编号	填制/收集部门	保管部门	保管年限
—	—	—	—	—	—

Q/LNYC

甘肃省陇南市烟草公司企业标准

Q/LNYC. 007—2016

烟草用农药质量要求

2016-07-08 发布　　2016-07-08 实施

甘肃省陇南市烟草专卖局（公司）　发布

前　言

本标准对陇南市烟草公司烟叶生产过程烟草农药质量要求做出了规定。

本标准由陇南市烟草公司生产技术科提出。

本标准由陇南市烟草公司生产技术科归口管理。

本标准由陇南市烟草公司生产技术科起草。

本标准主要起草人：许建业。

本标准2016年首次发布。

4.3　烟草用农药质量要求

4.3.1　范围

本标准规定了甘肃省陇南市烤烟生产过程中使用的农药质量要求。

本标准适用于甘肃省陇南市烤烟种植区内防治烟草病虫草害的所有农药种类。

4.3.2　规范性引用文件

下列文件对于本文件的应用是必不可少的。凡是注日期的引用文件，仅所注日期的版本适用于本文件。凡是不注日期的引用文件，其最新版本（包括所有的修改单）适用于本文件。

GB/T 1601　农药 pH 值的测定方法。

GB/T 1603　农药乳液稳定性测定方法。

GB 1605　商品农药采样方法。

GB/T 5451　农药可湿性粉剂润湿性测定方法。

GB/T 14825　农药悬浮率测定方法。

GB/T 16150　农药粉剂可湿性粉剂细度测定方法。

GB/T 19136　农药热储存稳定性测定方法。

GB/T 19137　农药低温储存稳定性测定方法。

HG/T 2467　农药产品标准编写规范。

4.3.3　术语和定义

4.3.3.1　有效成分 active ingredient

有效成分是指农药产品中具有生物活性的特定化学结构成分。

4.3.3.2　生物活性 biological activity

生物活性指对昆虫、螨、病菌、病毒、鼠、杂草等有害生物的行为、生长、发育和生理生化机制的干扰、破坏、杀伤作用，还包括对动、植物生长发育的调节作用。

4.3.3.3　容许差 admissible error

容许差即农药制剂标明含量上下变化的范围，用实际含量与标注含量差占与标注含量的百分比表示。

4.3.3.4　粒径细度 particle fineness

粒径细度用能通过一定筛目的百分率表示。

4.3.3.5　湿润性 wetting

湿润性是指农药制剂微粒被水湿润的能力。

4.3.3.6　悬浮率 suspensibility

悬浮率指农药制剂用水稀释成悬浮液，在特定温度下静置一定时间后，以仍处于悬浮状态的有效成分的量占原样品中有效成分量的百分率。

4.3.4 烟草农药质量标准

4.3.4.1 有效成分含量

有效成分含量是农药制剂中最重要的指标。农药实际含量应不低于标注含量，允许有一定容许差。

以化学分析法测定的农药制剂含量，其测定值与有效成分之容许差如表 4-5 所示。

表 4-5 农药制剂容许差

有效成分含量	容许差
>50%	±5%
>10%~50%	±10%
>1. 0%~10%	±15%
>0. 1%~1. 0%	±25%
≤0. 1%	±50%

4.3.4.2 保证期

商品标签上应明确规定产品的保证期。保证期一般至少为 2 年，即农药产品出厂后 2 年内，产品质量标准中各项指标均应合格。

4.3.4.3 粉粒细度

粉粒细度为粉剂类农药制剂（粉剂、可湿性粉剂、悬浮剂、干悬浮剂、粒剂）质量指标之一，以能通过一定筛目的百分率表示。要求 95%农药制剂通过 75μm 筛（200 目筛）。

4.3.4.4 润湿性

润湿性是为保证可分散（或可溶）及可乳化粉剂或粒剂产品，在喷雾器械中用水稀释时，能够迅速湿润而设定的指标。适用所有用水分散或溶解的固体制剂。

4.3.4.5 悬浮率

可湿性粉剂、悬浮剂、水分散粒剂、微囊剂等农药剂型质量指标之一。为保证农药有效成分的颗粒在悬浮液中能在较长时间内保持悬浮状态，而不沉在喷雾器的底部，农药制剂稀释液的悬浮率要求在 50%~70%。

4.3.4.6 乳液稳定性

乳油类农药制剂质量指标之一。用以衡量乳油加水稀释后形成的乳液中，农药液珠在水中分散状态的均匀性和稳定性。要求液珠能在水中较长时间地均匀分布，油水不分离，使乳液中有效成分浓度保持均匀一致，充分发挥药效，避免产生药害。

4.3.4.7 酸、碱度或 pH 值范围

酸、碱度或 pH 值是为减少有效成分潜在分解、制剂物理性质变坏和对容器和施药器具潜在腐蚀而设定的指标。适用在过度酸性或碱性条件下，能发生负反应的农药产品。无通用要求，pH 值则应规定上下限，用 pH 值的范围表示，并注明测定时的温度。

4.3.4.8 贮存稳定性

0℃贮存稳定性是为保证在低温贮存期间，制剂的物理性质以及相关的分散性和微粒

都无不良的变化而设定的指标。适用于所有液体制剂。一般要求规定贮存在（0±2）℃，7d 后，制剂仍能满足初始分散性、乳液稳定性或悬浮液的稳定性和湿筛试验，要求在测定试样中分离出的固体/液体物应≤0. 3mL。高温储存稳定性是为确保在高温贮存时对产品的性能无负面影响，预测产品在常温下长期贮存时有效成分含热贮存稳定性量以及相关物理性质变化而设定的指标，适用所有制剂。在（54±2）℃，贮存 14 d 后，有效成分含量不得低于贮存前测定值的 95%，相关的物理性质不得超出可能对使用和安全有负面影响的范围。

4. 3. 4. 9　分散性及分散稳定性

分散性是为保证制剂在用水稀释时能容易并迅速分散而设定的指标。在规定温度下，测定底部 1/10 悬浮液和沉淀量，并用≤%或 ml 表示。

4.3.5 烟草农药质量检验

4. 3. 5. 1　农药取样按 GB 1605 规定执行

4. 3. 5. 2　粉粒细度按 GB/T 16150 规定执行

4. 3. 5. 3　润湿性按 GB/T 5451 规定执行

4. 3. 5. 4　悬浮率按 GB/T 14825 规定执行

4. 3. 5. 5　乳液稳定性按 GB/T 1603 规定执行

4. 3. 5. 6　pH 值测定按 GB/T 1601 规定执行

4. 3. 5. 7　贮存稳定性按 GB/T 19136 和 GB/T 19137 规定执行

4. 3. 5. 8　分散性及分散稳定性按 HG/T 2467 规定执行

4.3.6 支持文件

无。

4.3.7 附录（资料性附录）

序号	记录名称	记录编号	填制/收集部门	保管部门	保管年限
—	—	—	—	—	—

Q/LNYC

甘肃省陇南市烟草公司企业标准

Q/LNYC. 008—2016

烟草集约化育苗基本技术规程

2016-07-08 发布　　　　2016-07-08 实施

甘肃省陇南市烟草专卖局（公司）　发布

前 言

本标准对陇南市烟草公司烟叶生产过程集约化育苗要求做出了规定。
本标准由陇南市烟草公司生产技术科提出。
本标准由陇南市烟草公司生产技术科归口管理。
本标准由陇南市烟草公司生产技术科起草。
本标准主要起草人：许建业、董建新、宋文静。
本标准 2016 年首次发布。

4.4 烟草集约化育苗基本技术规程

4.4.1 范围

本标准规定了烟草集约化育苗的基本技术规程。

本标准适用于烟草生产的育苗环节，作为技术操作的依据，也适用于作为烟草生产的技术研究。

4.4.2 定义

本标准采用下列定义。

4.4.2.1 覆盖育苗 nurse cultivating seedling

播种后将苗床用适当物质盖住的育苗方式。覆盖物有透光性或漏光性。

4.4.2.2 通床育苗 one-plot cultivating seedling

整个育苗过程，从播种到成苗在同一苗床内完成。

4.4.2.3 假植育苗 two-plot cultivating seedling

一种育苗方法，在烟苗有4~5片真叶时，从育苗的第一苗床（母床）栽种到预先做好的另一块苗床（子床）上，使它在较优越的环境条件下生长。

4.4.2.4 营养体育苗 cultivating seedling on nutrition trough

一种育苗方式，将种子点播于含有较多营养物质的池状体（营养池）、钵状物（营养钵）、袋内（营养袋）或盘内（营养盘），直至成苗。

4.4.2.5 十字期 four leaves

出苗后不久，出现第一、二片真叶，当这两片真叶大小近似并与子叶交叉成“十字”形时的时期。两片真叶时称为“小十字期”，四片真叶时称为“大十字期”。

4.4.2.6 锻苗 hardning seedling

烟草移栽前增强烟草抗逆能力的措施。

4.4.3 定义

4.4.3.1 育苗设施的分类

4.4.3.1.1 按覆盖方式分类

分为塑料小拱棚、大棚（包括大棚内加罩小拱棚的双棚和带有加热设施的暖窖式大棚）和露地育苗三大类。

4.4.3.1.2 按育苗方式分类

分为通床育苗和假植育苗。

4.4.3.1.3 按育苗营养体分类

分为营养钵、营养池、营养袋、育苗盘育苗。

4.4.3.2 育苗设施的构造

4.4.3.2.1 从覆盖方式角度构造

（1）小拱棚（附录A中A1）。

覆盖材料以具有无滴、保温、防老化性能的多功能塑料膜（0.05mm 厚）育苗效果最佳。严寒地区加盖草苫。

（2）大棚。覆盖材料以具有无滴、保温、防老化功能三层复合塑料膜（0.10～0.12mm 厚）育苗效果较佳，棚膜可连续使用 2～3 年。播种前 5～7d 盖膜。每一标准大棚用 500ml/4%甲醛（福尔马林）喷洒，密闭灭菌 2～3d，打开两端门通风 2～3d，排净药气。

育苗初、中期气温极低地区，在大棚内半地下或离地 5～10cm 设加温火管，环棚边一圈。炉头与烟囱设在棚外。严寒地区加盖草苫。

①标准大棚（附录 A 中 A2）。

②暖窖式大棚（附录 A 中 A3）。

③双棚（附录 A 中 A4）。

（3）露地育苗。畦宽 1m，长度随田块而定。在育苗期气温较高，不需加盖覆盖物的地区采用。

4.4.3.2.2 从育苗方式角度构造

（1）通床育苗。

①半地下式。床体周边筑埂，埂顶宽 20～25cm，距床面 10～15cm，床面低于地面（5cm），床体两端设灌排水沟。适用于育苗季节少雨物旱地。

②半地上式。床体周边下挖深 15～20cm、宽 25～30cm 的浅沟，床面高于沟底 15～20cm。适用于水田苗床地和育苗季节多雨的旱地。

③离地式苗床。床底用木板或砖制成带四框的平面床，盘底（框底）用砖（或木棍）支撑，距地面 10～15cm。适用于大棚式育苗地区。

（2）假植育苗：母床，用 50cm×40cm 或 50cm×60cm，边框高 5～6cm 的木盘或塑料盘装营养土育苗。也可以用 50cm×40cm，边框高 3cm，排布 1.5cm×1.5cm 孔洞的塑料盘装营养土育苗。子床，采用直径 5～8cm，高 5～8cm 的塑料袋或纸袋；或者上口 4.5cm×4.5cm，下口 3cm×3cm，深 5cm 杯状体，底部有排水孔的塑料育苗盘；或者通床状床体。

4.4.3.2.3 从营养体角度构造

（1）营养钵。制作营养钵的材料和方法有多种。有纸筒、稻草蘸泥浆、聚丙烯塑料无底格盘、固体泡沫状聚乙烯锥状体等制钵，或直接将泥土做成钵状。直径 6～7cm，高 5～6cm。

（2）营养袋。一端开口的纸袋、草袋或塑料袋。直径 6～7cm，高 5～6cm。

（3）育苗盘。塑料压制成长 55cm，宽 30cm，其上划分成多个上口 4.5cm×4.5cm，下口 3cm×3cm，深 5cm，底部有排水孔的杯状槽的盘体。

4.4.4 育苗技术

4.4.4.1 苗床地与床土

苗床选定背风向阳、靠近水源，近三年内未种过烟草、茄科、葫芦科、十字花科作物的田块。采用大棚育苗也可以选在村中或院内。

无论是通床育苗还是假植育苗，都要求土质疏松、肥沃。小棚育苗苗床畦面要平整。

4.4.4.2　营养土配制与灭菌

4.4.4.2.1　营养土配制

营养土要含充分腐熟、晒干、砸碎过筛的有机肥料。通床育苗，每平方米施用有机肥1.0~1.5kg（按有机肥中有机质计算为纯有机质），氮磷钾复合肥（8∶8∶16）0.1kg；营养袋、营养盘的营养土有机质应增加，含量要达到4%~6%（优质有机肥中有机质含量达20%~25%时，肥与土比例为1∶3~4），每100kg营养土加0.5kg氮磷钾复合肥（8∶8∶16）。肥料与土要充分混匀。

4.4.4.2.2　灭菌

（1）高温灭菌。将配制好的营养土置于蒸笼内，沸水蒸至营养土温度达94℃，保持30min。

（2）化学灭菌。用溴甲烷熏蒸，将营养土堆成10~15cm厚的平顶方堆，每平方米营养土堆用溴甲烷40~60g，施药后用塑料膜包盖。营养土温度高于15℃时熏蒸48h，低于15℃时，时间适度延长，熏蒸完毕后，揭膜，翻堆使药液散逸。

4.4.4.2.3　营养土装填

通床装7cm厚（踩实后），畦面整平压实；营养袋、营养钵要装满，相互靠紧实。

4.4.4.2.4　苗床浇水

营养土要浇透达最大持水量，待畦面无明水时播种。

4.4.4.3　种子处理

4.4.4.3.1　灭菌消毒

将干种子置于布袋内（约占布袋容积1/3），先将盛种袋放入1%小苏打水溶液中浸泡20~30s，取出后用清水洗净残液，放入20℃左右的0.1%硝酸银溶液中浸泡10~15min或1%硫酸铜溶液中浸泡10~15min，取出后洗净所附药液。

4.4.4.3.2　搓种

将洗净药液的种子置于布袋内反复搓揉，以磨破阻碍种子吸水与吸收氧气的种皮以及种皮所含抑制种子萌发的化学物质，然后用水冲洗至布袋内流出水呈无色或仅有淡淡棕色为止，再将种子袋置于20℃左右水中浸泡24h，使种子充分吸水。

4.4.4.3.3　催芽

选用恒温培养箱培养。无此条件地区，将种子盛在布袋内或陶土盆内，放在25℃左右温暖处催芽。催芽时掌握以下操作方法。

（1）温度。以20℃ 4h，30℃ 8h变温催芽，种子出芽快而整齐。

（2）湿度。湿种子手握成团，张开时湿种团有裂纹或散成小团为宜。种团不碎裂为过湿，立即散开为过干。不宜过湿或过干。

（3）洗种与翻动。从催芽的第三天起，每日用20℃左右的温水清洗种子，冲洗掉催芽时种皮上滋生的黏液，以利种子吸收氧气，防止烂种，清洗后将种袋甩去多余水分。每天翻种3~4次，使种子里层积累的种子萌发时产生的热量得到散失，以免烧种，同时使种子均等得到新鲜空气供应，达到发芽整齐。

种子胚根伸出种皮（露白），种子胚根长到1~1.5mm时即可播种。

4.4.4.4 播种

4.4.4.4.1 播种时期

以移栽时期为准，提前60d左右即为播种时期。

4.4.4.4.2 播种方法

（1）撒播。将种芽与过筛细土掺混后撒播，使种芽均匀分布于母床畦面。

（2）点播。点播于畦式通床苗床时，将混细土的种芽撒于点播板上（点播板为硬质1.5~2mm厚塑料或薄木板，板上按留苗行株距开0.4~0.5cm直径的孔），撒播后刮去高于板面的土与种芽；点播于营养袋、盘时，用湿毛笔粘2~3粒种芽点播到袋、盘的中心。采用包衣种子时，每袋（穴）点播2粒种子，播后喷水使包衣裂解。

4.4.4.5 覆土

播种后要用经0.5~1mm筛的细沙覆土1~1.5mm厚以保持水分，防止畦面表层干结。

4.4.4.6 覆盖

畦面用细棍横向支撑覆罩地膜或普通农膜，其上再支撑距畦面40~50cm的拱形架，覆以厚0.05mm具有无滴、保温、防老化、转光性能的多功能塑料膜。寒冷地区，还可在此棚外再支撑距膜5cm的另一拱棚，此时，内棚用普通地膜或农膜，外棚用多功能膜。待烟苗出齐后或长至小十字期时，揭去最下层横向覆罩的地膜。

4.4.4.7 苗床管理

4.4.4.7.1 水分管理

播种后至成苗前一般不再灌水。从出苗至第五片真叶长出，根系营养土含水量保持在田间最大持水量80%为宜。若表层土（0~5cm）含水量过低，只能在早晚用喷壶洒水补充，不能大水漫灌。第五片真叶长出至锻苗前，根系营养土含水量保持在田间最大持水量60%~70%为宜。成苗后至移栽前5~7d，或烟苗形体接近移栽要求时，进行锻苗，根系土壤含水量保持在田间最大持水量50%~60%为宜，以晴天中午时，烟苗发生轻度凋萎，上部叶主脉稍部变软下弯作控水适度的依据。如果9：00~10：00，烟苗就发生凋萎，则要用喷壶喷洒补水。

4.4.4.7.2 温度管理

连续晴天，棚内温度易过高，尤其在苗床中后期，当晴天9：00，棚外气温达到18℃时，要揭开棚两端进行通风，防止中午时棚温超过35℃，影响烟苗生长。苗床初期要防止棚内畦面近地表1~2cm空间气温低于-2℃。北方或高海拔地区，遇到强冷空气侵入时，要采取防寒措施。

4.4.4.7.3 养分管理

烟苗出现缺肥症状，可用硝酸铵或尿素（每10m^{2}畦，0.1~0.2kg）加磷酸氢二钾0.1kg（或用0.5kg过磷酸钙水浸液，加0.2kg硫酸钾）配制成1份肥100份水的溶液于大十字期后浇灌，然后用清水喷洒，洗去粘在叶上的过多肥液。育苗盘育苗时，由于每株营养体小，在大十字期后，每隔5~7d，用上述肥液浇灌，至锻苗前停止追肥。

4.4.4.7.4 间苗定苗

烟苗长至小十字期后、大十字期前，撒播苗床进行间苗，第五片真叶长出后进行定苗，留苗密度按栽植方式而定，培育高茎苗与碟状苗，苗间距定为5cm，培育短胖苗，苗间距定为 7cm。点播苗床在小十字期后，大十字斯前进行一次定苗。

4.4.4.7.5　病虫草害防治

播种前施用毒饵，防治地老虎、蝼蛄、金针虫等地下害虫。出苗后发现这些害虫危害时可用 90%敌百虫 800 倍液浇灌、喷雾。出苗后结合间定苗，拔除杂草。大十字期起 1∶1∶150 倍波尔多液或 50%代森锌 500 倍液。第一次喷药后 7d 再喷第二次，共喷三次，以防炭疽病危害。

4.4.4.8　假植

适用于播种与苗床初期特别寒冷的地区。假植苗先在母床（木盘、塑料盘）内培育，当烟苗长出第五片真叶，全株叶片展开伍分硬币大小时，为假植苗大小适宜假植标准。子床可以为营养袋、盘。一般地区，点播通床育苗省工。病毒病严重地区，假植育苗传病机率增加。

4.4.4.9　锻苗

移栽前要采取锻苗措施，促使烟苗健壮，移植后还苗生长快，提高抗逆性。主要方法为控制水分供应，同时揭去覆盖物，增加光照量，使植株体内积累相对多的光合产物。锻苗时期从移栽前 5~7d 开始，不再浇水。中午前后揭开覆盖物，如早晚气温较高，可全天不再覆盖。如果营养土水分过分亏缺，9：00—11：00 就开始凋萎，则应补充水分供应，但不能浇大水，在早晨用喷壶喷洒，全株叶片湿润，有少量水珠下滴为准。遇雨水时就及时覆盖苗床。育苗后期剪叶可提高烟苗整齐度，同时也起到抑制烟苗地上部分生长的作用。

4.4.4.10　剪叶

为了使烟苗在移栽时生长大小与健壮程度整齐一致，或者在烟苗已达到移栽要求而由于天气等原因不能及时移栽，为了抑制烟苗生长，采用剪叶操作。

成苗前剪叶，由于大苗受剪生长遭到抑制，有利于小苗生长，最终达到烟苗大小一致，生长整齐。第一次剪叶可在 5 片真叶以后，烟苗竖膀期开始，剪叶时，用手捏住烟苗叶尖，用剪刀剪去叶片 1/3。其后根据烟苗长势整齐与否，于 7 片、8 片或 9 片叶龄时再进行第二、三次剪叶，可把剪过的叶再剪去一部分。剪叶后必须将落在畦面的碎叶捡出，以防病害发生。也可在第 5、6 片叶龄时，掐去底部 2 片老叶，以利畦面通风，其后再掐或剪去大叶叶尖部。在锻苗前进行最后 1 次剪叶或掐叶，抑制叶片生长，促进苗茎增粗或根系生长。

在病毒病严重的烟区或种植户，剪叶操作易造成病毒病传播，应当慎用。而掐叶操作由于叶片与手接触的部位被掐取，故传播病毒病机会比剪叶轻。当出现“苗等地”情况，断水与掐叶是抑制烟苗生长过大的有效措施。

4.4.5　成苗形体标准

由于栽植方式及移栽前后各地降雨状况不同，要求移栽苗的成苗标准不同。

4.4.5.1　高茎苗

苗龄 9~10 片真叶，茎高 8~10cm，茎粗（茎基直径）0.4cm，最大叶长 12~15cm，叶色淡绿，移栽时埋茎 6~8cm，适于高垄裸栽和地膜覆盖膜上栽植方式的烟田。

4.4.5.2 碟状苗

苗龄 7 片真叶，茎高 2~3cm，最大叶长 6~8cm，叶色淡绿。适于栽植于膜下穴中栽植方式的烟田。

4.4.5.3 矮胖苗

苗龄 9~10 片真叶，茎高 6~7cm，茎粗（茎基直径）0.4~0.5cm，最大叶长 13~14cm，叶色淡绿。适于移栽后处于少雨干旱季节，低垄裸地栽植方式的烟田。

4.4.6 支持文件

无。

4.4.7 附录

序号	记录名称	记录编号	填制/收集部门	保管部门	保管年限
—	—	—	—	—	—

Q/LNYC

甘肃省陇南市烟草公司企业标准

Q/LNYC. 009—2016

烤烟漂浮育苗技术规程

2016-07-08 发布　　　　2016-07-08 实施

甘肃省陇南市烟草专卖局（公司）　发布

前 言

本标准对陇南市烟草专卖局（公司）烟叶生产过程中漂浮育苗技术规程的策划、实施、检查与改进的内容与要求、责任与权限等做出了规定。本标准的实施，将进一步提升陇南的管理水平，促进陇南烟草的“管理标准化”。

本标准由陇南市烟草公司提出。

本标准由陇南市烟草公司负责起草。

本标准起草人：许建业、董建新、宋文静。

4.5 烤烟漂浮育苗技术规程

4.5.1 范围

为规范烤烟规范化生产的烤烟漂浮育苗管理及壮苗标准、育苗材料、育苗棚建造、装盘播种、苗期管理等，特制定本标准。

本标准适用于陇南市烟草专卖局（公司）。

4.5.2 规范性引用文件

下列文件对于本文件的应用是必不可少的。凡是注日期的引用文件，仅所注日期的版本适用于本文件。凡是不注日期的引用文件，其最新版本（包括所有的修改单）适用于本文件。

GB 4455　农业用聚乙烯吹塑薄膜。

YC/T 479—2013　烟草商业企业标准体系构成与要求。

YC/Z 290—2009　烟草行业农业标准体系。

YC/T 143　烟草育苗基本技术规程。

YC/T 142　烟草农艺性状调查方法。

DB 53/T 112—2004　烟草漂浮育苗基质的质量标准。

4.5.3 术语与定义

下列术语和定义适用于本标准。

4.5.3.1 集约化育苗

在整个育苗过程中集合所有可利用资源，集成育苗优势技术，用较少的成本育出烟苗。烤烟集约化育苗包含漂浮育苗，湿润育苗，无基质或少基质育苗，砂培育苗等多种育苗方式。而其中漂浮育苗为集约化育苗的一种最重要的育苗方式。

4.5.3.2 烤烟漂浮育苗

在温室或塑料棚条件下，利用成型的聚苯乙烯格盘（育苗盘）为载体，填装上人工配制的基质，播种后将育苗盘漂浮于苗池中，完成烟草种子的萌发、生长和成苗的烤烟育苗方式。它集中体现了无土栽培、保护地栽培、现代控制技术育苗的先进性。与营养袋育苗方式相比，烤烟漂浮育苗具有能缩短成苗时间，确保烟苗充足、整齐、健壮、适龄、根系发达，杜绝病虫草害的发生和传入大田，大幅度提高烟苗的素质，移栽后能早生快发等优点。

4.5.3.3 烤烟膜上烟移栽

充分利用光、温、气、水、肥、土等自然资源和地膜覆盖栽培的作用，栽烟覆膜后立即将烟苗掏出膜外，此种栽烟方式主要是解决移栽期干旱和低温而影响大田移栽的一项有效技术措施。也是促进烟株早生快发，避开病虫害高发病高峰和烟叶成熟期低温，早成熟，早采收，提高烟叶产质量，增加经济效益的有效措施。

4.5.3.4 烤烟膜下小苗移栽

充分利用光、温、气、水、肥、土等自然资源和地膜覆盖栽培的作用，栽烟覆膜后不立即将烟苗掏出膜外，待烟苗成活后，再将烟苗掏出膜外，此种栽烟方式主要是解决前期低温、干旱而影响大田移栽的一项有效技术措施。也是促进烟株早生快发，大田生产期前移，避开病虫害高发病高峰和烟叶成熟期低温，早成熟，早采收，提高烟叶产质量，增加经济效益的有效措施。

4.5.3.5 基质

无土栽培技术中使用，为植株提供机械支持，可保持水分和营养，允许气体在植株根部进出交换的物质，通常由草炭土、珍珠岩和蛭石等混合而成。

4.5.3.6 苗龄

从出苗至成苗的天数。

4.5.3.7 出苗期

从播种至幼苗子叶完全展开，整棚50%出苗为出苗期。

4.5.3.8 小十字期

幼苗在第三片真叶出现时，第一、第二片真叶与子叶大小相近，交叉呈十字状的时期。

4.5.3.9 大十字期

第三、第四片真叶大小相近与第一、第二片真交叉呈十字状的时期。

4.5.3.10 成苗期

烟苗达到成苗指标，适宜移栽的时期。

4.5.4 内容与要求

4.5.4.1 集约化育苗基地建设及育苗管理规程

4.5.4.1.1 集约化育苗基地建设

（1）育苗基地布局原则。注重实用性，合理布局，相对集中。结合陇南烤烟种植区划和基本烟田建设布局情况，合理布局建设集约化育苗基地。

（2）建设规模。漂浮育苗采用小棚温室育苗和大棚温室育苗。小棚温室育苗池主要有两种，一种是固定漂浮育苗池，另一种是临时性，可拆卸漂浮育苗池；大棚温室育苗池采用固定漂浮育苗池。育苗基地的建设要与本乡（镇）街道的种烟面积相配套。

4.5.4.1.2 育苗管理规程

（1）集中育苗。由村委会和烟叶站根据当年下达的指定性种植面积及指令性收购量确定当年烤烟育苗的片数、育苗地块及育苗数量等，实行集中连片育苗。栽烟农户不应私自育苗，所有集中连片以外的育苗一律视为劣杂品种铲除。

（2）育苗承包。由烟草分公司与烤烟育苗合作社签订育苗合同、种烟农户根据和烟草公司签订的种植合同与烤烟育苗合作社签订供苗协议，在合同中明确烟草分公司、育苗合作社及种烟农户的各方职责，育苗专业户要按时、按质育出充足的适龄壮苗供烤烟适时移栽，种烟农户根据购苗协议购买烟苗。

（3）统一管理。烤烟育苗合作社在育苗管理过程中要服从烟草部门及当地烤烟生产技术服务社的技术指导，整个育苗过程由育苗合作社统一管理，烟草部门、村委会和地方政府对育苗合作社具有监督权。

（4）以苗养苗。育苗所需的费用由烟农和烟草公司共同承担。漂浮育苗烟草公司按实际移栽面积适当给予补助，其余部分从烟农收取。

（5）定量供应。育苗合作社在供应烟苗时应按烟农与合作社签定的供苗协议为依据，统一供苗。育苗合作社应与村委会密切配合，根据各个连片的移栽时间及各地块所涉及的栽烟农户，确定对各个烟农的供苗时间及供苗数量，确保每个连片在5~7d内移栽结束。

4.5.4.1.3　育苗合作社的管理

（1）总则。在整个育苗过程中，育苗合作社应服从烟草部门和烤烟生产技术服务社的技术指导。

（2）烟苗发放。育苗合作社所育出的烟苗应由烟草部门同意后，由各乡镇烟站按照供苗协议统一组织供苗，烟农按供苗协议并携带烟站开具的领苗通知单到指定的供苗点领取烟苗，育苗点同时建立供苗台账，烟农领取的烟苗应当天栽完，不能过夜。育苗合作社不应把烟苗私自卖给种烟农户。

（3）烟苗的销毁。多余烟苗应在烟草专卖行政管理部门监督下统一销毁，烟苗销毁时育苗合作社应建立毁苗台账，记录育苗数量、成苗数量、供苗数量和销毁数量。

4.5.4.2　漂浮育苗技术规程

4.5.4.2.1　技术原理

（1）漂浮育苗。漂浮育苗属于无土育苗范畴。利用辅助设施和人工配制基质为烟苗生长发育创造最佳环境条件。

（2）基质材料及基质配方。通过不同性质、不同种类的材料组合优化，模拟最适宜烟种萌发、烟苗生长的土壤条件。

（3）营养液及养分供应。养分由营养液提供，要求是完全的矿质营养元素，并且都是溶解态。

（4）装盘播种。能为烟种萌发提供均匀一致的固、液、气三相比最佳环境。

（5）温湿度调控。通过自然通风，遮阳网控制育苗棚内温湿度，创造烟苗生长发育不同时期的最适宜温湿度条件。

4.5.4.2.2　壮苗标准

（1）膜下烟壮苗标准。

①个体标准。4叶1心，叶色绿；茎高3cm左右，茎色浅绿，有韧性，不易折断；根系发达；出苗后苗龄30~35d。

②群体标准。壮苗率90%以上、整齐健壮无病、数量充足（保证有15%~20%的预备苗）。

（2）膜上烟壮苗标准。个体标准：叶色绿；茎高8~12cm，茎围2.2~2.5cm，茎色浅绿、有韧性，不易折断；根系发达；出苗后苗龄55~60d。

群体标准：壮苗率90%以上、整齐健壮无病、数量充足（保证有15%~20%的预备苗）。

4.5.4.2.3　技术规程

（1）育苗材料及规格。

①育苗盘

A. 膜下烟育苗盘：325 孔、162 孔、81 孔和 595 孔漂浮盘。

B. 膜上烟漂浮盘：162 孔漂浮盘。

②基质。符合 DB53/T 112—2004 的规定，由陇南市公司统一招标后供到各育苗点。

③营养液肥。与基质配套的营养液专用复合肥、含氮量在 15%以上的烤烟专用复合肥。

④种子。经国家审定的优良品种的优质包衣种子。

⑤压穴板、播种器。使用与育苗盘相配套的压穴板、播种器。

⑥聚乙烯膜。采用符合 GB 4455 规定的聚乙烯膜，池底膜用厚度 8 丝以上的黑膜；小棚盖膜用厚 0. 1~0. 12mm 的白膜，大棚盖膜用厚 0. 15mm 的白膜。

⑦防虫网。40 目以上规格的农用尼龙网。

⑧遮阳网。遮光率≥70%~75%规格的遮阳网。

（2）育苗棚建造。

①育苗场地选择。育苗场地要求背风向阳，无污染，水源方便，排水顺畅，交通便利，容易平整。如空闲地、荒地、水田地、广场等。禁止在房前屋后育苗。

②育苗棚。

A. 常规小拱棚

a. 拱架制作：用钢筋、竹条等拱架材料作为搭棚，在拱架顶上用草绳直拉 3 条连接固紧，加盖白色棚膜、遮光率在 70%~75%的遮阳网，盖膜窄埂的一侧用细土压实，宽埂的一侧及两头用压膜袋装上土或沙后压实。

b. 育苗池制作

育苗池规格：池长 670cm，池宽 105~110cm，池深 20cm，每个池子摆放 30 个标准漂浮盘。

池埂制作：池埂采用宽窄埂，可用空心砖、红砖、土坯做成。用空心砖或红砖码成的池埂窄埂 30cm、宽埂 50cm，用土坯做成的池埂窄埂 50cm、宽埂 70cm。池埂做好后，找平池底，用沙子、稻草、细土等垫平池底，防止砂石、草、秸秆划破池膜。

铺保温材料：采用稻草、草席、松毛等材料铺在池底，增加漂浮液的温度。

B. 可拆移小拱棚

a. 拱架制作：为全钢架结构，小棚骨架的基本用料是镀锌钢管和圆钢，由 14 个拱架、1 组池膜固定架、1 组拱膜固定架、2 副连接管、16 个插销、60 个膜夹组成，小棚通过用 2 根镀锌钢管相互连接，插销固定形成长方形立体池体，用拱架插孔固定在镀锌钢管上形成半圆形拱体，安装上两网、两膜就成温室小棚。

b. 育苗池制作

育苗池规格：池长 670cm，池宽 140cm，池深 20cm，每个池子摆放 40 个标准漂浮盘。

铺保温材料：采用稻草、草席、松毛等材料铺在池底，增加漂浮液的温度。

C. 大棚

a. 温棚制作：用热镀锌管材，搭建成长 3 200 cm、宽 3 200 cm、高 480cm 的棚架，在拱架顶上加盖白色棚膜、棚内用遮光率在 70%~75%的遮阳网。

b. 育苗池制作

育苗池规格：池长 4 100 cm，池宽 135cm，池深 15cm，每个池子摆放 480 个标准漂浮盘，8 个育苗池为一个大棚。

池埂制作：池埂采用宽窄埂，宽埂 55cm，窄埂 50cm，用混凝土浇注。

铺保温材料：采用稻草、草席、松毛等材料铺在池底，增加漂浮液的温度。

配套设施：大棚配套设施包括计算机自动控制系统、大门、水电、蓄水池、配肥池、配药池、泵房、计算机控制室、简易仓库、铁丝网围栏、沙石路面、播种工作区混凝土硬化等。

D. 中棚

a. 温棚制作：用热镀锌管材，搭建成长 3 200 cm、宽 820cm、高 480cm 的棚架，在拱架顶上加盖白色棚膜、棚内用遮光率在 70%~75%的遮阳网。

b. 育苗池制作

育苗池规格：池长 4 100 cm，池宽 135cm，池深 15cm，每个池子摆放 480 个标准漂浮盘，2 个育苗池为一个大棚。

池埂制作：池埂采用宽窄埂，宽埂 55cm，窄埂 50cm，用混凝土浇注。

铺保温材料：采用稻草、草席、松毛等材料铺在池底，增加漂浮液的温度。

配套设施：中棚配套设施包括水电、简易仓库、铁丝网围栏、沙石路面、播种工作区混凝土硬化等。

（3）消毒。

①育苗场地、漂浮池、拱架消毒。装盘播种前 5d，可用消毒剂 100 倍二氧化氯对场地周围、漂浮池、拱架进行喷雾消毒 1 次。同时，喷施 2.5%（敌杀死）1 000倍液，防治虫害。

②漂浮盘消毒。新漂浮盘使用前不必消毒，但新盘在保管和使用过程中，要注意不要与土壤、粪肥等可能带菌、带毒的物体接触。使用过的漂浮盘应进行清洗消毒。具体方法为：可用消毒剂 100 倍二氧化氯进行消毒，浸泡 5~10min，晒干，操作应在播种前 10d 完成。

③育苗器具消毒。在每项操作前，应对育苗器具用消毒剂 100 倍二氧化氯进行喷雾消毒。

④操作人员消毒。在每项育苗操作前，应对操作人员的手或足底进行严格消毒。足底用 100 倍二氧化氯（100 倍漂白粉）溶液放入足底消毒池，操作人员用肥皂水洗手。

（4）播种期确定。结合气候、管理水平，以大田移栽时间倒推计算播种时间，确保适龄壮苗移栽。

（5）播种操作技术。

A. 调节基质水分：装盘前，应调节基质水分达 40%~50%，即基质水分含量达到手捏能成团、落地自然散开为宜或装盘后放入漂浮池中 5~10min 保证全部孔穴吸水。

注：对于 595 孔、325 孔或 81 孔漂浮盘不必调节基质水分（基质内包装袋没有破、基质水分没有散失的情况下），可直接装盘。

B. 装盘（针对使用手工简易播种器）：基质装盘松紧应适中。具体方法是将基质铺在盘上，铺满全部孔穴后用手轻拍盘侧 3 次或抬起盘离地面 20~30cm 自由下落 2~3 次，再铺上基质，刮去盘面上多余的基质即可。

注：小型机械播种机和全自动播种机由机器完成操作。

C. 压穴（针对使用手工简易播种器）：将装好基质的盘用压穴板压出种穴，严禁用手压穴。

注：小型机械播种机和全自动播种机由机器完成操作。

D. 播种：将装好基质和压穴后的漂浮盘，用播种器播入包衣种，同时确保有15%~20%预备苗。播种应在晴天，并进行洒水处理，禁止在低温阴天播种。

E. 补种、覆盖（针对使用手工简易播种器和小型机械播种机）：专人对播种漏穴进行补种，然后轻扫盘面，使基质盖住种子，种子不能裸露。

F. 运盘、放盘：将播种后的盘，及时轻轻放入漂浮池，以免漂浮盘放置时间过长，基质水分散失影响出苗。

G. 盖防虫网、盖膜、盖遮阳网（针对使用育苗小棚）：小棚拱好拱架后，及时盖防虫网和棚膜，最后盖上遮光率为70%~75%的遮阳网，窄埂一侧用细土压实固定，宽埂一侧和棚两头用薄膜裹泥巴或沙子卷成长条形压实、固定。

（6）苗期管理

A. 温湿度管理

a. 从播种到出苗：使育苗盘表面温度在20~28℃，以保证较好的出苗率和出苗整齐度，此时期以保温为主，与适当的降温相结合；

b. 从出苗期到十字期：在漂浮棚中悬挂温度计，使温度计的感温部分距离盘面5cm。从播种后第7d开始注意观察棚内温度情况。出苗和小十字期烟苗嫩弱，对温度非常敏感，高温容易烧苗。当棚内温度高于38℃时，小棚需通风降温、大棚则开启门窗通风降温。小棚因空间小，调节温度的能力弱，应注意防止出苗期棚内温度过高。当气温下降时，要及时盖膜、关门窗保温。一般阴天、雨天需盖膜保温，晴天则是早晚保温，中午降温。

c. 猫耳期：猫耳期温度的管理与十字期相同。

d. 成苗期：移栽前10~15d开始炼苗，除低温或雨天外，白天揭去拱膜全天炼苗。晚上盖膜保温，严防倒春寒冻伤烟苗。

e. 湿度调控：在棚内气温的升降过程中，当棚内湿度较大有雾气时开棚通风排湿。另外，连继阴天时，应每3~4d中午开棚通风30min左右。

B. 水肥管理

a. 水分管理：漂浮育苗用水要求用自来水、流动的河流水、水库水、水井水等洁净的水。播种时漂浮池水的深度以5~6cm，大十字期漂浮池水的深度10cm，炼苗时漂浮池水的深度距离池面3cm；漂浮池中只能加入无污染洁净的水；注意观察漂浮液是否清澈，深度是否合适。如漂浮液混浊、发臭，应及时换水、加肥；如漂浮液泄漏，应及时换膜、加水、加肥；漂浮液正常变浅时，应及时补充清水。

b. 营养液管理：在播种前，进行第一次施肥（150mg/L），施入N：P_2O_5：K_2O=15：15：15的烤烟专用复合肥或专用苗肥，含氮、磷量不是15%的复合肥，按照漂浮液要求浓度，进行相应换算。以烤烟专用复合肥为例：大棚（中棚）5.1~6.1kg/池、常规小棚0.35~0.42kg/池 、可拆移小棚0.47~0.56kg/池；大十字期加水10cm后，进行第二次施肥（膜下烟 150mg/L、膜上烟 225mg/L），施入 N：P_2O_5：K_2O=15：15：15 的烤烟专用复合肥或专用苗肥，含氮、磷量不是 15%的复合肥，按照漂浮液要求浓度，进行相应换算。以烤烟专用复合肥为例（膜下烟），大棚（中棚）10.2kg/池、常规小棚 0.7kg/池 、可拆移小棚 0.95kg/池。以烤烟专用复合肥为例（膜上烟），大棚（中棚）15.5kg/池、常规小棚 1.1kg/池 、可拆移小棚 1.4kg/池。营养液 pH 值在 5.5~6.5。

注意：缺素症处理，如果缺磷喷施 0.2%~0.3%钙镁磷肥溶液，缺硼喷施 0.1%~0.25%硼砂溶液，缺镁喷施 0.1%~0.2%钙镁磷肥溶液，缺铁喷施 0.5%硫酸亚铁溶液，使用时间选择阴天或晴天露水干后进行。

C. 间苗、补苗、定苗管理：当烟苗 100%进入小十字期（最大叶长 1cm）后，开始进行间苗补苗，间除大、小苗，保留中等苗，每穴留苗 1 株，缺苗处用盘中多余苗或预备苗补上。

D. 揭遮阳网：定苗后 3~5d 补上的烟苗已还苗，应揭去遮阳网，增加光照，促进烟苗生长。

E. 剪叶（针对膜上烟）

a. 剪叶原则：坚持“前促、中稳、后控”的原则。

b. 剪叶方法：当茎高达到 5cm 左右用弹力剪叶器或机械剪叶器进行第一次剪叶，以促进烟苗根系和茎杆的生长发育，采用“平剪”方式，剪叶高度灵活掌握，以后剪叶根据烟苗长势灵活进行。

c. 剪叶器具消毒：用弹力机械剪叶时，剪叶前和每剪完一个池子的烟苗用毛巾蘸消毒液擦拭剪叶器。

同时操作人员要用肥皂水洗手。用人工剪叶时，每人用两把剪刀，每剪完一盘就更换剪刀，并将剪过的一把放入 50 倍肥皂水中消毒。

F. 剪根：在第一次剪叶的同时用消毒竹片刮去伸出盘底的根系，促进侧根生长。

G. 炼苗：移栽前 7~10d 开始炼苗，炼苗方法：低温或雨天除外，白天揭去拱膜全天炼苗，晚上盖膜保温，严防倒春寒冻伤烟苗。在有水的地方，将水升至距池埂面 2~3cm 处，使漂浮盘一半露出池埂，有利于通风炼茎秆；无水的地方，加强剪叶，同时去除老叶、黄叶，有利于裸露茎秆进行炼苗。

H. 注意事项：卫生规范操作，基质、场地及器具在使用前都应消毒，操作过程中操作人员要严格消毒。

非工作人员不可进入苗床。

苗床中禁止吸烟。

如发现有花叶病发生，应及时清除病盘及整池烟苗，并对清除后的漂浮池进行消毒处理，相关器具进行消毒，其他漂浮池要及时喷施毒消 600 倍液进行防治，并加强观察。

剪叶器具应做好消毒，每次剪叶前后要喷施毒消 600 倍液，以预防花叶病。

I. 病虫害防治：按病虫害综合防治技术规程、农药合理使用规范的规定执行。

J. 日常管理：苗床管理人员每天应观察漂浮池中营养液情况、温度情况等，发现问题及时处理。晴天当棚内温度达 35℃时揭膜通风。

（7）移栽：按大田移栽技术规程的规定执行。

4.5.5 支持文件

4.5.5.1 病虫害综合防治技术规程

4.5.5.2 农药合理使用规范

4.5.5.3 大田移栽技术规程

4.5.6 附录（资料性附录）

序号	记录名称	记录编号	填制/收集部门	保管部门	保管年限
—	—	—	—	—	—

Q/LNYC

甘肃省陇南市烟草公司企业标准

Q/LNYC. 010—2016

烤烟测土配方平衡施肥技术规程

2016-07-08 发布　　2016-07-08 实施

甘肃省陇南市烟草专卖局（公司）　发布

前　　言

本标准对陇南市烟草专卖局（公司）烟叶生产过程测土配方施肥技术的策划、实施、检查与改进的内容与要求、责任与权限等做出了规定。本标准的实施，将进一步提升部门的管理水平，促进陇南烟草的“管理标准化”。

本标准由陇南市烟草公司提出。

本标准由陇南市烟草公司和中国农业科学院烟草研究所负责起草。

本标准起草人：许建业、梁洪波、王程栋。

4.6 烤烟测土配方平衡施肥技术规程

4.6.1 范围

为规范烤烟规范化生产的标准化测土配方施肥技术，特制定本标准。

本标准适用于陇南市烟草专卖局（公司）。

4.6.2 规范性引用文件

下列文件对于本文件的应用是必不可少的。凡是注日期的引用文件，仅所注日期的版本适用于本文件。凡是不注日期的引用文件，其最新版本（包括所有的修改单）适用于本文件。

GB 15618　土壤环境质量标准。

GB 18877　有机无机复混肥料。

NY 525　有机肥料。

GB/T 6274　肥料和土壤调理剂。

NY/T 496　肥料合理使用准则。

NY/T 497　肥料效应鉴定田间试验技术规程。

NY/T 309—1996　全国耕地类型区、耕地地力等级划分。

NY/T 310—1996　全国中低产田类型划分与改良技术规范。

YC/T 479—2013　烟草商业企业标准体系构成与要求。

YC/Z 290—2009　烟草行业农业标准体系。

4.6.3 术语和定义

下列术语和定义适用于本规范：

4.6.3.1　测土配方施肥

测土配方施肥是以肥料田间试验和土壤测试为基础，根据作物需肥规律、土壤供肥性能和肥料效应，在合理施用有机肥料的基础上，提出氮、磷、钾及中、微量元素等肥料的施用数量、施肥时期和施用方法。

4.6.3.2　肥料

以提供植物养分为其主要功效的物料。

4.6.3.3　有机肥料

主要来源于植物和（或）动物，施于土壤以提供植物营养为其主要功效的含碳物料。

4.6.3.4　无机［矿质］肥料

标明养分呈无机盐形式的肥料，由提取、物理和（或）化学工业方法制成。

4.6.3.5　单一肥料

氮、磷、钾三种养分中，仅具有一种养分标明量的氮肥、磷肥和钾肥的通称。

4.6.3.6　主要养分

对元素氮、磷、钾的通称。

4.6.3.7　次要养分

对元素钙、镁、硫的通称。

4.6.3.8　微量养分，微量元素

植物生长所必需的、但相对来说是少量的元素，例如硼、锰、铁、锌、铜、钼或钴等。

4.6.3.9　氮肥

具有氮（N）标明量，以提供植物氮养分为其主要功效的单一肥料。

4.6.3.10　磷肥

具有磷（P_2O_5）标明量，以提供植物磷养分为其主要功效的单一肥料。

4.6.3.11　钾肥

具有钾（K_2O）标明量，以提供植物钾养分为其主要功效的单一肥料。

4.6.3.12　复混肥料

氮、磷、钾三种养分中，至少有两种养分标明量的由化学方法和（或）掺混方法制成的肥料。

4.6.3.13　复合肥料

氮、磷、钾三种养分中，至少有两种养分标明量的仅由化学方法制成的肥料。

4.6.3.14　掺合肥料

氮、磷、钾三种养分中，至少有两种养分标明量的由干混方法制成的肥料。

4.6.3.15　肥料效应

肥料效应是肥料对作物产量的效果，通常以肥料单位养分的施用量所能获得的作物增产量和效益表示（NY/T 496—2003 中 3.33）。

4.6.3.16　施肥量

施于单位面积耕地或单位质量生长介质中的肥料或土壤调理剂或养分的质量或体积。

4.6.3.17　常规施肥

亦称习惯施肥，指当地前 3 年平均施肥量（主要指氮、磷、钾肥）、施肥品种和施肥方法。

4.6.3.18　配方肥料

以土壤测试和肥料田间试验为基础，根据作物需肥规律、土壤供肥性能和肥料效应，用各种单质肥料和（或）复混肥料为原料，配制成的适合于特定区域、特定作物的肥料。

4.6.3.19　地力

是指在当前管理水平下，由土壤本身特性、自然背景条件和基础设施水平等要素综合构成的耕地生产能力。

4.6.3.20　耕地地力评价

耕地地力评价是指根据耕地所在地的气候、地形地貌、成土母质、土壤理化性状、农田基础设施等要素相互作用表现出来的综合特征，评价耕地潜在生物生产力高低的过程。

4.6.4 肥料效应田间试验

4.6.4.1 试验目的

肥料效应田间试验是获得种植烤烟最佳施肥数量、施肥品种、施肥比例、施肥时期、施肥方法的根本途径，也是筛选、验证土壤养分测试方法、建立施肥指标体系的基本环节。通过田间试验，掌握各个施肥单元不同作物优化施肥数量，基、追肥分配比例，施肥时期和施肥方法；摸清土壤养分校正系数、土壤供肥能力、烤烟养分吸收量和肥料利用率等基本参数，为肥料配方设计提供依据。

4.6.4.2 试验设计

肥料效应田间试验设计，取决于研究目的。本规范推荐采用“3414”方案设计，在具体实施过程中可根据研究目的采用“3414”完全实施方案和部分实施方案。

4.6.4.2.1 实施方案

“3414”方案设计吸收了回归最优设计处理少、效率高的优点，是目前应用较为广泛的肥料效应田间试验方案。“3414”是指氮、磷、钾 3 个因素、4 个水平、14 个处理。4 个水平的含义：0 水平指不施肥，2 水平指当地推荐施肥量，1 水平 = 2 水平 × 0.5，3 水平 = 2 水平 × 1.5（该水平为过量施肥水平）。为便于汇总，同一作物品种、同一区域内施肥量要保持一致。如果需要研究有机肥料和中、微量元素肥料效应，可在此基础上增加处理。

4.6.4.2.2 具体试验方案（表 4-6 和表 4-7）

表 4-6 试验方案处理（推荐方案）

试验编号	处理	N	P	K
1	$N_0P_0K_0$	0	0	0
2	$N_0P_2K_2$	0	3	3
3	$N_1P_2K_2$	2	3	3
4	$N_2P_0K_2$	3	0	3
5	$N_2P_1K_2$	3	2	3
6	$N_2P_2K_2$	3	3	3
7	$N_2P_3K_2$	3	5	3
8	$N_2P_2K_0$	3	3	0
9	$N_2P_2K_1$	3	3	2
10	$N_2P_2K_3$	3	3	5
11	$N_3P_2K_2$	5	3	3
12	$N_1P_1K_2$	2	2	3
13	$N_1P_2K_1$	2	2	2
14	$N_2P_1K_1$	3	2	2

表 4-7 氮、磷二元二次肥料试验设计与“3414”方案处理编号对应表

处理编号	“3414”方案处理编号	处理	N	P	K
1	1	$N_0P_0K_0$	0	0	0
2	2	$N_0P_2K_2$	0	3	3
3	3	$N_1P_2K_2$	2	3	3
4	4	$N_2P_0K_2$	3	0	3
5	5	$N_2P_1K_2$	3	2	3
6	6	$N_2P_2K_2$	3	3	3
7	7	$N_2P_3K_2$	3	5	3
8	11	$N_3P_2K_2$	5	3	3
9	12	$N_1P_1K_2$	2	2	3

4.6.4.3 试验实施

4.6.4.3.1 试验地选择

试验地应选择平坦、整齐、肥力均匀，具有代表性的不同肥力水平的地块；坡地应选择坡度平缓、肥力差异较小的田块；试验地应避开靠近道路、堆肥场所等特殊地块。

4.6.4.3.2 试验作物品种选择

田间试验应选择当地主栽作物品种或拟推广品种。

4.6.4.3.3 试验准备

整地、设置保护行、试验地区划；小区应单灌单排，避免串灌串排；试验前多点采集土壤混合样品；依测试项目不同，分别制备新鲜或风干土样。

4.6.4.3.4 试验重复与小区排列

为保证试验精度，减少人为因素、土壤肥力和气候因素的影响，田间试验一般设 3 次重复。采用随机区组排列，区组内土壤、地形等条件应相对一致，区组间允许有差异。同一生长季、同一作物、同类试验在 10 个以上时可采用多点无重复设计。

小区面积：小区面积一般为 20~50m^2，每个处理不少于 40 株。

4.6.4.3.5 试验记载与测试

参照肥料效应鉴定田间试验技术规程（NY/T 497—2002）执行。

4.6.4.4 试验统计分析

常规试验和回归试验的统计分析方法参见肥料效应鉴定田间试验技术规程（NY/T 497—2002）或其他专业书籍。

4.6.5 样品采集方法

采样人员要具有一定采样经验，熟悉采样方法和要求，了解采样区域农业生产情况。采样前，要收集采样区域土壤图、土地利用现状图、行政区划图等资料，准备采样工具、采样袋（布袋、纸袋或塑料网袋）、采样标签等。

4.6.5.1 土壤样品采集

土壤样品采集应具有代表性，并根据不同分析项目采用相应的采样和处理方法。

4.6.5.1.1 采样规划

采样点参考县级土壤图，做好采样规划设计，确定采样点位。实际采样时严禁随意变更采样点，若有变更须注明理由。

4.6.5.1.2 采样单元

根据土壤类型、土地利用等因素，将采样区域划分为若干个采样单元，每个采样单元的土壤性状要尽可能均匀一致。

平均每个采样单元为100~200亩（平原区、大田作物每100~500亩采一个混合样，丘陵区、大田园艺作物每30~80亩采一个混合样）。为便于田间示范追踪和施肥分区，采样集中在位于每个采样单元相对中心位置的典型地块，采样地块面积为1~10亩。

4.6.5.1.3 采样时间

在作物收获后或播种施肥前采集，一般在秋后。进行氮肥追肥推荐时，应在追肥前或作物生长的关键时期采集。

4.6.5.1.4 采样周期

同一采样单元，无机氮及植株氮营养快速诊断每季或每年采集1次；土壤有效磷、速效钾等一般2~3年采集1次；中、微量元素一般3~5年采集1次。

4.6.5.1.5 采样深度

采样深度0~20cm。土壤无机氮含量测定，采样深度应根据不同作物、不同生育期的主要根系分布深度来确定。

4.6.5.1.6 采样点数量

要保证足够的采样点，使之能代表采样单元的土壤特性。每个样品采样点的多少，取决于采样单元的大小、土壤肥力的一致性等。采样必须多点混合，每个样品取15~20个样点。

4.6.5.1.7 采样路线

采样时应沿着一定的线路，按照“随机”“等量”和“多点混合”的原则进行采样。一般采用S形布点采样，能够较好地克服耕作、施肥等所造成的误差。在地形变化小、地力较均匀、采样单元面积较小的情况下，也可采用梅花形布点取样。要避开路边、田埂、沟边、肥堆等特殊部位。

4.6.5.1.8 采样方法

每个采样点的取土深度及采样量应均匀一致，土样上层与下层的比例要相同。取样器应垂直于地面入土，深度相同。用取土铲取样应先铲出一个耕层断面，再平行于断面取土。因需测定或抽样测定微量元素，所有样品都应用不锈钢取土器采样。

4.6.5.1.9 样品量

混和土样以取土1kg左右为宜（用于推荐施肥的0.5kg，用于试验的2kg以上，长期保存备用），可用四分法将多余的土壤弃去。方法是将采集的土壤样品放在盘子里或塑料布上，弄碎、混匀，铺成正方形，划对角线将土样分成四份，把对角的两份分别合并成一份，保留一份，弃去一份。如果所得的样品依然很多，可再用四分法处理，直至所需数量为止。

4.6.5.1.10 样品标记

采集的样品放入统一的样品袋，用铅笔写好标签，内外各一张。采样标签样式见附件2。

4.6.5.2 土壤样品送检

土壤样品采集结束后要尽快送往正规检验结构化验。

4.6.6 肥料配方设计

4.6.6.1 基于田块的肥料配方设计

基于田块的肥料配方设计首先确定氮、磷、钾养分的用量，然后确定相应的肥料组合，通过提供配方肥料或发放配肥通知单，指导农民使用。肥料用量的确定方法主要包括土壤与植物测试推荐施肥方法、肥料效应函数法、土壤养分丰缺指标法和养分平衡法。

4.6.6.1.1 土壤、植物测试推荐施肥方法

该技术综合了目标产量法、养分丰缺指标法和作物营养诊断法的优点。对于大田作物，在综合考虑有机肥、作物秸秆应用和管理措施的基础上，根据氮、磷、钾和中、微量元素养分的不同特征，采取不同的养分优化调控与管理策略。其中，氮肥推荐根据土壤供氮状况和烤烟需氮量，进行实时动态监测和精确调控，包括基肥和追肥的调控；磷、钾肥通过土壤测试和养分平衡施肥策略。该技术包括氮素实时监控衡进行监控；中、微量元素采用因缺补缺正施肥策略、磷钾养分恒量监控和中、微量元素养分矫正施肥技术。

（1）氮素实时监控施肥技术。根据目标产量确定作物需氮量，以需氮量的30%~60%作为基肥用量。具体基施比例根据土壤全氮含量，同时参照当地丰缺指标来确定。一般在全氮含量偏低时，采用需氮量的50%~60%作为基肥；在全氮含量居中时，采用需氮量的40%~50%作为基肥；在全氮含量偏高时，采用需氮量的30%~40%作为基肥。30%~60%基肥比例可根据上述方法确定，并通过“3414”田间试验进行校验，建立当地不同烤烟品种的施肥指标体系。有条件的地区可在播种前对0~20cm土壤无机氮（或硝态氮）进行监测，调节基肥用量。

$$\text{基肥用量（kg/亩）}=\frac{\text{（目标产量需氮量}-\text{土壤无机氮）}\times\text{（30\%}\times\text{60\%）}}{\text{肥料中养分含量}\times\text{肥料当季利用率}}$$

其中：土壤无机氮（kg/亩）= 土壤无机氮测试值（mg/kg）×0.15×校正系数

氮肥追肥用量推荐以烤烟关键生育期的营养状况诊断或土壤硝态氮的测试为依据，这是实现氮肥准确推荐的关键环节，也是控制过量施氮或施氮不足、提高氮肥利用率和减少损失的重要措施。

（2）磷钾养分衡量监控施肥技术。根据土壤有（速）效磷、钾含量水平，以土壤有（速）效磷、钾养分不成为实现目标产量的限制因子为前提，通过土壤测试和养分平衡监控，使土壤有（速）效磷、钾含量保持在一定范围内。对于磷肥，基本思路是根据土壤有效磷测试结果和养分丰缺指标进行分级，当有效磷水平处在中等偏上时，可以将目标产量需要量（只包括带出田块的收获物）的100%~110%作为当季磷肥用量；随着有效磷含量的增加，需要减少磷肥用量，直至不施；随着有效磷的降低，需要适当增加磷肥用量，

在极缺磷的土壤上，可以施到需要量的150%~200%。在2~3年后再次测土时，根据土壤有效磷和产量的变化再对磷肥用量进行调整。钾肥首先需要确定施用钾肥是否有效，再参照上面方法确定钾肥用量，但需要考虑有机肥和秸秆还田带入的钾量。一般大田作物磷、钾肥料全部做基肥。

（3）中微量元素养分矫正施肥技术。中、微量元素养分的含量变幅大，烤烟对其需要量也各不相同。主要与土壤特性（尤其是母质）、作物种类和产量水平等有关。矫正施肥就是通过土壤测试，评价土壤中、微量元素养分的丰缺状况，进行有针对性的因缺补缺的施肥。

4.6.6.1.2　肥料效应函数法

根据“3414”方案田间试验结果建立当地主要烤烟品种的肥料效应函数，直接获得某一区域、某种作物的氮、磷、钾肥料的最佳施用量，为肥料配方和施肥推荐提供依据。

4.6.6.1.3　土壤养分丰缺指标法

通过土壤养分测试结果和田间肥效试验结果，建立不同品种、不同区域的土壤养分丰缺指标，提供肥料配方。

土壤养分丰缺指标田间试验也可采用“3414”部分实施方案。“3414”方案中的处理1为空白对照（CK），处理6为全肥区（NPK），处理2、4、8为缺素区（即PK、NK和NP）。收获后计算产量，用缺素区产量占全肥区产量百分数即相对产量的高低来表达土壤养分的丰缺情况。相对产量低于50%的土壤养分为极低；相对产量50%~75%为低；75%~95%为中，大于95%为高，从而确定适用于某一区域、某一品种的土壤养分丰缺指标及对应的肥料施用数量。对该区域其他田块，通过土壤养分测试，就可以了解土壤养分的丰缺状况，提出相应的推荐施肥量。

4.6.6.1.4　养分平衡法

（1）基本原理与计算方法。根据目标产量需肥量与土壤供肥量之差估算施肥量，计算公式为：

$$施肥量=\frac{目标产量所需养分总量-土壤供肥量}{肥料中养分含量\times肥料当季利用率}$$

养分平衡法涉及目标产量、作物需肥量、土壤供肥量、肥料利用率和肥料中有效养分含量五大参数。土壤供肥量即为“3414”方案中处理1的作物养分吸收量。目标产量确定后因土壤供肥量的确定方法不同，形成了地力差减法和土壤有效养分校正系数法两种。

地力差减法是根据作物目标产量与基础产量之差来计算施肥量的一种方法。其计算公式为：

$$施肥量=\frac{（目标产量-基础产量）\times单位经济产量养分吸收量}{肥料中养分含量\times肥料利用率}$$

基础产量即为“3414”方案中处理1的产量。

土壤有效养分校正系数法是通过测定土壤有效养分含量来计算施肥量。其计算公式为：

$$施肥量=\frac{作物单位产量养分吸收量\times目标产量-土壤测试值\times0.15\times土壤有效养分校正系数}{肥料中养分含量\times肥料利用率}$$

（2）有关参数的确定。

①目标产量。

目标产量可采用平均单产法来确定。平均单产法是利用施肥区前 3 年平均单产和年递增率为基础确定目标产量，其计算公式是：

目标产量（kg/亩）=（1+递增率）×前 3 年平均单产（kg/亩）

一般粮食作物的递增率为 10%～15%为宜，露地蔬菜一般为 20%左右，设施蔬菜为 30%左右。

—烤烟需肥量

通过对正常全株养分的分析，测定各种作物 100kg 经济产量所需养分量，乘以目标常量即可获得作物需肥量。

$$\text{烤烟目标产量所需养分量（kg）}=\frac{\text{目标产量（kg）}}{100}\times 100\text{kg 产量所需养分量（kg）}$$

②土壤供肥量。

土壤供肥量可以通过测定基础产量、土壤有效养分校正系数两种方法估算：

通过基础产量估算（处理 1 产量）：不施肥区作物所吸收的养分量作为土壤供肥量。

$$\text{土壤供肥量（kg）}=\frac{\text{不施养分区农作物产量（kg）}}{100}\times 100\text{kg 产量所需养分量（kg）}$$

通过土壤有效养分校正系数估算：将土壤有效养分测定值乘一个校正系数，以表达土壤“真实”供肥量。该系数称为土壤有效养分校正系数。

$$\text{土壤有效养分校正系数（\%）}=\frac{\text{缺素区作物地上部分吸收该元素量（kg/亩）}}{\text{该元素土壤测定值（mg/kg）}\times 0.15}$$

③肥料利用率。

一般通过差减法来计算：利用施肥区作物吸收的养分量减去不施肥区农作物吸收的养分量，其差值视为肥料供应的养分量，再除以所用肥料养分量就是肥料利用率。

$$\text{肥料利用率(\%)}=\frac{\text{施肥区农作物吸收养分量(kg/亩)}-\text{缺素区农作物吸收养分量(kg/亩)}}{\text{肥料施用量(kg/亩)}\times\text{肥料中养分含量(\%)}}\times 100$$

上述公式以计算氮肥利用率为例来进一步说明。

施肥区（NPK 区）农作物吸收养分量（kg/亩）：“3414”方案中处理 6 的作物总吸氮量。

无氮区（PK 区）农作物吸收养分量（kg/亩）：“3414”方案中处理 2 的作物总吸氮量。

肥料施用量（kg/亩）：施用的氮肥肥料用量。

肥料中养分含量（%）：施用的氮肥肥料所标明的含氮量。

如果同时使用了不同品种的氮肥，应计算所用的不同氮肥品种的总氮量。

④肥料养分含量。

供施肥料包括无机肥料与有机肥料。无机肥料、商品有机肥料含量按其标明量，不明养分含量的有机肥料养分含量可参照当地不同类型有机肥养分平均含量获得。

4.6.6.2　肥料配方的校验

在肥料配方区域内针对特定作物，进行肥料配方验证。

4.6.6.3 测土配方施肥建议卡

提出不同地域、品种、前茬、地力所选用的肥料种类、数量、施肥时期、施肥方法。

4.6.7 配方肥料合理施用

在养分需求与供应平衡的基础上，坚持有机肥料与无机肥料相结合；坚持大量元素与中量元素、微量元素相结合；坚持基肥与追肥相结合；坚持施肥与其他措施相结合。在确定肥料用量和肥料配方后，合理施肥的重点是选择肥料种类、确定施肥时期和施肥方法等。

4.6.7.1 配方肥料种类

根据土壤性状、肥料特性、作物营养特性、肥料资源等综合因素确定肥料种类，可选用单质或复混肥料自行配制配方肥料，也可直接购买配方肥料。

4.6.7.2 施肥时期

根据肥料性质和植物营养特性，适时施肥。常年份采用起垄时将肥料作基肥一次性施入。有灌溉条件的地区应分期施肥。对作物不同时期的氮肥推荐量的确定，有条件区域应建立并采用实时监控技术。

4.6.7.3 施肥方法

常用的施肥方式有撒施后耕翻、双条施肥、穴施等。应根据品种、栽培方式、肥料性质等选择适宜施肥方法。双条施肥：先确定株行距，根据地形确定垄向，搭线绳作基准线，然后在基准线左右两边 10cm 处并沟，深度 15~20cm，将肥料均匀撒施在沟内，然后起垄，并在耕前施入，深翻入土。

4.6.8 经验施肥法

4.6.8.1 肥力偏高的土壤

土壤含速效氮 60mg/kg 以上（相当于前茬小麦亩产 250kg），每亩需补施纯氮 2kg，氮、磷、钾纯养分补施比例为 1∶2∶3。

4.6.8.2 肥力中等土壤

土壤含速效氮 40~60ppm（相当于前茬小麦亩产 150~200kg），每亩需补施纯氮 2.5~3kg，氮、磷、钾纯养分补施比例为 1∶2∶2。

4.6.8.3 肥力偏低的土壤

土壤含速效氮 40mg/kg（相当于前茬小麦亩产 150kg），每亩需补施纯氮 3.5~4kg，氮、磷、钾纯养分补施比例为 1∶2∶（2~3）。

4.6.8.4 膜下移栽烟田

亩补纯氮量要比膜上烟田增加 1~2kg。

4.6.9 施肥原则

烤烟施肥坚持化肥和有机肥相结合，以化肥为主，有机肥为辅；化肥以氮肥为主，配合施用磷、钾肥；有机肥以厩肥为主，配合使用饼肥。

4.6.10 施肥量的计算方法

4.6.10.1 计算公式

$$亩补肥料量（kg）=\frac{亩补肥料纯养分量（kg）}{养分利用率}$$

4.6.10.2 利用参数

（1）将土壤化验分析出的速效氮×10^{-6}值乘以 0.15 即为每亩速效氮的含量（kg）。

（2）一般亩总氮水平控制在 10~11kg（土壤氮+补施氮）范围。

（3）用亩含氮水平 10~11kg 减去土壤化验分析得出的速效氮的含量，即为应补施的亩速效氮量。

（4）按氮、磷、钾纯养分补施比例算出亩应补施的磷、钾纯养分量，再用 4.6.10.1 计算公式算出亩补肥料量（表 4-8）。

表 4-8 陇南市不同地力烤烟配方施肥表 （单位：kg/亩）

地力等级	配方	烟草专用肥	硝酸铵	过磷酸钙	硫酸钾	草木灰	厩肥	饼肥	备注
高肥力	1	62.5			10	—	—	—	
	2	—	14.7	42.9	30	—	—	—	
	3	37.5	—	10.7	21	—	500	10	$N:P_2O_5:K_2O=$ 1：1.2：3
	4								
	5	—	8.82	43	30	—	500	10	
中等肥力	1	75	—	—	12	—	—	—	
	2	—	17.65	51.4	36	—	—	—	
	3	—	8.82	51.4	36	—	750	20	$N:P_2O_5:K_2O=$ 11.2：2
	4	17	—	—	—	—	750	20	
	5								
低肥力	1	87.5	—	—	14	—	—	—	
	2	—	20.1	60	42	—	—	—	
	3								$N:P_2O_5:K_2O=$ 1：1.2：3
	4	37.5	—	60	42	—	1 000	30	
	5	—	8.82	60	42	—	1 000	3	

注：烟草专用肥养分量 N：P：K 为 8：12：16，硝铵（含 N：34%）；过磷酸钙（含 P_2O_5为 14%），硫酸钾（含 K_2O 为 50%），厩肥（腐熟牛、猪圈肥，含 N：0.4%）

4.6.11 支持性文件

无。

4.6.12 附录（资料性附录）

序号	记录名称	记录编号	填制/收集部门	保管部门	保管年限
—	—	—	—	—	—

Q/LNYC

甘肃省陇南市烟草公司企业标准

Q/LNYC. 011—2016

烤烟生产轮作规范

2016-07-08 发布 2016-07-08 实施

甘肃省陇南市烟草专卖局（公司） 发布

前　　言

本标准对陇南市烟草专卖局（公司）烟叶生产过程中烤烟生产轮作的内容与要求做出了规定。本标准的实施，将进一步提升陇南烟草的管理水平，促进陇南烟草的“管理标准化”。

本标准由陇南市烟草公司提出。

本标准由陇南市烟草公司和中国农业科学院烟草研究所负责起草。

本标准起草人：宋文静、乔万鹏和王程栋。

4.7 烤烟生产轮作规范

4.7.1 范围

为规范陇南烤烟生产轮作原则、轮作周期、轮作类型，特制订本标准。

本部分适用于陇南市烤烟生产轮作。

4.7.2 规范性引用文件

4.7.3 术语和定义

下列术语和定义适用于本标准。

4.7.3.1 种植制度

是指在一个生产单位或区域内，用较少的投入（环境与人力）获取持久最佳效益为目的的作物配置方式。包括作物种植的合理安排、科学布局、轮作、复种及连作等内容。

4.7.3.2 轮作

是作物种植制度中的一项主要内容，是在同一块田地上，有顺序地轮换种植不同作物的种植方式。

4.7.3.3 连作

是指在同一块地里连续种植同一种作物。

4.7.3.4 轮作周期

是指就一个轮作田区而言，每完成一次完整的轮作顺序所需要的时间。

4.7.3.5 水旱轮作

是指在同一地块上有顺序地轮换种植水稻和旱地作物的种植方式。

4.7.3.6 旱地轮作

是指在同一地块（旱地）上有顺序地轮换种植不同旱地作物的种植方式。

4.7.4 轮作原则

（1）全局出发，着眼长远，重点突出，统筹兼顾的原则。

（2）建立以烟为主的种植制度原则。

（3）因地制宜的原则。

4.7.5 轮作周期

烤烟为忌连作作物。从防病角度考虑，烤烟轮作周期一般为两年以上，即 3 年两头种烟，以年种烟面积占宜烟面积的 1/2~1/3。

4.7.6 烤烟对前作的选择

4.7.6.1 茬口的时间要适宜

即前作的正常收获不影响烤烟及时移栽。

4.7.6.2　施用氮肥过多的作物（如蔬菜）

不宜作为烤烟前作。

4.7.6.3　茄科作物（如马铃薯、番茄、茄子等）和葫芦科作物（如南瓜等）

不宜作为烤烟前作。

4.7.7　轮作类型

4.7.7.1　水旱轮作

4.7.7.1.1　三年六熟轮作制

烤烟—油菜、小麦—水稻—小麦、蚕豆或油菜—水稻—小麦或油菜。

4.7.7.1.2　二年四熟轮作制

烤烟—油菜或小麦—水稻—蚕豆、小麦或油菜。

4.7.7.2　旱地轮作

4.7.7.2.1　三年六熟轮作制

烤烟—麦类、油菜或绿肥—玉米—麦类—玉米或豆类—麦类或休闲。

4.7.7.2.2　二年四熟轮作制

烤烟—油菜或绿肥—玉米或豆类—麦类或休闲。

4.7.8　支持文件

无。

4.7.9　附录（资料性附录）

序号	记录名称	记录编号	填制/收集部门	保管部门	保管年限
—	—	—	—	—	—

Q/LNYC

甘肃省陇南市烟草公司企业标准

Q/LNYC. 012—2016

烤烟整地、起垄、覆膜技术规程

2016-07-08 发布　　　　2016-07-08 实施

甘肃省陇南市烟草专卖局（公司）　发布

前　言

本标准对陇南市烟草专卖局（公司）烟叶生产过程中大田整地理墒的内容与要求做出了规定。本标准的实施，将进一步提升陇南烟草的管理水平，促进陇南烟草的“管理标准化”。

本标准由陇南市烟草公司提出。

本标准由陇南市烟草公司和中国农业科学院烟草研究所负责起草。

本标准起草人：王程栋、宋文静和夏巍。

4.8 烤烟整地、起垄、覆膜技术规程

4.8.1 范围

为规范烟叶生产大田整地理墒操作技术，特制定本标准。

本标准适用于陇南市烟草专卖局（公司）。

4.8.2 规范性引用文件

下列文件对于本文件的应用是必不可少的。凡是注日期的引用文件，仅所注日期的版本适用于本文件。凡是不注日期的引用文件，其最新版本（包括所有的修改单）适用于本文件。

GB 16151 农业机械运行安全技术条件。

YC/T 479—2013 烟草商业企业标准体系构成与要求。

YC/T 320—2009 烟草商业企业管理体系规范。

YC/Z 290—2009 烟草行业农业标准体系。

4.8.3 术语和定义

下列术语和定义适用于本部分。

4.8.3.1 整地

作物播种或移栽前进行的一系列土壤耕作措施的总称。整地能疏松土壤、改良土壤的物理、化学及生物学性状，熟化土壤，提高肥力，防治病虫害并减少杂草，为烤烟的正常生长发育创造良好的环境条件。

4.8.3.2 起垄

烤烟要求垄作。起垄是在田间筑成高于地面的狭窄土垄，起垄能加厚耕层、提高地温、改善通气和光照状况、便于排灌。

4.8.4 内容与要求

4.8.4.1 整地

4.8.4.1.1 原则

（1）把握好耕地时期。烟田（地）的耕地时期受主产区的气候特点、土壤特性、前茬作物的影响较大。一般来说，在旱作烟区，耕地时期一般在前作收获后，及早地灭茬耕地；此外，确定耕地时期时，还要根据土壤的耕性，一般结构不良或黏粒含量高，质地黏重而耕作较难的烟田，要早耕，经冻结、融化和干湿交替等作用，促使土壤团粒化或团聚化。

（2）把握好耕地深度。一般认为深耕比浅耕好，适当的深耕有利于烟草根系的生长，从而提高烟草根系对养分和水分的吸收能力。一般烟田（地）耕翻的深度在20~30cm，并且每隔2~3年要深耕1次，以打破犁底层。此外，在肥力较低的烟田（地），可以适当

的增加耕深；而在肥力较高的烟田（地）则不宜过深。

4.8.4.1.2　耕翻要求

（1）机械深耕。

①地块深度要求地烟 20cm 以上，田烟 25cm 以上。

②做到深度均匀，垡碎垡细。

③冬闲地要及早组织冬耕晒垡，绿肥地要在 2 月底以前翻耕结束。

（2）非机械耕翻。

①地块深度要求达到地烟 15cm 以上，田烟 20cm 以上。

②做到耕翻深度均匀，垡碎垡细。

4.8.4.2　起垄覆膜

4.8.4.2.1　时间

4 月上、中旬起垄，抢墒覆膜。

4.8.4.2.2　起垄标准

（1）单垄。垄距 100~110cm，垄底宽 50~60cm，垄面宽 40cm，垄高 10~15cm。单行起垄，垄面土壤细碎。

（2）双垄。宽窄行，宽行 110cm，窄行 100cm，垄底宽 110cm，垄面宽 100cm，垄高 10~15cm。垄要平直，垄面土壤细碎。

4.8.4.2.3　地膜规格与覆膜

（1）地膜规格。单行厚 0.005 ~ 0.006mm、宽 70cm。双行厚 0.005 ~ 0.006mm、宽 140cm。

（2）覆膜方法。覆膜时，膜要拉紧铺展，紧贴垄面，两边用土压严。

4.8.5　烤烟的轮作

4.8.5.1　烤烟前茬

最佳为糜子、谷子茬，其次为小麦茬。禁忌在茄科作物茬栽植。

4.8.5.2　轮作方式

第一种方式：第一、二年种冬小麦，第三年收获后复种糜谷，第四年栽植烤烟，第五年又开始种植小麦，以次轮作。

第二种方式：第一年种冬小麦，第二年小麦收获后种油菜，第三年油菜收获后复种黄豆，第四年栽植烤烟，第五年又种冬小麦，以次轮作。

4.8.6　土壤消毒

4.8.6.1　耕地前

亩撒施 5%神农丹 5kg，可杀灭土壤中的病虫卵。

4.8.6.2　起垄前

亩喷施辛硫磷 100 倍液杀虫、杀菌。

4.8.7　支持文件

无。

4.8.8 附录（资料性附录）

序号	记录名称	记录编号	填制/收集部门	保管部门	保管年限
—	—	—	—	—	—

Q/LNYC

甘肃省陇南市烟草公司企业标准

Q/LNYC. 013—2016

烟叶结构优化工作规程

2016-07-08 发布　　　　2016-07-08 实施

甘肃省陇南市烟草专卖局（公司）　发布

前　言

本标准对陇南市烟草专卖局（公司）烟叶生产过程中烟叶结构优化工作的策划、实施、检查与改进的内容与要求、责任与权限等做出了规定。本标准的实施，将进一步提升部门的管理水平。

本标准由陇南市烟草专卖局（公司）提出。

本标准由陇南市烟草专卖局（公司）管理。

本标准由陇南市烟草专卖局（公司）和中国农业科学院烟草研究所起草。

本标准主要起草人：杨树勋和申彦宏。

4.9 烟叶结构优化工作规程

4.9.1 范围

为规范烤烟规范化生产优化烟叶结构的组织领导、工作流程、监管要求、生产技术和不适用烟叶田间处理办法，特制订本标准。

本标准适用于陇南市烟草专卖局（公司）。

4.9.2 规范性引用文件

下列文件对于本文件的应用是必不可少的。凡是注日期的引用文件，仅所注日期的版本适用于本文件。凡是不注日期的引用文件，其最新版本（包括所有的修改单）适用于本文件。

GB/T 23221 烤烟栽培技术规程。

YC/T 479—2013 烟草商业企业标准体系构成与要求。

YC/Z 290—2009 烟草行业农业标准体系。

4.9.3 术语与定义

下列术语和定义适用于本标准。

4.9.3.1 优化烟叶结构

综合应用政策、科技、农艺、经济等措施，在烟叶生产环节处理不适用烟叶，改善烟叶等级结构，提高优质烟叶有效供给能力。

4.9.3.2 不适用烟叶

卷烟生产不需要的烟叶，一般指无烘烤价值的下部叶和顶部烟叶及病残叶。

4.9.4 烟叶结构优化监督管理

4.9.4.1 组织领导

4.9.4.1.1 组织结构

在各级党委政府的领导下，烟草公司逐级成立优化烟叶结构工作领导小组和工作组，全面组织实施本辖区内优化烟叶结构工作。

4.9.4.1.2 工作职责

（1）市公司。

①按照省烟草专卖局（公司）的相关要求，落实本辖区优化烟叶结构相关政策，制定实施方案和考核管理办法。

②负责本辖区优化烟叶结构工作的组织、协调、指导、监督考核等工作。

③做好本辖区优化烟叶结构工作的政策宣传和培训工作。

（2）县（市）区分公司。

①按照市烟草专卖局（公司）的相关要求，落实本辖区优化烟叶结构相关政策，制

定实施方案和考核管理办法。

②负责本辖区优化烟叶结构工作的组织、协调、指导、监督考核等工作。

③与乡镇签订不适用烟叶消化处理协议。

④与烟站签订不适用烟叶消化处理责任状。

⑤负责督促烟叶站与村委会签订不适用烟叶消化处理协议。

⑥做好本辖区优化烟叶结构工作的政策宣传和培训工作。

⑦做好本辖区优化烟叶结构相关资金的使用和管理工作。

（3）烟叶站（点）。

①负责制订本辖区实施方案，将目标任务分解到村、组、农户，做好本辖区优化烟叶结构工作的组织、协调和实施。

②与种烟村委会签订不适用烟叶田间处理协议。

③做好宣传、培训、指导等工作，指导、督促村组制订方案和计划，并汇总归档。

④督促指导村组、烟农（合作社）按要求清除田间不适用烟叶，对烟农（合作社）田间清除工作进行全面验收，完成不适用烟叶田间处理工作目标任务，负责组织相关人员完成不适用烟叶毁形及做好毁形后烟叶的综合利用。

⑤负责不适用烟叶田间处理工作的检查验收，并进行结果公示；根据检查验收结果，兑现烟农补贴，拨付不适用烟叶田间处理专项组织协调经费。

⑥负责田间不适用烟叶处理工作痕迹资料的收集、整理、归档和上报等工作。

（4）合同烟农。严格按照田间不适用烟叶消化处理技术规范和流程，在规定的时间内完成田间不适用鲜烟叶的摘除，并把摘除的不适用烟叶运送到指定消化处理场地称量、登记、签字确认。

4.9.4.2　工作流程

4.9.4.2.1　制订方案

市公司、县分公司、烟叶站制订优化烟叶结构方案，以村委会为单位，制订优化烟叶结构一村一案。

4.9.4.2.2　政策宣传

通过网络、报刊、电视等媒体，利用手机短信等媒介，依托现场培训会等平台，运用宣传手册、宣传挂图、宣传单、宣传车等手段，全方位加强政策宣传工作，把优化烟叶结构工作各项政策宣讲到每一个乡（镇）、每一个村委会、每一个组和每一位烟农。

4.9.4.2.3　签订协议

乡（镇）与村委会签订责任状，明确不适用烟叶田间处理目标任务、工作责任、考核内容与奖励办法等；烟叶站与村委会签订协议，明确不适用烟叶的处理数量、处理要求、处理方式、清除时间及工作经费考核验收兑现办法等。

4.9.4.2.4　培训

制定具体的培训方案，明确培训目的、培训对象、培训主题、师资来源等内容。

4.9.4.2.5　信息采集

烟叶站和村委会对作业单位内不适用烟叶田间处理的农户编号、农户姓名、种植地块、种植面积、处理部位、处理数量、处理方式、处理日期、责任人、专卖监管人员等进行信息采集并登记造册。

4.9.4.2.6　张榜公示

以村委会为单位，分别在底脚叶和顶叶清除前7d进行不适用烟叶清除信息公示；公示内容包括清除时间、销毁地点、销毁标准及农户、面积、地块、责任人等信息，公示时间7d。

4.9.4.2.7　发放通知书

市公司统一制作不适用烟叶田间消化处理通知书，明确不适用烟叶田间消化处理时间、数量、标准等信息，在公示结束后5d内发放到烟农手中。

4.9.4.2.8　组织采摘

烟农根据不适用烟叶田间消化处理通知书要求，自行采摘田间不适用鲜烟叶，并根据约定时间将采摘的不适用鲜烟叶运送至消化处理场地。

4.9.4.2.9　过磅称重

过磅员将烟农运送来的鲜烟认真称重。

4.9.4.2.10　登记造册（烟农确认）

过磅员将烟农的姓名、销毁时间、销毁数量等等级造册，烟农对自己销毁处理的烟叶数量认可后进行签字。

4.9.4.2.11　销毁

烟农签字确认后，将不适用鲜烟叶销毁。

4.9.4.2.12　验收考核

（1）在不适用烟叶消化处理结束后进行，检查验收内容主要包括烟农田间消化处理的不适用烟叶数量、田间杂草的清除、封顶打杈、烟秆清理、田间卫生等。

（2）不适用烟叶田间处理结束后，由村委会及烟站人员逐户、逐块进行检查验收，并由烟农签字确认检查验收结果，检查验收结束后向烟站提交验收报告及复验申请。

（3）乡（镇）及烟站接复验申请后组织人员在10个工作日内对提交申请单位进行复验，复验结果由村委会负责人签字确认，复验结束收向县（市）区分公司提交复验报告及复验申请。

（4）县（市）区分公司接复验申请后组织人员在10个工作日内对提交申请单位进行抽查复验，复验结果由乡（镇）及烟站负责人签字确认，复验结束后向市公司提交复验报告和抽查复验申请。

（5）市公司接抽查复验申请后组织人员在10个工作日内对申请单位进行抽查复验，复验结果由县（市）区分公司负责人签字确认，复验结束后由市公司出具复验报告。

4.9.4.2.13　结果公示

检查验收结束后，以村民小组为单位对检查验收结果进行公示，公示时间为7d。

4.9.4.3　优化烟叶结构工作监管

4.9.4.3.1　现场监管

（1）监管部门。各级烟草专卖管理部门及烟叶生产科。

（2）监管内容。

①不适用烟叶的称重、登记造册。

②不适用烟叶的销毁效果。

③不适用烟叶消化处理工作人员配置及上岗情况。

④不适用烟叶消化处理痕迹资料真实性。

4.9.4.3.2 资金监管

(1) 监管部门。各级烟草专卖管理部门及烟叶生产科。

(2) 监管内容。对优化烟叶结构的田间清除不适用烟叶补贴、组织协调经费和不适用烟叶处置补贴等内容进行监管。

4.9.5 不适用烟叶清除要求

4.9.5.1 不适用鲜烟叶部位特征

①下部烟叶。正常封顶合理留叶后,烟株底部的光照不足、叶片轻薄,预计烤后品质较差,烘烤价值低,卷烟工业不适用的下部叶。

②顶部烟叶。正常封顶合理留叶后,烟株顶部开片不好、长度不足、结构紧密、叶片过厚,预计烤后品质较差,烘烤价值低,卷烟工业不适用的顶叶。

4.9.5.2 不适用鲜烟叶各部位清除时间

①下部烟叶。封顶后 5~10d。

②顶部烟叶。上部 4~6 片顶叶 1 次采摘时。

4.9.5.3 不适用烟叶田间处理

4.9.5.3.1 场地和人员配置

(1) 场地选择。在不污染环境、不影响田间卫生的烤烟种植地块周边区域,合理设置不适用鲜烟叶消化处理场地。

(2) 人员配置。按照同一片区 5d 内完成消化处理任务的要求,每个消化处理场地配备过磅、开单、毁形等人员,根据种烟面积合理设置鲜烟叶消化处理作业组数量。

4.9.5.3.2 运输和称重登记

摘除的不适用鲜烟叶采取统一运输或烟农自行运送的方式运送至指定的消化处理场地集中,称重登记。

4.9.5.3.3 销毁

将不适用鲜烟叶销毁,使其无烘烤价值。

4.9.6 支持文件

无。

4.9.7 附录(资料性附录)

序号	记录名称	记录编号	填制/收集部门	保管部门	保管年限
—	—	—	—	—	—

Q/LNYC

甘肃省陇南市烟草公司企业标准

Q/LNYC. 014—2016

烤烟移栽技术规程

2016-07-08 发布　　2016-07-08 实施

甘肃省陇南市烟草专卖局（公司）　发布

前　　言

本标准是根据《陇南市烤烟综合标准体系》要求制定，属烤烟漂浮育苗移栽技术规程标准。

本标准由陇南市烟草公司提出。

本标准由陇南市烟草公司和中国农业科学院烟草研究所负责起草。

本标准主要起草人：李玉良。

4.10 烤烟移栽技术规程

4.10.1 范围

为规范烤烟规范化生产的大田移栽技术，特制定本标准。

本标准适用于陇南市烟草专卖局（公司）。

4.10.2 规范性引用文件

下列文件对于本文件的应用是必不可少的。凡是注日期的引用文件，仅所注日期的版本适用于本文件。凡是不注日期的引用文件，其最新版本（包括所有的修改单）适用于本文件。

YC/T 479—2013 烟草商业企业标准体系构成与要求。

YC/Z 290—2009 烟草行业农业标准体系。

4.10.3 术语和定义

下列术语和定义适用于本标准。

4.10.3.1 移栽

指植物从苗圃环境转移到大田的自然环境中继续生长的过程。

4.10.3.2 膜上烟移栽

将适龄壮苗进行明水深栽，打好大塘，将优质有机肥和部分烤烟专用复合肥环施入塘内，将化学肥料与有机肥、细土混合均匀，每塘浇水3kg以上，当塘内尚能看见水时趁水移栽漂浮苗，及时盖土和盖膜。

4.10.3.3 膜下烟移栽

在地膜覆盖栽培的基础上改常规苗龄移栽为小苗龄移栽的方式，就是把相对较小的烟苗移栽于地膜下面，整株烟苗罩在膜下，使小苗在地膜下生长15~20d，然后再破膜，把烟株拉出膜面生长的栽培方式。

4.10.4 适度深打孔穴

打孔穴应根据确定的栽烟株距进行，打孔穴时要用有标记号的绳子或尺子打孔穴，做到孔穴与孔穴之间的距离一致，打孔穴深度8~10cm，使每株烟生长的营养面积和体积基本相同。

4.10.5 育苗移栽

4.10.5.1 取苗和运苗

（1）取苗时要选择大小一致、根系发达、健壮无病的烟苗。

（2）在运输过程中烟苗上面盖上较厚的遮阳物，避免中午烈日下移栽。当天所取烟苗，当天要移栽结束。

（3）烟苗移栽实行“带水、带肥、带药”移栽

带水：烟苗放入烟穴固定后，每穴浇水 1kg。

带肥：在水中加入磷酸二氢钾叶面肥微肥（按 1∶500 倍）。

带药：用敌百虫（晶体）对水 1∶500 倍，用喷雾器（去掉喷头）施入，每穴 20~30cm，防治地下害虫。或用敌百虫对炒熟的麸皮 1∶100 倍施入烟穴，随后覆土。

4.10.5.2　移栽时间

4.10.5.2.1　膜上烟移栽时间

5 月 1—10 日。

4.10.5.2.2　膜下烟移栽时间

一般要求至 4 月 20 日前集中移栽结束。

4.10.5.3　移栽周期

（1）同一连片区域 3d 内移栽结束。

（2）一个村委会在 7d 内移栽结束。

（3）一个乡（镇）在 10d 内移栽结束。

（4）同一县（市）区在 15d 内完成移栽。

（5）全市 20d 内完成移栽。

4.10.5.4　移栽方法

4.10.5.4.1　人工移栽

采用条塘结合的基肥施用方法，打好塘，每塘浇水 2kg 以上，趁水还未完全渗下去时栽烟覆土，栽完一墒后立即盖膜。

4.10.5.4.2　机械移栽

利用移栽机 1 次完成栽植、浇水、覆土、施肥、喷药等工序。

4.10.5.5　地膜覆盖

4.10.5.5.1　地膜规格

（1）膜上烟移栽。以无色膜和黑膜为主，无色膜厚度为 0.006mm，宽度为 100cm，每亩供膜 4~5kg；黑膜厚度为 0.008mm，宽度为 100cm，每亩供膜 6kg。

（2）膜下烟移栽。必须使用透光率 25%~30% 的黑膜，厚度为 0.008mm，宽度为 100cm，每亩供膜 6kg。

4.10.5.5.2　盖膜时间

栽完一墒后立即盖膜。

4.10.5.5.3　盖膜质量要求

膜口用土封严，膜两边用土压实，注意不要损伤地膜。

4.10.5.6　移栽注意事项

4.10.5.6.1　膜上烟移栽注意事项

（1）土壤水分过大或雨后。不宜立即栽烟，否则导致土壤板结，影响烟苗根系的生长发育。

（2）干旱天气栽烟。可将大叶掐去一部分，以减少水分蒸腾，有利于缓苗成活。

（3）在气温较高的晴天。一般在清晨和傍晚栽烟，避免中午栽烟，遭受强烈日晒，

导致烟苗失水过多，影响缓苗。

（4）烟苗栽后覆土埋垛。深浅要适宜，以叶心距土面 3～4cm 为宜，如果过深，下雨时易被泥土压住烟心；若过浅，茎秆离地面太高，被烈日暴晒后，木质化程度高，难以恢复正常生长，因此天旱栽紧栽深，雨天栽松栽浅。

（5）栽植时。土、肥应拌匀，烟苗不能栽在肥料上，否则将造成烟苗死亡或延迟成活。

（6）栽后 3～5d。要查塘补缺，弱苗偏管，保证全田烟株生长一致。

4.10.5.6.2 膜下烟移栽注意事项

（7）土壤水分过大或雨后。不宜立即栽烟，否则导致土壤板结，影响烟苗根系的生长发育。

（8）在气温较高的晴天。一般在清晨和傍晚栽烟，避免中午栽烟，遭受强烈日晒，导致烟苗失水过多，影响缓苗。

（9）浇足定根水。待水还未全部落下时进行明水移栽，每株烟浇水量为 2kg；栽烟后一定要用细碎干土进行覆盖，以见不到湿土为宜。

（10）跟苗肥环状施肥。在起垄前，70%肥料施于深 5～10cm 的沟内，并以此沟底为起垄的垄底起垄，移栽时总肥料的 10%（以氮钾为主）环施于烟株周围，施肥后用细碎干土进行覆盖；第二次是当烟苗顶到薄膜，须将烟苗掏出时穴施于烟株周围，用量为肥料 10%，施肥后用细碎干土进行覆盖。

（11）破口降温。当膜下温度超过 35 度时，在烟株的正上方膜上打孔，利用小孔排湿降温，防止高温高湿烫伤烟苗。

（12）及时掏苗。当烟苗长至离膜顶 1cm 处时，结合追肥及时进行掏苗压土，让烟苗伸出膜外生长，然后转入大田正常管理。

4.10.6 支持文件

无。

4.10.7 附录（资料性附录）

序号	记录名称	记录编号	填制/收集部门	保管部门	保管年限
—	—	—	—	—	—

Q/LNYC

甘肃省陇南市烟草公司企业标准

Q/LNYC. 015—2016

烟田土壤水分管理技术规程

2016-07-08 发布　　2016-07-08 实施

甘肃省陇南市烟草专卖局（公司）　发布

前　言

本标准对甘肃省陇南市烟草公司烟叶生产过程中烟田土壤水分管理技术的内容与要求做出了规定。

本标准由甘肃省陇南市烟草公司烟叶生产科提出。

本标准由甘肃省陇南市烟草公司烟叶生产科归口管理。

本标准由陇南市烟草公司和中国农业科学院烟草研究所负责起草。

本标准起草人：许建业、宋文静。

4.11 烟田土壤水分管理技术规程

4.11.1 范围

为规范烟叶生产过程中烟田土壤水分管理操作技术，特制定本标准。

本标准适用于甘肃省陇南市烟草公司。

4.11.2 规范性引用文件

下列文件对于本文件的应用是必不可少的。凡是注日期的引用文件，仅所注日期的版本适用于本文件。凡是不注日期的引用文件，其最新版本（包括所有的修改单）适用于本文件。

YC/T 479—2013 烟草商业企业标准体系 构成与要求。

YC/T 320—2009 烟草商业企业管理体系规范。

YC/Z 290—2009 烟草行业农业标准体系。

4.11.3 术语与定义

下列术语和定义适用于本标准。

4.11.3.1 水分在烟草生命活动中的作用

烟草株体高大、叶片繁茂，体内含水量约占全株重量 70%~80%。当正常烟株叶片水分减少 6%~8%时，就会呈现萎蔫现象。

4.11.3.2 土壤水分对烟草生长和产量及质量影响

烟株在干旱、缺水的环境中，或在水分过多，土壤湿度过大的环境中生长极为不利。在干旱缺水环境中生长，一般是株小茎细。叶少而小，产量低，品质差；在雨水过多土壤湿度过大环境中，烟株生长不良，叶片薄，不易烘烤，烤后叶色暗，品质低劣。

4.11.4 烟草需水规律

4.11.4.1 烟田耗水量的分布

烟田耗水量的分布为：移栽到团棵占 10%，团棵到现蕾占 53%，现蕾到采收占 37%。

4.11.4.2 还苗期

烟苗移栽时根系损伤，吸水、吸肥能力减弱，移栽时必须及时浇足定根水，以后要注意保持塘土的湿润，一般隔 3~5d 浇 1 次水。

4.11.4.3 伸根期

大田伸根期是烤烟旺盛生长的准备阶段，此期间应适当控水，以促进根系生长。这一期间，土壤持水量以田间最大持水量的 50%~60%较为适宜。

4.11.4.4 旺长期

旺长期烟株体内的生理活动十分活跃，是干物质积累最多的时期。此时期，应保持土壤含水量达田间最大持水量的 80%左右。

4.11.4.5 成熟期

此期间烟株需水量不大，应适当控制水分，以利于积累较多的干物质，促进叶片正常成熟。此时期，应保持土壤含水量达田间最大持水量的60%~70%。

4.11.5 烟田灌水方法

4.11.5.1 良好的灌水方法

良好的灌水方法，能使灌水分布均匀，土壤水份和空气得到合理调节，不产生地表径流和深层渗漏，保持土壤结构良好。

4.11.5.2 穴灌

穴灌的主要优点是用水经济，地温稳定，有利于早发根，是烤烟生产传统的灌溉方法。

4.11.5.3 沟灌

灌溉水沿着烟沟通过毛细管作用向两侧渗透，因此垄体土壤不板结，能保持良好的结构。灌水深度应为垄高1/3，灌溉时间为1h左右。

4.11.5.4 喷灌

喷灌是比较先进的灌水技术，是利用水管和喷头将水均匀喷往烟地。使用此种方法能省水，省工，改变田间小气候，减轻日灼伤和病虫害。

4.11.5.5 滴灌

滴灌是一种先进的节水灌溉技术，是利用泵水供水中央系统和有孔水管将水以水滴的形式缓慢均匀地灌往植株根部。

4.11.6 烟田排水方法

4.11.6.1 开设腰沟、田沟及通向池塘和主干渠的大小干沟

4.11.6.2 理墒要高，烟沟要直、要深、要平

4.11.6.3 要注意及时清沟，防止淤塞

4.11.6.4 要及时准备足够排水能力的排水设备

4.11.7 支持文件

无。

4.11.8 附录（资料性附录）

序号	记录名称	记录编号	填制/收集部门	保管部门	保管年限
—	—	—	—	—	—

Q/LNYC

甘肃省陇南市烟草公司企业标准

Q/LNYC. 016—2016

优质烤烟田间长相标准

2016-07-08 发布　　　　2016-07-08 实施

甘肃省陇南市烟草专卖局（公司）　发布

前　言

本标准对甘肃省陇南市烟草公司烟叶生产过程中优质烟田间长相做出了规定。

本标准由甘肃省陇南市烟草公司烟叶生产科提出。

本标准由甘肃省陇南市烟草公司烟叶生产科归口管理。

本标准由陇南市烟草公司和中国农业科学院烟草研究所负责起草。

本标准起草人：许建业、董建新。

4.12　优质烤烟田间长相标准

4.12.1　范围

本标准规定了标准化烤烟生产的株型、管理要求、营养状况和田间群体结构。

本标准适用于陇南市烟叶生产工作。

4.12.2　规范性引用文件

下列文件中的条款通过本标准的引用而成为本标准的条款。凡是注日期的引用文件，其随后所有的修改单（不包括勘误的内容）或修订版均不适用于本标准，然而，鼓励根据本标准达成协议的各方研究是否可使用这些文件的最新版本。凡是不注日期的引用文件，其最新版本适用于本标准。

YC/T142—2010 烟草农艺性状调查方法。

4.12.3　定义

本标准采用以下定义：

4.12.3.1　群体长势长相

指同一地块或同一调制区域烟株的总体长势长相。群体长势长相着重要求群体的一致性。评价时间以下二棚叶片进入成熟期为准。

4.12.3.2　个体长相

指群体内烟株个体或叶片个体。评价时间以下二棚叶片进入成熟期为准。

4.12.3.3　行间叶尖距

指群体内相邻两行烟株内侧烟叶叶尖之间的距离。

4.12.3.4　叶片综合营养状态

指叶片个体发育状态及表现，是烟叶内在化学成分的外观反映。

4.12.3.5　田间烟株生长动态

指在基本正常的气候条件下烟株的生长发育过程，在烟株生长的各个时期进行评价。

4.12.4　田间株型

（1）大田烟株的理想株型为腰鼓形或桶形。

（2）株高 120~140cm，茎围 8~9cm，节距 4~5cm 。

（3）单株有效叶为 18~20 片。

4.12.5　田间管理要求

（1）前期达到无缺苗断垄，无杂草，无病虫，无板结，长势旺盛，生长整齐一致。

（2）后期达到“四无一平”，即无杂草、无病虫害、无花、无杈，顶平。打顶后行间叶片不重叠，叶尖距 10~15cm。

4.12.6 烟株营养状况

4.12.6.1 烟株营养充足均衡

无缺素症和营养失调症状。

4.12.6.2 叶色正常

整块烟田均匀一致，能够分层次正常落黄。

4.12.7 烟株田间群体结构

4.12.7.1 烟株田间

长势均匀一致，叶色一致。

4.12.7.2 行与行之间

烟株中部烟叶尖距 10~15cm。

4.12.8 田间烟株生长动态

4.12.8.1 发育阶段

从移栽起 5~7d 还苗，25~30d 团棵，55~60d 现蕾，60~70d 打顶（下部叶开始成熟）；110~120d 采收结束。

4.12.8.2 叶面积系数

团棵期 0.45~0.55，现蕾期 2.3~2.5，打顶期 2.8~3.2。

4.12.9 支持文件

无。

4.12.10 附录（资料性附录）

序号	记录名称	记录编号	填制/收集部门	保管部门	保管年限
—	—	—	—	—	—

Q/LNYC

甘肃省陇南市烟草公司企业标准

Q/LNYC. 017—2016

烤烟病虫害预测预报规程

2016-07-08 发布　　　　　　　　　　　　2016-07-08 实施

甘肃省陇南市烟草专卖局（公司）　发布

前　言

本标准是根据《陇南市烤烟综合标准体系》要求制定，属烤烟病虫害预测预报规程标准。

本标准由陇南市烟草公司提出。

本标准由陇南市烟草公司和中国农业科学院烟草研究所负责起草。

本标准主要起草人：杨金广、杨树勋。

4.13 烤烟病虫害预测预报规程

4.13.1 范围

本标准规定了烤烟病虫害预测预报（以下简称“测报”）的对象网络建设、站点建设、站点职能及运作方式。

4.13.2 规范性引用文件

下列文件中的条款通过本标准的引用而成为本标准的条款。凡是注明日期的引用文件，其随后所有的修改单（不包括勘误的内容）或修订版均不适用于本标准，然而，鼓励根据本标准达成协议的各方研究是否可使用这些文件的最新版本。凡是不注日期的引用文件，其最新版本适用于本标准。

YC/T 39—1996 烟草病害分级及调查方法。

4.13.3 测报的对象

烟草马铃薯 Y 病毒病、黄瓜花叶病毒病、烟草花叶病毒病、赤星病、白粉病和烟蚜等。

4.13.4 测报网络建设

4.13.4.1 网络组成

在正宁县永正乡、榆林子镇设立 2 个烟草病虫害测报及综合防治测报点。

4.13.4.2 测报人员

配备 1 名大专以上学历（含大专）、从事植保工作 1 年以上的专（兼）职测报员。

4.13.5 测报点职能

负责本区域观点的合理设置、田间病虫害发生情况调查及必要的田间小气候观测记载，统计并上报三级站，发布病虫害短期预报，并负责综合防治技术推广。

4.13.6 网络运行

4.13.6.1 测报数据与方法

遵照 YC/T 39—1996 执行。

4.13.6.2 上报和预报制度

在烟叶移栽至采烤结束期间，预测预报点每 5~7d，将调查数据以固定表格形式，逐级上报至三级测报站。

4.13.7 支持文件

无。

4.13.8 附录（资料性附录）

序号	记录名称	记录编号	填制/收集部门	保管部门	保管年限
—	—	—	—	—	—

Q/LNYC

甘肃省陇南市烟草公司企业标准

Q/LNYC. 018—2016

烤烟病害防治技术规程

2016-07-08 发布　　　　2016-07-08 实施

甘肃省陇南市烟草专卖局（公司）　发布

前　　言

本标准由陇南市烟草公司提出。

本标准由陇南市烟草公司和中国农业科学院烟草研究所负责起草。

本标准起草人：许建业、杨金广。

4.14 烤烟病害防治技术规程

4.14.1 范围

本标准规定了甘肃省陇南烟区主要烟草病虫害的防治原则及防治方法等。

本标准适用于甘肃省陇南主要烟草病虫害的防治。

4.14.2 规范性引用文件

下列文件对于本文件的应用是必不可少的。凡是注日期的引用文件，仅所注日期的版本适用于本文件。凡是不注日期的引用文件，其最新版本（包括所有的修改单）适用于本文件。

GB/T 8321.1 农药合理使用准则（一）。

GB/T 8321.2 农药合理使用准则（二）。

GB/T 8321.3 农药合理使用准则（三）。

GB/T 8321.4 农药合理使用准则（四）。

GB/T 8321.5 农药合理使用准则（五）。

GB/T 8321.6 农药合理使用准则（六）。

GB/T 8321.7 农药合理使用准则（七）。

GB/T 23221 烤烟栽培技术规程。

GB/T 23222 烟草病虫害分级及调查方法。

GB/T 25241 烟草集约化育苗技术规程。

NY/T 1276 农药安全使用规范总则。

YC/T 340 烟草害虫预测预报调查规程。

YC/T 341 烟草病害预测预报调查规程。

YC/T 371 烟草田间农药合理使用规程。

烟草农药使用推荐意见。

4.14.3 术语和定义

下列术语和定义适用于本文件。

4.14.3.1 综合防治 Integrated pest management

从农业生态系整体出发，坚持预防为主的指导思想和安全、有效、经济、简便的原则，全面考虑作物整个生育期的主要病虫害，因地因时制宜，合理运用农业、生物、化学、物理防治方法以及其他有效的防治方法，最大限度发挥自然控害因子的作用，将病虫害控制在经济允许水平之下，提高经济、生态和社会效益。

4.14.3.2 安全间隔期 Safe interval period

最后一次施药至作物收获时允许间隔的时间。

4.14.4 防治原则

坚持"预防为主，综合防治"的植保方针，加强对主要病虫害的预测预报，协调应用农业、生物、物理及化学防治措施，建立烟草植保社会化服务体系，推行统防统治措施，提高烟叶安全性，保护农业生态环境，保障烟叶生产持续、平稳发展。

4.14.5 防治对象

炭疽病、猝倒病、立枯病、病毒病、赤星病、野火病、角斑病、黑胫病、根黑腐病、青枯病、烟蚜烟青虫和地下害虫等。

4.14.6 预测预报

加强对当地主要病虫害的监测，根据监测结果制定防治对策。预测预报方法参照 GB/T 23222、YC/T 340 及 YC/T 341 规定执行。综合考虑预测预报结果、病虫害的发生特点、环境条件、气候条件等因素确定防治策略。

4.14.7 防治技术

4.14.7.1 苗期病虫害防治技术

4.14.7.1.1 种子处理

使用包衣种子。

4.14.7.1.2 苗床

育苗大棚距离村庄、烟田、菜园、蔬菜大棚等毒源不少于 300m，严禁使用黄瓜、西红柿等茄科、葫芦科作物大棚进行育苗。苗床规格、设置、母床消毒、营养土消毒、托盘消毒、操作环节消毒等按 GB /T 25241 的规定执行。

4.14.7.1.3 控制传染途径和传染源

清除苗床内及苗床周围的杂草。大棚门、通风口全程覆盖 40 目尼龙纱网，以防通风时蚜虫迁入育苗棚内。苗床内严禁吸烟。禁用池塘水及其他可能污染的水浇烟苗。进行间苗、剪叶或其他操作时用肥皂水洗手，假植前、剪叶前和移栽前 24h 内对烟苗喷洒病毒抑制剂。剪叶时，每剪一盘对剪叶工具用肥皂水或病毒抑制剂消毒 1 次，并及时将剪下的碎叶清理出育苗棚并深埋或焚烧。

4.14.7.1.4 药剂防治

（1）炭疽病。及时通风排湿，必要时喷施 1：1：160~200 的波尔多液进行保护，或选用 50%代森锰锌可湿性粉剂 800 倍液、50%退菌特可湿性粉剂 500 倍液等药剂喷雾，每 7 ~10d 喷 1 次，连续施药 2~3 次。

（2）猝倒病。及时通风排湿，烟苗大十字期后可喷施 1：1：160~200 波尔多液进行保护，每 7~10d 喷 1 次，连续施药 2~3 次。发病后可选用 25%甲霜灵、58%甲霜灵锰锌 500~600 倍液等药剂，连续施药 2~3 次，喷药的同时要及时剔除病苗。

（3）立枯病。用 70%甲基托布津可湿性粉剂 1 000 倍液喷雾防治，每 7~10d 喷 1 次，连续施药 2~3 次。

(4) 病毒病。假植前、剪叶前 24h 内、移栽前喷施病毒抑制剂，药剂种类、用量和用法参照《烟草农药推荐使用意见》。

(5) 烟蚜。移栽前 1d 在苗床内施用内吸性杀蚜剂，选用 5%吡虫啉乳油 1 500 倍液、3%啶虫脒乳油 2 000 倍液等药剂喷雾，并及时防治苗床周围大棚和露地蔬菜作物上蚜虫。

4.14.7.2 大田期病虫害防治技术

4.14.7.2.1 农业防治

(1) 选用抗（耐）病品种。根据当地生产实际，合理选用抗病或耐病优良品种。各地应根据品种特性和当地生态特点，选择 2~3 个主栽品种，并搭配种植 2~3 个辅助品种，避免大面积种植单一品种。

(2) 合理轮作。植烟地块应符合 GB/T 23221 的要求。轮作作物以不受烟草主要病原物侵染原则，以禾本科作物为主，可选择小麦、玉米、高粱、大蒜、洋葱等作物轮作，轮作年限以 2~3 年为宜，禁止与茄科、十字花科、葫芦科等作物轮作或间作。

(3) 合理规划烟田。规模化种植烟田距离村庄、果园、烤房群应在 300m 以上，周边无大面积蔬菜和马铃薯。

(4) 改良土壤。根据当地条件，种植适宜的绿肥种类，以增加土壤有机质，改善土壤理化结构，使烟株生长健壮，提高抗病力。对于根茎病害发生较重且土壤偏酸性的烟区，施用白云石粉或生石灰调节土壤酸碱度。具体操作方法参照 Q/SDYC 1210 执行。

(5) 适时移栽。根据当地生态条件，在保证烟叶优质生产的同时，宜将烟株伸根期避开烟蚜迁飞高峰期。

(6) 加强肥水管理。采用平衡施肥，促进烟株早生快发。施用的农家肥应充分腐熟，禁止施用含烟株或其他茄科作物残体的农家肥。合理规划排灌系统，防止干旱和田间积水。

叶面喷施钾肥提高烟株的抗病性，建议在旺长期前后喷施 0.5%磷酸二氢钾水溶液。

(7) 规范农事操作。移栽时剔除病苗、弱苗，移栽结束后销毁剩余烟苗。农事操作前用肥皂水洗手消毒，用消毒剂对农具消毒，不得在烟田内吸烟。进行培土、清除脚叶、打顶等农事操作时先健株后病株，选择晴天进行，每次操作前喷抗病毒剂或消毒剂以防操作中的病毒传播。农事操作应尽量少伤根、茎，宜采用化学除草和抑芽。将农事操作时摘除的脚叶、烟杈、烟花带出烟田外，集中销毁。田间发现零星病株及时拔除后带出田外妥善处理。采收结束后及时清除田间烟株残体、杂草及烤房附近烟叶、废屑，集中处理。冬季深翻烟田 40cm 以上。

4.14.7.2.2 物理防治

田间可铺设银灰色地膜驱避蚜虫。利用烟青虫、棉铃虫的趋光性和趋化性，在成虫发生期可采用频振杀虫灯或性信息素诱捕器进行大面积统一诱杀。频振杀虫灯每 $2hm^2$ 设置 1 台，性信息素诱捕器每平方公顷设置 8 个。

在阴天或晴天的早晨人工捕杀棉铃虫、烟青虫、地老虎等害虫。

4.14.7.2.3 生物防治

保护利用天敌，麦收前后可将小麦田内的天敌昆虫助迁至烟田。

推荐人工繁殖烟蚜茧蜂等天敌昆虫，于田间释放防治烟蚜；人工繁殖赤眼蜂，于田间释放防治烟青虫和棉铃虫。

结合其他防治方法，选择在烟草上登记的微生物源或植物源生物农药防治烟草病虫害。

4. 14. 7. 2. 4　药剂防治

（1）病毒病。选用宁南霉素、盐酸吗啉胍、氨基寡糖素等抗病毒药剂，在伸根期、团棵期、旺长初期进行喷雾防治，药剂用法与用量参照《烟草农药使用推荐意见》。

（2）黑胫病。在移栽时或移栽还苗后施药 1 次，在田间零星发生时进行第 2 次施药，以后每 7~10d 施药 1 次，连续施药 2~3 次，可选用 72. 2%霜霉威盐酸盐水剂 600~800 倍液、72%甲霜灵锰锌可湿性粉剂 600~800 倍液、50%烯酰吗啉可湿性粉剂 1 200~1 500倍液等药剂喷淋烟株茎基部及土表，每株 50ml 药液。

（3）根黑腐病。移栽时每亩用 75%甲基托布津可湿性粉剂 50~75g 对水 50mg 浇灌或拌细土穴施，发病初期可选用 75%甲基托布津可湿性粉剂 1 000 倍液、50%多菌灵可湿性粉剂 500~800 倍液等药剂灌根，每株 50ml 药液，连续施药 2~3 次。

（4）青枯病。移栽时施药 1 次，田间零星发病时，每 7~10d 施药 1 次，连续施药 2~3 次，可选用 3 000 亿个/g 荧光假单胞菌粉剂；20%噻菌酮悬浮剂灌根或喷淋茎基部。

（5）赤星病。在发病初期开始施药，每次施药应在采收后当天或次日进行，可选用 40%菌核净 500 倍液、10%多抗霉素可湿性粉剂 800~1 000倍液等药剂喷雾，每 7d 施药 1 次，连续施药 2~3 次。

（6）野火和角斑病。发病初期选用 4%养雷霉素可湿性粉剂 600~800 倍液、77%硫酸铜钙可湿性粉剂 400~600 倍液等药剂喷雾，每 7d 施药 1 次，连续施药 2~3 次。

（7）地下害虫。在移栽前 1~2d 选用 2. 5%高效氯氟氰菊酯乳油 2 000 倍液等药剂喷施垄面。

①毒饵或毒草。将 2. 5%高效氯氟氰菊酯乳油 2 000 倍液，拌以害虫喜食的碎鲜草或菜叶 30~50kg；或将 90%敌百虫晶体 0. 5kg 加水 1~5kg，喷在 25~30kg 磨碎炒香的菜籽饼或豆饼上。将毒饵或毒草于傍晚撒到烟苗根际，每亩用量 15~30kg。

②灌根。选用 2. 5%高效氯氟氰菊酯乳油 2 000 倍液等药剂浇灌烟株，每株 200ml 左右，可在移栽时结合浇定根水进行防治。

③喷雾。可在傍晚喷施 2. 5%高效氯氟氰菊酯乳油 2 000 倍液，用于防治 3 龄前的地老虎幼虫。

（8）烟蚜。选用 5%吡虫啉乳油 1 500 倍液、3%啶虫脒乳油 2 000 倍液等药剂喷雾防治。

（9）烟青虫和棉铃虫。于卵孵盛期 3 龄幼虫前防治。选用 2. 5%氟氯氰菊酯乳油 2 000 倍液、甲氨基阿维菌素苯甲酸盐 1. 5g / hm^2（有效成分）等药剂喷雾防治。

（10）合理使用农药。按照国家政策和有关法规规定选择农药产品，所选用的农药品种应具有齐全的“三证”（农药生产许可证或者农药生产批准文件、农药标准证和农药登记证），严禁使用国家禁用的农药品种，严格按照农药产品登记的防治对象、用量、使用次数、使用时期以及安全间隔期使用，根据农药特性及防治对象特点合理混用、轮用农药，其他按照 GB/T 8321、NY/T 1276、YC/T 371 以及《烟草农药推荐使用意见》规定执行。

4.14.8 支持文件

无。

4.14.9 附录（资料性附录）

序号	记录名称	记录编号	填制/收集部门	保管部门	保管年限
—	—	—	—	—	—

Q/LNYC

甘肃省陇南市烟草公司企业标准

Q/LNYC. 019—2016

烤烟病害防治技术规程

2016-07-08 发布　　　　2016-07-08 实施

甘肃省陇南市烟草专卖局（公司）　发布

前　言

本标准对甘肃省陇南市烟草公司烟叶生产过程农药合理使用规范的策划、实施、检查与改进的内容与要求、责任与权限等做出了规定。

本标准由甘肃省陇南市烟草公司烟叶生产科提出。

本标准由甘肃省陇南市烟草公司烟叶生产科管理。

本标准由甘肃省陇南市烟草公司烟叶生产科起草。

本标准主要起草人：权文彦。

4.15 农药合理使用规范

4.15.1 范围

本部分规定了烟用农药的施用、配制及防护技术等要求。

本部分适用于烤烟病虫害防治中农药的使用。

4.15.2 规范性引用文件

下列文件对于本文件的应用是必不可少的。凡是注日期的引用文件，仅所注日期的版本适用于本文件。凡是不注日期的引用文件，其最新版本（包括所有的修改单）适用于本文件。

GB/T 8321 农药合理使用准则。

YC/T 371 烟草田间农药合理使用规程。

YC/T 479—2013 烟草商业企业标准体系构成与要求。

YC/Z 290—2009 烟草行业农业标准体系。

4.15.3 术语与定义

下列术语和定义适用于本标准。

4.15.4 农药的采购和供应

4.15.4.1 计划

根据上年度农药的防治效果、使用成本、农残监测、农户反应等情况，由分公司综合分析作出用药计划。按相关要求报上级公司归口管理部门审核，进行归口管理。

4.15.4.2 采购

根据烟叶公司推荐的农药目录，进行公开招标、采购。

4.15.4.3 供应

4.15.4.3.1 根据县公司烤烟生产需求，由中标供货商统一供货至合同要求的使用或仓储地点。

4.15.4.3.2 各基层烟站根据各分公司制订的综合防治方案，结合本地实际情况，组织对烟农的农药供应。

4.15.4.3.3 按使用时间适时供应。

4.15.4.4 自行采购的农药

对于烟农自行采购的农药，要加强监管，在确保其药理性能且不会对烟叶生产和土壤生态环境造成损失和污染的前提下才可使用。

4.15.5 安全用药

4.15.5.1 基本要求

农药的使用要符合 GB/T 8321 及 YC/T 371 规定的要求。

4.15.5.2 禁止使用的农药品种

使用烟草行业推荐在烟草上使用的农药品种。禁止使用附表1所列的高毒性、高残留农药。

4.15.5.3 使用要求

（1）农药使用有针对性，做到防治对象准确、使用时间准确、使用剂量准确、使用品种准确。

（2）避免长期使用同一种农药防治同一种对象。提倡不同类型、品种和剂型的农药交替使用。

（3）严格用洁净水配兑农药，禁止使用污水配兑。

（4）烤烟成熟期用药注意安全间隔期。

4.15.5.4 农药配制

配制农药时，用称具或者量筒等称量所配的农药和溶液（水）的重量，不目测配制。配制时要确保浓度准确，搅拌均匀，充分溶解。

4.15.5.5 混配原则

两种以上农药混合使用时，应认真参照使用要求，不能随意混配农药。一般遵循以下原则：

（1）应以能提高药效为原则，在药效上要达到增效目的，不能有拮抗作用；

（2）不同药剂的化学性质和物理性状应不发生变化；

（3）不应对烤烟及虫害的天敌产生药害；

（4）不应增加或降低农药的毒性。

4.15.5.6 施药方法及时间

（1）根据农药的不同特点，采用种子处理、土壤处理、叶面喷雾喷粉、涂茎、灌根、撒毒土和投放毒饵等方法防治烟草病虫害。

（2）触杀剂、胃毒剂不用于涂茎，内吸剂不适宜配制毒饵，可湿粉不用于喷粉，粉剂不用于喷雾。

（3）一般晴天选择在8：30~11：00或16：00~17：30施药，避开中午高温时期。

（4）阴天无雨时整个白天都可以施药。雨季高温高湿，病害大发生时，抓住阵雨间隙抢施，并用内吸性强的剂型。乳剂抗雨性较强，下雨时可适当使用，水溶性的剂型则不宜使用。施药6h内遇雨需重新施药。

（5）喷药喷施烟叶的正反两面，做到喷施均匀，不漏株，不漏叶。

4.15.5.7 施药器具

用于农药配制、喷雾、灌根、涂抹的器具一定有明显的标记，妥善放置，用后及时清洗干净。

4.15.6 防护

4.15.6.1 农药应放在安全、儿童触及不到的的地方

4.15.6.2 患有肺病、肾病、心脏病、精神病、外伤、情绪不稳定的人员，孕期、经期、哺乳期的妇女，16岁以下儿童和60岁以上的老年人，都不得参加施药

4.15.6.3 施药前检查施药器具

如喷雾器的喷头、接头、开关、滤网等处螺丝有无拧紧，药桶有无渗透或破损等，禁

止用嘴吹吸喷头或滤网。

4.15.6.4 施药时站在上风头，不迎风施药

施药时注意皮肤与施药器械相隔离，防止药液粘着皮肤，施药人员每天连续工作不超过6h，每隔2h要休息1次。连续施药3~4d，须休息1d。

4.15.6.5 操作人员在施药过程中

如感到不舒服或头痛、头晕、恶心等，立即远离施药现场，及时清洗手脚，更换衣服，到空气新鲜阴凉处静卧休息。如发生呕吐、恶心、腹痛或大量出汗，可先服阿托品等解毒药品，并立即送医院抢救治疗。

4.15.6.6 施药结束后

认真用肥皂水清洗手、脸和衣服，用过的药袋、空瓶等包装物集中收回处理。

4.15.7 支持文件

无。

4.15.8 附录（资料性附录）

序号	记录名称	记录编号	填制/收集部门	保管部门	保管年限
—	—	—	—	—	—

附表1：

附表1 禁止在烟草上使用的农药品种

序号	品名	序号	品名	序号	品名
1	六六六	16	对硫磷	31	汞化合物
2	林丹	17	甲基对硫磷	32	赛力散（PMA）
3	敌菌丹	18	磷胺	33	砷化合物
4	杀虫脒	19	八甲磷	34	氰化合物
5	乙脂杀螨醇	20	乙基己烯二醇	35	乐杀螨
6	滴滴涕	21	六氰苯	36	二氯乙烷
7	滴滴滴（TDE）	22	氯丹	37	环氧乙烷
8	2，4，5-涕	23	七氯	38	除草定
9	桃小灵[a]	24	氯乙烯	39	氯化苦
10	苯硫磷	25	五氯酚（PCP）	40	氟乙酰胺
11	溴苯磷	26	除草醚	41	草枯醚
12	速灭灵	27	黄樟素	42	2，4-D丁酯
13	内吸磷	28	硫酸亚铊	43	乙草胺[a]
14	久效磷	29	克百（呋喃丹）	44	三氯杀螨砜
15	甲胺磷	30	比久		

a. 桃小灵和乙草胺在烟草上易产生药害而不能在烟草上使用

Q/LNYC

甘肃省陇南市烟草公司企业标准

Q/LNYC. 020—2016

烤烟缺营养元素症鉴定方法

2016-07-08 发布 2016-07-08 实施

甘肃省陇南市烟草专卖局（公司） 发布

前　　言

本标准由陇南市烟草公司提出。

本标准由陇南市烟草公司和中国农业科学院烟草研究所负责起草。

本标准起草人：许建业。

4.16 烤烟缺营养元素症鉴定方法

4.16.1 范围

本规范规定了烤烟缺营养元素症的生理特征，鉴定依据及鉴定方法。

本规范适用于陇南地区烤烟缺营养元素症的鉴定。

4.16.2 鉴定依据

4.16.2.1 不同营养元素引起的缺素症状所表现出相似或典型的特征

4.16.2.2 中部叶片打顶时组织中微量元素含量分析（参照国家烟草总公司缺素症中部叶化验的亏缺值）（表 4–9）

表 4–9 中部叶片打顶时组织中微量元素含量 （单位：mg/kg）

序号	营养元素	正常范围	亏缺值
1	硼	12~45	10
2	铜	7~25	4
3	铁	200~800	50
4	锰	40~150	20
5	钼	40~60	20
6	锌	3~6	10

4.16.3 缺营养元素症状

4.16.3.1 缺氮

烟株生长迟缓，叶片呈淡绿或呈淡白色，下部叶片小，过早变黄，而且往往“烘坏”或干枯，茎短而细，叶片往往比正常叶片竖直。烤后烟叶色淡、片薄、油分差、香气差。

4.16.3.2 缺磷

烟株生长缓慢，矮小，长势弱，叶片窄长，如果氮充足，则叶片颜色深绿色。缺磷严重时，下部叶片出现褐斑或坏死的斑块，叶片变黄并干至浅绿、褐至黑色。

4.16.3.3 缺钾

缺钾在叶尖部引起轻微的斑驳和浅褐色的斑块，后来沿叶缘有浅褐色的斑块，斑块坏死而且脱落，留下锯齿形的外表，叶片皱褶，叶尖和叶缘下卷，症状在幼株的下部叶片和老熟烟叶的上部首先出现。

4.16.3.4 缺锌

烟株下部叶片首先在尖端和叶缘呈现轻微褪色，随后便形成坏死组织脱落，开始面积较小，有时坏死组织边缘有一圈晕环，以后节间缩短，叶片变厚。缺锌症烟株病害偏重，尤其是脉斑病、黄瓜花叶病偏重。

4.16.3.5 缺硼

顶叶幼叶淡绿，基部呈灰白色，并显示某种程度的畸形。这些症状显现时，叶片已停止了生长。其次幼叶基部组织显示脱落症状。严重缺硼时，顶端叶芽死亡，导致烟株自动打顶。

4.16.3.6 缺铁

初期症状为烟株顶部叶子褪绿，脉间几乎为白色，而叶脉仍为绿色。缺铁严重时，叶脉绿色也会褪去，以致腋芽也变为白色。

4.16.3.7 缺铜

烟生长迟缓、矮小，上部叶呈半透明状不规则白色泡状斑块，泡状干枯后呈烧焦状，叶片皱缩，叶色深绿，叶片易形成永久性凋萎而不能恢复。

4.16.4 鉴定方法

4.16.4.1 用心叶烟、曼陀罗等指示作物

进行室内接种试验，1周后观察是否发病。

4.16.4.2 观察斑块处有无霉状物、粉状物及菌浓的溢出

4.16.4.3 根部是否出现腐烂、肿块、虫害等

4.16.4.4 如果不具备上述发病特征

气候正常、化肥农药施用合理，且烟田未受周围环境污染，烟田已成片发生，分布比较均匀，就可鉴定为某种缺素症。

4.16.4.2 治疗鉴定方法

根据烟株外观缺素病状，喷施所缺元素无机盐溶液，进行诊治鉴定。

4.16.4.3 化学分析鉴定方法

在烟株打顶时，取中部叶片，进行叶片组织化学分析，鉴定组织中各元素的亏缺状况。

4.16.5 支持文件

无。

4.16.6 附录（资料性附录）

序号	记录名称	记录编号	填制/收集部门	保管部门	保管年限
—	—	—	—	—	—

Q/LNYC

甘肃省陇南市烟草公司企业标准

Q/LNYC. 021—2016

烟叶生产风险保障工作规程

2016-07-08 发布　　　　2016-07-08 实施

甘肃省陇南市烟草专卖局（公司）　发布

前　　言

本标准对陇南市烟草专卖局（公司）烟叶生长期间自然灾害风险保障工作的组织管理、工作职责和灾害认定办法做出了规定。本规程的实施，将进一步提升部门的管理水平。

本标准由陇南市烟草专卖局（公司）提出。

本标准由陇南市烟草专卖局（公司）归口管理。

本标准由陇南市烟草专卖局（公司）和中国农业科学院烟草研究所起草。

本次标准修订主要参加人员：杨树勋、申彦宏、李琅、权文彦、王爱华。

4.17 烟叶生产风险保障工作规程

4.17.1 范围

为规范陇南市烟草专卖局（公司）烟叶生产风险保障工作管理，特制定本规程。

本规程适用于陇南市各县（市、区）烟草专卖局（分公司）和烟草配套的相关组织。

4.17.2 规范性引用文件

《甘肃省陇南市烤烟生产标准体系》。

4.17.3 术语和定义

下列术语和定义适用于本文件。

4.17.3.1 自然灾害

本规程所指自然灾害为烟叶生长期间遭受的冰雹、洪涝及风灾3种自然灾害，不包括其他自然灾害及烟草病虫害造成的损失。

4.17.3.2 冰雹

是指从强烈发展的积雨云中降落下来的固体降水物，气象学中通常把直径在5mm以上的固态降水物称为冰雹。

4.17.3.3 洪涝

是指因大雨、暴雨或持续降雨使低洼地区淹没、渍水的现象。

4.17.3.4 风灾

是指阵发性强风、暴风、台风或飓风过境造成的灾害。

4.17.3.5 烟叶生长期

本规程所指烟叶生长期为烟叶大田移栽日起至烟叶采烤结束日止。

4.17.3.6 团棵期

烟株株高33cm左右，烟株横向生长的宽度与纵向生长的高度比例约2：1，形似球状时为团棵期。

4.17.3.7 现蕾期

全田烟株花蕾露出50%为现蕾期。

4.17.3.8 成熟期

烟株封顶后烟叶已达采收成熟标准的时期。

4.17.4 职责

4.17.4.1 陇南市烟草专卖局（公司）

负责成立烟叶风险保障组织协调领导小组，研究制定具体工作措施并组织实施。

4.17.4.1.1 财务管理部门

主要负责签订烟叶保险合同，缴纳保费，与保险公司沟通协调，统计上报烟叶保险定损理赔数据等工作。

4.17.4.1.2 烟叶生产科

主要负责组织宣传烟叶保险政策，核实投保面积，审核传递投保数据，参与重大灾害案件联合查勘，督促保险公司准确、及时查勘理赔，督促相关部门和各分公司按时按质完成各阶段工作等。

4.17.4.2 县烟草分公司

负责成立烟叶风险保障组织协调领导小组，负责落实烟叶生长期间自然灾害风险管理工作相关政策和要求，组织、协调和督促本辖区烤烟自然灾害风险管理工作，制定工作实施方案并抓好落实工作，参与较大灾情查勘定损工作，做好对相关人员的业务培训。

4.17.4.3 烟叶收购站

负责成立烟叶风险保障工作服务组，负责保险政策宣传，核实投保面积，收取烟农保费，及时、准确录入烟农投保信息、银行账号和灾害数据；加强与保险公司的沟通协调，指定专人配合保险公司做好查勘定损、资料收集和赔款公示，协调处理定损理赔中出现的困难和问题，做好对相关人员的业务培训。

4.17.4.4 保险公司

负责完善基层保险服务网络建设，配备与业务规模相适应的专业人员和设备，着力提高自主服务能力；加强承保管理，推进承保规范化精细化；支持和配合有关部门开展防灾防损工作，及时足额支付防灾防损经费；牵头组织烟叶保险培训；着力提高理赔工作效率，及时查勘，合理定损，快速理赔，足额赔付；及时通过信息交互平台向烟草公司传递烟农投保、查勘定损、保险理赔等数据。

4.17.4.5 烟农

按照签订的合同面积按时缴纳保费，准确提供银行账户等投保信息；烟叶出险时，积极施救把损失减少到最小程度，配合做好索赔单证收集等工作。

4.17.5 管理内容和方法

4.17.5.1 风险保障内容

4.17.5.1.1 投保原则

坚持烟农主体地位，坚持烟农自愿投保原则，加强政策宣传，积极引导烟农自觉加入自然灾害风险管理机制。在烟叶种植收购合同中明确烟农投保标准和烟草补贴标准；烟农保费增加，赔付标准相应提高。

4.17.5.1.2 投保人及被保险人

与烟草公司签订烟叶种植收购合同并缴纳烟叶保险费的烟农。

4.17.5.1.3 保险范围

烟叶生长期间遭受的冰雹、洪涝及风灾 3 种自然灾害。

4.17.5.1.4 投保标准

按烟叶种植收购合同约定种植面积，按照当年投保标准政策执行。

4.17.5.1.5 保费收缴

烟农承担保费由各分公司烟叶站（点）代保险公司以现金方式收取，并开具保费收取凭据给烟农，编制烟农缴费清册并核对无误后直接存入县级保险公司账户。根据烟农保费收缴情况，市公司计算相应的烟草承担保险补贴，通过转账方式拨付给市级保险公司。

4.17.5.1.6 保险承保期限

保险期限从烟叶大田移栽日起至 9 月 31 日止。

4.17.5.1.7 赔付标准

赔付标准根据烟叶生长不同时期划分，按照省局（公司）当年制定的标准执行。

4.17.5.1.8 实际赔付金额计算公式

（1）实际受损赔付金额=全损每亩赔付标准×损失程度×受损面积；

（2）损失程度=抽样地点受损叶片总数÷（保险单约定单株有效叶片×抽样地点烟叶总株数）。

4.17.5.1.9 赔付方式

保险赔款由烟农、烟草公司、保险公司三方确认，保险公司以转账方式直接支付到烟农账户。

4.17.5.1.10 防灾防损经费

防灾防损经费根据实际投保面积，按当年保险合同约定金额执行。由承保保险公司承担，主要用于防雹费用支出。具体由保险公司、气象部门和市烟草公司签订服务合同，明确各方权利义务，在全市范围内统筹使用。

4.17.5.2 风险保障要求

4.17.5.2.1 完善协调制度，建立长效机制

（1）实行市烟草公司和保险公司联席会议制度。联席会议由烟草公司牵头，定期或不定期召开，及时研究、协调解决烟叶保险实施过程中出现的问题。

（2）建立联合培训机制。由保险公司牵头，烟草公司配合，对烟农、保险公司、烟草公司、村委会等保险工作参与人员就保险政策、烟叶生产知识、灾情报案、现场查勘、定损核赔程序等内容进行培训，提高保险认知度和业务操作水平。

4.17.5.2.2 构建良性互动协调机制，提高工作效能

积极争取当地党委政府支持，加强与承保保险公司业务联系，强化与政府相关部门沟通协调，构建政府领导，烟草、保险、政府相关部门齐抓共管、各司其职、分工协同的自然灾害风险管理工作协调机制，确保全市烟叶生长期间自然灾害风险防范工作顺利推进。

4.17.5.2.3 建立异常气象灾害预警体系

加强与气象等部门的沟通、协调，密切关注天气变化，积极开展人工影响天气作业，降低异常灾害天气发生频次或强度，在冰雹灾害多发、频发、高发区完善防雹网点功能布局。

4.17.5.2.4 完善灾害情况通报制度

（1）保险公司和县烟草分公司指定专人负责灾情上报工作。

（2）灾情发生后，烟叶收购站要及时将双方查勘定损情况在“灾情快报”系统内上报县公司，县公司上报市公司烟叶生产科，由市公司上报省局（公司）。

（3）保险公司于每月 10 日前向市公司通报上月的灾害情况，通报内容包括灾害类型、灾害发生时间、灾害发生地点、灾害造成损失面积、受灾农户数、受灾程度、赔偿金额等。

4.17.5.2.5　建立重大赔案跟踪核查制度，强化赔付资金核查，严格监督管理

（1）烟草公司和保险公司组成赔案核查工作组，对争议较大的保险赔案进行跟踪核查，及时纠正虚假赔案、虚报损失等不道德行为。

（2）市县烟草公司将定时或不定时对受灾农户进行查访，掌握保险公司是否在保险合同规定的时间范围内进行了赔付，是否按确定的赔付金额进行了足额赔付，共同监督烤烟受灾赔付实施情况，促进受灾烟农及时开展生产自救。

4.17.5.2.6　加强政策宣传，增强烟农抗风险意识

（1）充分发挥舆论导向作用和政策的引导激励作用，利用告烟农通知书、广播、会议、烟农手册等多种手段，加大政策宣传力度，增强烟农自然灾害风险防范意识。

（2）主要宣传烟农投入及烟草补贴政策、灾害保险类型、灾害赔付标准及计算方法等。

4.17.5.2.7　强化人员培训，提升业务水平

（1）市公司负责对县公司的生产科长、业务员进行业务培训。

（2）县公司负责培训站长、业务员。

（3）烟叶收购站负责培训烤烟科技人员和基层干部。

4.17.5.3　灾害认定办法

4.17.5.3.1　认定原则

依据《农业保险条例》有关规定，客观公正确定因自然灾害造成的被保险烟叶损失。

4.17.5.3.2　认定范围

烟农与烟草公司签订烟叶种植收购合同并缴纳烟叶保险费涵盖的烟田，在烟叶生长期间遭受自然灾害后造成损失。在烟叶种植收购合同约定范围外的烟田，或未缴纳烟叶保险费的烟田，保险公司不承担灾害损失赔偿责任。

4.17.5.3.3　认定主体

（1）烟叶种植区域内对应承保的保险公司，县烟草公司（烟叶收购站）和烟农代表作为相关责任人配合保险公司进行认定。

（2）损失面积和损失程度的认定以保险公司为主。

（3）自然灾害发生及程度的认定以气象部门提供的资料或证明为主。

（4）受灾烟田是否属于烟叶种植收购合同约定面积和投保地块的认定由烟叶收购站负责，并由站长承担认定责任。

（5）烟叶生长所处具体时期的认定由烟草部门确认。

（6）烟农代表主要负责对烟叶生长期间自然灾害损失认定工作的监督和现场确定。

（7）对报损金额或面积较小的理赔案件，一般由保险公司基层工作人员会同烟叶收购站工作人员共同查勘定损。

（8）对报损金额或面积较大的理赔案件，由保险县级机构、县烟草公司及烟叶收购站等相关人员共同查勘定损。

（9）对重大灾害案件，由市保险公司、市烟草公司等相关人员组成联合工作组进行查勘定损。

4.17.5.3.4　认定时限

（1）发生保险责任范围内的灾害事故时，烟农或烟农代表应在12h内向保险公司和烟叶站报案。

（2）烟叶站初步统计出险地点和受灾面积，在24h内上报灾情快报，同时向保险公司报备。

（3）逾期报案的，保险公司可不予受理。

（4）保险公司在接到报案后48h内，组织相关人员进行现场查勘。

（5）保险公司人员未能及时到出险现场查勘的，必须认可烟草公司参与查勘所取得的现场资料，并视同本公司人员取得的资料。

（6）保险公司应根据现场查勘情况及时确定损失，对容易辨别和确认的损失，要在现场查勘后7个工作日内定损。

（7）对不易确定的损失（主要指风灾和部分洪涝灾），本着定损先定责的原则，先确定保险责任和保险标的范围，与烟农协商一致，在生长观察期（一般为7d）后，再次进行现场查勘，并于7个工作日内定损。

（8）现场查勘结束后，烟叶站要积极配合保险公司在7个工作日内完成索赔单证收集，并建立痕迹资料档案，加强管理。索赔单证主要包括：出险通知单（或索赔申请书）、现场查勘记录表、抽样定损原始记录表、分户损失清单。

4.17.5.3.5　认定方法

（1）对损失面积的认定以烟叶站提供的受灾面积统计明细表为基础，现场查勘时保险公司可对连片面积进行GPS复核，或随机抽样进行面积核实。

（2）对损失程度的认定采取五点取样法，即随机选取若干个受灾查勘区域，每个查勘区域内再随机抽取5个查勘点，每点调查10株，测算出受灾程度。

（3）以连片为单位，受灾10亩以下的选取查勘区域不低于2片，10~100亩的不低于5片，100~1 000亩的不低于10片。

4.17.5.3.6　认定标准

（1）当期单株有效叶片数的认定，除杈叶外均为有效叶。其中，烟叶团棵期每株烟叶有效叶片为12片，团棵期到成熟采烤期每株烟叶有效叶片为18片（不包括优化烟叶结构田间需清除的上2下2共4片不适用烟叶）。

（2）依据不同自然灾害类型对受损叶片数量进行认定，因农事操作折断的叶片和优化烟叶结构需在田间清除的叶片不能认定为受损叶片。

①冰雹灾害受损叶片的认定

A. 烟株主干折断或严重损伤，烟株上所有叶片认定为受损叶片。

B. 被冰雹打断在烟地上或在烟株上已呈不可逆转损伤的叶片，认定为受损叶片。

C. 烟株主干功能保持较好，冰雹洞数6个及以上或冰雹洞数4~6个但损伤较大的叶片，认定为受损叶片。

②洪涝灾害受损叶片的认定

A. 烟株被洪水冲垮或呈倒伏状，淹水时间超过24h，烟株上所有叶片认定为受损叶片。

B. 烟株部分叶片淹水时间超过24h，挖出烟株根系开始腐烂，烟株上所有叶片认定为受损叶片。

C. 烟株短时间被淹，采取扶正冲洗等补救措施，在7d观察期后依然呈凋萎或变黄无烘烤价值的叶片，认定为受损叶片。

③风灾受损叶片的认定

A. 烟株主干折断或严重损伤，烟株上所有叶片认定为受损叶片。

B. 被大风折断在烟地上或在烟株上已呈不可逆转损伤的叶片，认定为受损叶片。

C. 烟株主干受影响不大，采取补救措施，在7d观察期后依然呈凋萎或变黄无烘烤价值的叶片，认定为受损叶片。

（3）同一地块同时遭受两种以上（含两种）灾害的，以损害程度较重的灾害类型名义进行认定，以受损叶片的数量为依据认定损失，不重复计算损失。

（4）同一地块不同时期多次受灾的，分别按照出险时间进行定损，累计赔付金额不超过合同约定的当期全损赔付标准。

（5）除移栽期烟农在同一地块及时补种的情况外，同一地块单次赔付金额或多次赔付金额累计已经达到出险当期全损赔付标准时，保险合同终止。

（6）单户烟农受灾全损面积达合同约定的投保面积时，保险公司完成赔付，保险合同终止。

（7）单户烟农有受灾全损面积但未超过合同约定的投保面积，再次发生自然灾害时，定损面积应扣除已全损面积后进行认定。

4.17.5.3.7 认定要求

（1）参与现场查勘的人员要站在客观、公正、公信的立场，实事求是开展损失认定。

（2）现场查勘过程要留取相片、视频等资料，相机或视频日期应准确无误，应从多方位拍摄，确保照片或视频能准确反应出受灾整体情况和烟叶受损情况。

（3）查勘定损结果经保险公司、烟草公司和烟农三方确认后，由保险公司或其委托单位在受灾地区进行公示，公示时间为7d。

（4）烟叶生长期间自然灾害保险与烟叶种植收购合同挂钩

①遭受严重减产或绝收的，经烟农、保险公司和烟草公司三方现场查勘确认，在申请保险赔偿的同时，单户烟农受灾全损面积达到烟叶种植收购合同约定种植面积的，县级分公司应与烟农协商解除烟叶种植收购合同；

②单户烟农有受灾全损面积但未超过烟叶种植收购合同内约定面积或严重减产的，县级分公司应与烟农协商调减相应烟叶种植面积和种植收购计划，并及时变更烟叶种植收购合同。

（5）投保烟农对损失认定结果有异议的，可申请进行复核认定，保险公司、烟草公司和烟农代表平等协商解决。

（6）不能达成一致的，由保险公司和烟草公司共同聘请相关农业技术专家，组成烟叶保险核损专家小组进行技术裁定，并委托公估公司进行损失评估。如仍不能达成一致，投保烟农、保险公司均可依法向当地人民法院起诉。

4.17.6 检查与考核

4.17.6.1 未制定出台烟叶保险工作方案和措施

影响烟叶保险工作正常开展的。

4.17.6.2 不按时收缴保费，导致发生自然灾害时，烟农未能得到合理赔偿的

4.17.6.3 不按时录入或录入错误烟农投保信息，对烟农投保信息审核把关不严，不及时传递烟农投保信息

导致烟叶保险出单和保险赔付工作严重滞后的。

4.17.6.4 不积极配合保险公司做好保险培训、查勘定损、收集资料和赔款公示工作

影响烟叶保险正常开展和保险及时赔付的。

4.17.6.5 伙同烟农骗取保险赔偿的

4.17.6.6 不按时统计上报自然灾害情况和保险定损理赔数据，或上报数据不准

影响相关工作的。

4.17.6.7 不主动与保险公司沟通协调，出现问题不及时研究解决

影响烟叶保险工作正常规范运行的。

4.17.6.8 其他给烟叶保险工作造成不良影响的行为

4.17.7 支持文件

无。

4.17.8 附录（资料性附录）

序号	记录名称	记录编号	填制/收集部门	保管部门	保管年限
—	—	—	—	—	—

Q/LNYC

甘肃省陇南市烟草公司企业标准

Q/LNYC. 022—2016

烟叶生产风险保障工作规程

2016-07-08 发布　　　　2016-07-08 实施

甘肃省陇南市烟草专卖局（公司）　发布

前　言

本标准对市局（公司）烟叶生产灾害性天气预警及应对预案的策划、实施等内容与要求、责任与权限等做出了规定。本标准的实施，将进一步加强市局（公司）烟叶生产灾害性天气预警及应对预案管理的水平，促进陇南烟草管理标准化。

本标准由陇南市烟草专卖局（公司）提出。

本标准由陇南市烟草专卖局（公司）归口管理。

本标准由陇南市烟草专卖局（公司）和中国农业科学院烟草研究所起草。

本标准主要起草人：杨树勋、申彦宏、李琅、权文彦、王爱华。

4.18 烟叶生产灾害性天气预警及应对预案

4.18.1 范围

为规范烟叶生产灾害性天气预警与应对措施，提升烟叶生产灾害性预警与应对处置能力，特制订本标准。

本标准适用于陇南市烟草专卖局（公司）烟叶生产灾害性天气预警及应对工作。

4.18.2 规范性引用文件

下列文件对于本文件的应用是必不可少的。凡是注日期的引用文件，仅所注日期的版本适用于本文件。凡是不注日期的引用文件，其最新版本（包括所有的修改单）适用于本文件。

《中华人民共和国水法》。

国家防汛抗旱应急预案。

国家烟草专卖局、中国烟草总公司突发公共事件总体应急预案。

4.18.3 术语和定义

下列术语和定义适用于本标准。

4.18.3.1 灾害性天气

对人民生命财产有严重威胁，对工农业和交通运输会造成重大损失的天气。如大风、暴雨、冰雹、龙卷风、寒潮、霜冻、大雾等。可发生在不同季节，一般具有突发性。

4.18.3.2 晚霜冻

指春季烤烟育苗正处于生长发育阶段，由于北方冷空气侵入或地面辐射冷却或二者兼而有之，使土壤表面温度短时下降到烤烟苗期生长发育受害温度以下，使烟苗受到伤害或死亡的低温天气。

4.18.3.3 倒春寒

指春季气温回升后，烤烟已进入播种或出苗，又遇强冷空气或寒潮天气给烤烟带来的低温危害。

4.18.3.4 延迟型低温冷害

指烤烟生长期的6—8月平均气温偏低，烤烟在较长时间内遭遇比较低的低温冷害，使生育期延迟而导致产量降低。

4.18.3.5 障碍型低温冷害

指烤烟生长成熟期的月中旬至9月上旬遭受短时间的异常低温，使生殖器官的生理活性受到破坏，导致上部烟叶难于烘烤，造成质量下降和减产。

4.18.3.6 混合型低温冷害

指延迟型冷害与障碍型冷害在同一生长季节中相继出现或同时发生，对作物的生长和产量带来很大危害。

4.18.3.7 旱灾

由于天然降水和人工灌溉补水不足，致使土壤水分欠缺，不能满足农作物、林果和牧草生长的需要，造成减产或绝产的灾害。

4.18.3.8 涝灾

由于本地降水过多，地面径流不能及时排出，农田积水超过作物耐淹能力，造成农业减产的灾害。

4.18.3.9 雹灾

降雹给农业生产以及电信、交通运输和人民生命财产造成损失的一种自然灾害。

4.18.3.10 风灾

大风对农牧林业生产等造成的灾害。

4.18.4 职责

4.18.4.1 技术中心

负责灾害性天气应对技术措施的制定和发布。

4.18.4.2 灾害性天气应急处理领导小组

负责组织、协调灾害性天气事件应急处理工作。

4.18.4.3 灾害性天气应急处理办公室

与农业局、气象局相关人员合作，负责全市灾害性天气应急处理相关工作。

4.18.5 内容与要求

4.18.5.1 原则

4.18.5.1.1 分级管理、责任到人

灾害性雨雪冰冻突发应急工作实行分片挂钩、责任到人；领导小组统一领导和指挥全市灾害性天气的应急工作；县分公司负责组织本区域内灾害事件处置工作和灾情应急处置工作。根据灾情发生的级别，对灾害突发事件的应急实行分级管理。

4.18.5.1.2 快速反应，高效运转

各县分公司要做好灾害性天气突发的各项应对准备工作。充足储备恢复烟叶生产所需的烟用物资。建立应急技术服务体系，预先制定抗击灾害、恢复生产的技术方案。一旦发生灾害，要迅速做出反应，采取果断措施，科学抗灾救灾，恢复生产。

4.18.5.1.3 防抗结合，预防为主

坚持“预防为主”的方针，加强灾害性雨雪冰冻天气的监测和预警预报。紧密配合气象部门，做好监测、分析、预报。

4.18.5.2 监测预警及报告

4.18.5.2.1 建立情报信息研究机制

烟草公司协同气象局、保险公司等部门要及时搜集掌握烤烟灾害的情报信息，研究灾情的真伪以及对烤烟可能造成的影响和危害程度，按照早发现、早报告、早控制的原则及时预警；在优先确保人员的生命安全的前提下，最大限度地做好烤烟救灾工作。烟草部门要依据气象部门发出的预警，及时预测灾害发生趋势、范围及可能对特定区域内的烤烟生

产造成威胁或损失程度，并及时向上级部门提出应急对策建议和措施，或者制定针对性专项应急方案。

4.18.5.2.2 建立和完善灾害性天气预警机制

为实现防灾减灾的目的，以常规资料和数值预报产品为背景，以卫星云图、雷达、自动站资料为基础，以地理信息系统为依托，加强区域联防，综合应用各种预报技术方法，利用灾害性天气预警平台制作和发布灾害性天气预警信息。

4.18.5.2.3 建立烤烟灾害风险保障机制

由政府、烟草公司、烟农共同投保。

4.18.5.2.4 建立灾害报告制度

烤烟灾害发生后，县分公司接到烤烟灾害报警后，6h 内应立即向当地政府和陇南市烟草公司报告。当发生烤烟灾害情况紧急时可越级报，当地处理烤烟灾害相关单位迅速向陇南市处置烤烟灾害领导小组报告，报请启动陇南市烤烟灾害应急预案，并及时组织相关专业技术人员实地查看灾情，及时提出初步技术方案。

4.18.5.2.5 建立现场处理制度

烤烟灾害发生后，当地烤烟领导小组迅速行动，深入受灾乡（镇、街道）实地察看灾情。对灾害的性质、规模、危害程度等进行准确统计并及时上报。

4.18.5.2.6 受灾后采取的具体措施

根据实地察看灾情后，烤烟生产领导小组积极组织相关人员深入田间地块指导烟农对受灾的烟株采取相应的补救措施，并积极与保险公司联系，对受灾农户给予及时赔付，救灾物资由烟草公司及相关部门及时提供。

4.18.5.3 灾害等级的划分和预案启动的条件及方式

4.18.5.3.1 灾害性天气主要类型

晚霜冻、倒春寒、低温冷害、风灾、旱灾、涝灾、冰雹。

4.18.5.3.2 灾害等级划分

（1）一次性灾害造成下列后果之一的为特大灾害，烟叶受灾占总面积的 40%以上。

（2）一次性灾害造成下列后果之一的为重大灾害，烟叶受灾占总面积的 30%以上。

（3）一次性灾害造成下列后果之一的为较大灾害，烟叶受灾占总面积的 20%以上。

（4）未达到较大灾害划分标准的均为一般性灾害。

4.18.5.3.3 预案启动条件

凡遭遇特大灾害、重大灾害或较大灾害，启动应急预案，未受灾的乡（镇、街道）应急预案也同时启动。

4.18.5.4 应急措施

4.18.5.4.1 派遣工作组

凡农业遇特大灾害、重大灾害或较大灾害发生，市应急处理领导小组主要领导及成员单位主要负责人，要在 24h 内到达灾害现场，查实灾情，配合乡（镇）研究制定恢复生产的工作方案和技术方案，对有关重大问题做出决策；领导小组办公室协调派出生产技术人员，配合当地人民政府制定恢复生产的工作方案和技术方案，处理有关应急事务。

4.18.5.4.2 筹备生产资料

灾情发生后，及时筹措应急工作所需经费，确保工作及时到位。要视灾害等级，及时组织、调运烟叶生产所需烟种、漂盘、基质、棚膜、池膜、遮阳网、农药等烟用物资。

4.18.5.4.3 强化管理，落实好灾害性天气的应对措施

按照应急预案的技术措施进行生产自救，技术中心科技人员针对灾害发生的特点和对烟叶生产造成的影响，及时制定相应的灾害应对技术方案。

4.18.5.5 处理相关事务

当地以政府名义向陇南市报告灾情，申请救灾资金和物资支持。与新闻媒体积极配合，积极宣传恢复生产和生产自救工作的成效和典型事迹，增强灾区农户生产自救信心，稳定灾区农业和农村经济秩序。

4.18.6 气象灾害主要种类及简要应对措施

4.18.6.1 晚霜冻

4.18.6.1.1 指标

3—4月最低温度小于0℃即为出现霜冻。

4.18.6.1.2 发生频率

占全市面积30%以上。

4.18.6.1.3 应对措施

选用抗寒品种，采用漂浮育苗。灾害发生后，普遍喷施一次波尔多液。喷施波尔多液3~5d后，摘除病叶、枯叶后再喷施一次硫酸链霉素预防野火病发生。喷施硫酸链霉素以后，对还有生长点的烟株应立即追肥预防早花。受灾极重地块，1周后不能再生新叶的再考虑补、换苗。

4.18.6.2 倒春寒

4.18.6.2.1 指标

3—4月连续3d及3d以上日平均气温低于10℃。

4.18.6.2.2 发生频率

占全市面积30%以上。

4.18.6.2.3 应对措施

选用抗寒品种，采用薄膜拱架育苗和漂浮育苗。灾害发生后，普遍喷施一次波尔多液。喷施波尔多液3~5d后，摘除病叶、枯叶后再喷施1次硫酸链霉素预防野火病发生。喷施硫酸链霉素以后，对还有生长点的烟株应立即追肥预防早花。受灾极重地块，1周后不能再生新叶的再考虑补、换苗。

4.18.6.3 低温冷害

4.18.6.3.1 延迟型

（1）指标。6—8月的3个月中，6—7月其中1个月平均气温与历年平均值之差≤-1.0℃或连续两月平均气温与历年平均值之差≤-0.5℃或8月平均气温与历年平均值之差≤-0.5℃，即为延迟型低温冷害。

（2）发生频率。占全市面积30%以上。

4.18.6.3.2　障碍型

（1）指标：8月中旬至9月上旬连续3d或是天以上日均温低于16℃，即为障碍型低温冷害。

（2）发生频率：占全市面积30%以上。

4.18.6.3.3　混合型

（1）指标：凡同时达到延迟型指标和障碍型指标的就是混合型低温冷害。

（2）发生频率：占全市面积30%以上。

4.18.6.3.4　应对措施

（1）适时移栽。

（2）合理搭配早、中熟品种。

（3）平衡施肥。

（4）地膜覆盖栽培。

（5）改善灌溉条件。

（6）加强中耕管理。

4.18.6.4　风灾

4.18.6.4.1　发生频率

占全市面积30%以上。

4.18.6.4.2　应对措施

烟株在受风灾之后，立即把被风吹翻转的叶片正过来；倒伏的烟株扶起来，以恢复正常生长，尽量减少损失。

4.18.6.5　旱灾

4.18.6.5.1　指标

春旱年年存在，初夏干旱平均3年一遇，春夏连旱平均8年一遇，秋旱平均2年一遇。

4.18.6.5.2　应对措施

（1）兴修水利，搞好水浇地建设，提高蓄水引水能力。

（2）加强中耕管理，提高土壤的保墒能力。

（3）干旱易发烟区选择抗旱性强的品种增施钾肥，出现旱情及时灌溉。

4.18.6.6　涝灾

4.18.6.6.1　发生频率

占全市面积30%以上。

4.18.6.6.2　应对措施

（1）高起垄，深挖排水沟，做到沟沟相通，加强提沟培土。

（2）搞好田间排灌系统，及时排涝。

（3）避免在低洼地种烟。

4.18.6.7　冰雹

4.18.6.7.1　发生频率

平均每年2~3次。

4.18.6.7.2　应对措施

加强防雹点建设，防雹点建设按相关规定执行。雹灾后立即清除田间的断茎、碎叶，整理好烟株，烟叶破损严重的，在烟株上选留一个健壮的杈芽，使之长成杈烟；再进行浅中耕除草，适当追肥浇水，加强田间管理，力争减少损失。

4.18.7　支持性文件

无。

4.18.8　附录（资料性附录）

序号	记录名称	记录编号	填制/收集部门	保管部门	保管年限
—	—	—	—	—	—

Q/LNYC

甘肃省陇南市烟草公司企业标准

Q/LNYC. 023—2016

防雹作业点建设管理规程

2016-07-08 发布　　　　　　　　　　　　2016-07-08 实施

甘肃省陇南市烟草专卖局（公司）　　发布

前　言

本标准对防雹作业点建设管理工作的策划、实施、检查与改进的内容与要求、责任与权限等做出了规定。本标准的实施，将进一步提升部门的管理水平，促进陇南烟草的“管理标准化”。

本部分根据《陇南烤烟综合标准体系》设计要求制定。

本部分由甘肃省烟草公司陇南市公司提出、归口。

本标准主要起草人：杨树勋、李承彦、张曦、荣翔麟、王爱华。

4.19 防雹作业点建设管理规程

4.19.1 范围

为规范陇南市烟草专卖局（公司）防雹作业点建设与管理，特制定本规程。

本标准适用于陇南市烤烟防雹作业点建设及管理。

4.19.2 规范性引用文件

中华人民共和国主席令第23号《中华人民共和国气象法》。

中华人民共和国国务院令第348号《人工影响天气管理条例》。

中华人民共和国国务院和中央军事委员会第371号令《通用航空飞行管理条例》。

4.19.3 术语和定义

下列术语和定义适用于本文件。

4.19.4 职责

4.19.4.1 县（市）区人民政府

（1）负责本行政区域内烤烟防雹工作的组织领导和指挥、协调。

（2）审定本行政区域内烤烟防雹工作规划和年度工作计划。

（3）负责跨地（市）和本行政区域内跨县（市）区、乡（镇）烤烟防雹作业的协调。

（4）处理烤烟防雹工作中发生的安全事故。

（5）督促、检查烤烟防雹指挥中心的工作。

4.19.4.2 乡、镇（街道）人民政府

（1）负责本行政区域内烤烟防雹工作的组织领导和管理。

（2）协助气象部门进行烤烟防雹作业点的勘测和选址。

（3）负责本行政区域内作业点建设用地的征用协调和作业点基础设施建设。

（4）负责本行政区域内烤烟防雹作业设施的保护和维护，处理相关纠纷。

（5）负责组织本行政区域内干旱、冰雹等气象灾情的调查、收集和上报。

4.19.4.3 气象部门

（1）组织实施经同级人民政府批准后的烤烟防雹工作规划和年度工作计划。

（2）负责本行政区域内烤烟防雹工作的统一协调、技术指导和作业设备、弹药的购置、调配。

（3）组织本行政区域内烤烟防雹作业设备、弹药的安全技术检测、管理、保养、维修和作业人员的技术培训。

（4）负责本行政区域内烤烟防雹作业点勘测、选址和申报工作。

（5）负责本行政区域内从事烤烟防雹作业资格的初审和烤烟防雹设备使用许可证以

及作业人员上岗证的审核申报。

（6）负责本行政区域内烤烟防雹作业空城的申请和作业天气预警。

（7）协助有关部门处理烤烟防雹工作中发生的重大安全事故。

（8）负责本行政区域内烤烟防雹工作信息的收集和上报，并根据需要向社会发布烤烟防雹作业公告。

4.19.4.4 烟草部门

（1）配合政府和气象部门做好烤烟防雹作业点的规划布局。

（2）协助气象部门对烤烟防雹作业点建设的指导、监督、检查。

（3）按照政策配套烤烟防雹作业点建设资金补助。

（4）协助气象部门加强对烤烟防雹作业和管理的监督。

4.19.5 管理内容及办法

4.19.5.1 规划布局

烤烟防雹作业点规划应遵循作业点建设与烤烟种植规划相结合的原则，重点防御的原则，注重联防效果的原则。

4.19.5.2 设施

按照两库（弹药库、炮库）、两室（工作室、休息室）、一平台（作业平台）的标准建设。

4.19.5.2.1 炮台（作业平台）

规格为长×宽（8.0×5.0）m^2。

4.19.5.2.2 炮库

规格为长×宽（6.9×4.2）m^2。

4.19.5.2.3 弹药库

规格为长×宽（2.4×2.1）m^2。

4.19.5.2.4 工作室

规格为长×宽（3.0×2.4）m^2。

4.19.5.2.5 休息室

规格为长×宽（4.2×3.0）m^2。

4.19.5.3 设备

4.19.5.3.1 高炮

配备三七高炮。

4.19.5.3.2 通信设备

配备甚高频对讲机。

4.19.5.3.3 防雷设施

按照技术要求设置。

4.19.5.4 作业人员

（1）每个烤烟防雹作业点配备作业人员 4 人，作业人员通过作业技术培训合格持证上岗。

（2）作业上岗人员名单由所在地的气象部门抄送上级主管机构和当地公安机关备案。

4.19.5.5 作业方法及安全

（1）严格按照《人工影响天气管理条例》及国家有关武器装备、爆炸物品管理的法律、法规执行。

（2）作业时确保人工增雨防雹火箭的运输、储存、作业、对空等的安全。

4.19.6 支持性文件

无。

4.19.7 附录（资料性附录）

序号	记录名称	记录编号	填制/收集部门	保管部门	保管年限
—	—	—	—	—	—

ICS 65.160
X 87

GB

中华人民共和国国家标准

GB/T 23222—2008

烟草病虫害分级及调查方法

Grade andinvestigation method of tobacco diseases and insect pests

2008-12-31 发布 **2009-06-01 实施**

中华人民共和国国家质量监督检验检疫总局
中国国家标准化管理委员会 发布

前　言

本标准的附录 A 为规范性附录。

本标准由国家烟草专卖局提出。

本标准由全国烟草标准化技术委员会（SAC/TC144）归口。

本标准起草单位：中国烟草总公司青州烟草研究所。

本标准主要起草人：任广伟、孔凡玉、王凤龙、钱玉梅、王刚、张成省、王秀芳、陈德鑫、王静和王新伟。

4.20 烟草病虫害分级及调查方法

4.20.1 范围

本标准规定了由真菌、细菌、病毒、线虫等病原生物及非生物因子引起的烟草病害的调查方法、病害严重度分级以及烟草主要害虫的调查方法。

本标准适用于评估烟草病虫害发生程度、为害程度以及病虫害造成的损失，也适用于病虫害消长及发生规律的研究。

4.20.2 术语和定义

下列术语和定义适用于本标准。

4.20.2.1 烟草病害

由于遭受病原生物的侵害或其他非生物因子的影响，烟草的生长和代谢作用受到干扰或破坏，导致产量和产值降低，品质变劣，甚至出现局部或整株死亡的现象。

4.20.2.2 烟草害虫

能够直接取食烟草或传播烟草病害并对烟草生产造成经济损失的昆虫或软体动物。

4.20.2.3 病情指数

烟草群体水平上的病害发生程度，是以发病率和病害严重度相结合的统计结果，用数值表示发病的程度。

4.20.2.4 病害严重度

植株或根、茎、叶等部位的受害程度。

4.20.2.5 蚜量指数

烟草群体水平上的蚜虫发生程度，是以蚜虫数量级别与调查样本数相结合的统计结果，用数值表示蚜虫的发生程度。

4.20.3 烟草病害分级及调查方法

4.20.3.1 烟草根茎病害

4.20.3.1.1 黑胫病

（1）病害严重度分级：以株为单位分级调查。

0级：全株无病。

1级：茎部病斑不超过茎围的1/3，或1/3以下叶片凋萎。

3级：茎部病斑环绕茎围1/3~1/2，或1/3~1/2叶片轻度凋萎，或下部少数叶片出现病斑。

5级：茎部病斑超过茎围的1/2，但未全部环绕茎围，或1/2~2/3叶片凋萎。

7级：茎部病斑全部环绕茎围，或2/3以上叶片凋萎。

9级：病株基本枯死。

（2）调查方法：以株为单位分级，在晴天中午以后调查。

①普查。

在发病盛期进行调查，选取 10 块以上有代表性的烟田，采用 5 点取样方法，每点不少于 50 株，计算病株率和病情指数。病情统计方法见附录 A。

②系统调查。

采用感病品种。自团棵期开始，至采收末期结束，田间固定 5 点取样，每点不少于 30 株，每 5d 调查 1 次，计算发病率和病情指数。病情统计方法见附录 A。

4.20.3.1.2 青枯病、低头黑病

（1）病害严重度分级：以株为单位分级调查。

0 级：全株无病。

1 级：茎部偶有褪绿斑，或病侧 1/2 以下叶片凋萎。

3 级：茎部有黑色条斑，但不超过茎高 1/2，或病侧 1/2~2/3 叶片凋萎。

5 级：茎部黑色条斑超过茎高 1/2，但未到达茎顶部，或病侧 2/3 以上叶片凋萎。

7 级：茎部黑色条斑到达茎顶部，或病株叶片全部凋萎。

9 级：病株基本枯死。

（2）调查方法：同 3.1.1.2。

4.20.3.1.3 根黑腐病

（1）病害严重度分级：以株为单位分级调查。

0 级：无病，植株生长正常。

1 级：植株生长基本正常或稍有矮化，少数根坏死呈黑色，中下部叶片褪绿（或变色）。

3 级：病株株高比健株矮 1/4~1/3，或半数根坏死呈黑色，1/2~2/3 叶片萎蔫，中下部叶片稍有干尖、干边。

5 级：病株比健株矮 1/3~1/2，大部分根坏死呈黑色，2/3 以上叶片萎蔫，明显干尖、干边。

7 级：病株比健株矮 1/2 以上，全株叶片凋萎，根全部坏死呈黑色，近地表的次生根受害明显。

9 级：病株基本枯死。

（2）调查方法：同 3.1.1.2。

4.20.3.1.4 根结线虫病

（1）病害严重度分级。

根结线虫病的调查分为地上部分和地下部分，在地上部分发病症状不明显时，以收获期地下部分拔根检查的结果为准。

（2）田间生长期观察烟株的地上部分，在拔根检查确诊为根结线虫为害后再进行调查。以株为单位分级调查。

0 级：植株生长正常。

1 级：植株生长基本正常，叶缘、叶尖部分变黄，但不干尖。

3 级：病株比健株矮 1/4~1/3，或叶片轻度干尖、干边。

5 级：病株比健株矮 1/3~1/2，或大部分叶片干尖、干边或有枯黄斑。

7 级：病株比健株矮 1/2 以上，全部叶片干尖、干边或有枯黄斑。

9 级：植株严重矮化，全株叶片基本干枯。

（3）收获期检查，地上部分同 3. 1. 4. 2，拔根检查分级标准如下：

0 级：根部正常。

1 级：1/4 以下根上有少量根结。

3 级：1/4～1/3 根上有少量根结。

5 级：1/3～1/2 根上有根结。

7 级：1/2 以上根上有根结，少量次生根上产生根结。

9 级：所有根上（包括次生根）长满根结。

（4）调查方法。同 3. 1. 1. 2。

4. 20. 3. 2　烟草叶斑病

4. 20. 3. 2. 1　以株为单位的病害严重度分级适用于所有叶斑病害较大面积调查。以株为单位分级调查。

0 级：全株无病。

1 级：全株病斑很少，即小病斑（直径≤2mm）不超过 15 个，大病斑（直径>2mm）不超过 2 个。

3 级：全株叶片有少量病斑，即小病斑 50 个以内，大病斑 2～10 个。

5 级：1/3 以下叶片上有中量病斑，即小病斑 50～100 个，大病斑 10～20 个。

7 级：1/3 至 2/3 叶片上有病斑，病斑中量到多量，即小病斑 100 个以上，大病斑 20 个以上，下部个别叶片干枯。

9 级：2/3 以上叶片有病斑，病斑多，部分叶片干枯。

4. 20. 3. 2. 2　白粉病

（1）病害严重度分级：以叶片为单位分级调查。

0 级：无病斑。

1 级：病斑面积占叶片面积的 5%以下。

3 级：病斑面积占叶片面积的 6%～10%。

5 级：病斑面积占叶片面积的 11%～20%。

7 级：病斑面积占叶片面积的 21%～40%。

9 级：病斑面积占叶片面积的 41%以上。

（2）调查方法。

①普查在发病盛期进行调查，选取 10 块以上有代表性的烟田，每地块采用 5 点取样方法，每点 20 株，以叶片为单位分级调查，计算病叶率和病情指数。病情统计方法见附录 A。

②系统调查。采用感病品种。自发病初期开始，至采收末期止结束，田间固定 5 点取样，每点 5 株，每 5d 调查 1 次，以叶片为单位分级调查，计算病叶率和病情指数。病情统计方法见附录 A。

4. 20. 3. 2. 3　赤星病、野火病、角斑病

（1）病害严重度分级。适用于在调制过程中病斑明显扩大的叶斑病害，以叶片为单

位分级调查。

0级：全叶无病。

在烟草叶斑病害的分级调查中，病斑面积占叶片面积的比例以百分数表示，百分数前保留整数。

1级：病斑面积占叶片面积的1%以下。

3级：病斑面积占叶片面积的2%~5%。

5级：病斑面积占叶片面积的6%~10%。

7级：病斑面积占叶片面积的11%~20%。

9级：病斑面积占叶片面积的21%以上。

（2）调查方法：同3.2.2.2。

4.20.3.2.4　蛙眼病、炭疽病、气候性斑点病、烟草蚀纹病毒病、烟草坏死性病毒病、烟草环斑病毒病等（包括烘烤后病斑面积无明显扩大的其他叶部病害）

（1）病害严重度分级：以叶片为单位分级调查。

0级：全叶无病。

1级：病斑面积占叶片面积的5%以下。

3级：病斑面积占叶片面积的6%~10%。

5级：病斑面积占叶片面积的11%~20%。

7级：病斑面积占叶片面积的21%~40%。

9级：病斑面积占叶片面积的41%以上。

（2）调查方法：同3.2.2.2。

4.20.3.3　烟草普通花叶病毒病（TMV）、黄瓜花叶病毒病（CMV）、马铃薯Y病毒病（PVY）

4.20.3.3.1　病害严重度分级

以株为单位分级调查。

0级：全株无病。

1级：心叶脉明或轻微花叶，病株无明显矮化。

3级：1/3叶片花叶但不变形，或病株矮化为正常株高的3/4以上。

5级：1/3~1/2叶片花叶，或少数叶片变形，或主脉变黑，或病株矮化为正常株高的2/3~3/4。

7级：1/2~2/3叶片花叶，或变形或主侧脉坏死，或病株矮化为正常株高的1/2~2/3。

9级：全株叶片花叶，严重变形或坏死，或病株矮化为正常株高的1/2以上。

4.20.3.3.2　调查方法

同3.1.1.2。

4.20.4　烟草主要害虫调查方法

4.20.4.1　地老虎

（1）普查在地老虎发生盛期进行调查，选取10块以上有代表性的烟田，采用平行线取样方法，调查10行，每行连续调查10株。根据地老虎的为害症状记载被害株数，并计算被害株率。计算方法见附录A。

（2）系统调查。

采用感虫品种。移栽后开始进行调查，直至地老虎为害期基本结束。选取有代表性的烟田，采用平行线取样方法，调查10行，每行连续调查10株。每3d调查1次，根据地老虎的为害症状记载被害株数，并计算被害株率。计算方法见附录A。不同烟区可根据当地地老虎的发生情况，在调查期内分次随机采集地老虎幼虫，全期共采集30头以上，带回室内鉴定地老虎种类。

4.20.4.2 烟蚜

4.20.4.2.1 蚜量分级

0级：0头/叶。

1级：1~5头/叶。

3级：6~20头/叶。

5级：21~100头叶。

7级：101~500头叶。

9级：>500头/叶。

4.20.4.2.2 普查

在烟蚜发生盛期进行调查，选取10块以上有代表性的烟田，采用对角线5点取样方法，每点不少于10株，调查整株烟蚜数量，计算有蚜株率及平均单株蚜量。若在烟草团棵期或旺长期进行普查，也可采用蚜量指数来表明烟蚜的为害程度，选取10块以上有代表性的烟田，采用对角线5点取样方法，每点不少于20株，参照4.2.1的蚜量分级标准，调查烟株顶部已展开的5片叶，记载每片叶的蚜量级别，计算蚜量指数。蚜量指数的计算方法见附录A。

4.20.4.2.3 系统调查

采用感虫品种。移栽后开始进行调查，烟株打顶后结束调查。调查期间不施用杀虫剂。选取有代表性的烟田，采用对角线5点取样方法，定点定株，每点顺行连续调查10株。每3~5d调查1次，记载每株烟上的有翅蚜数量、无翅蚜数量、有蚜株数以及天敌的种类、虫态和数量。计算有蚜株率及平均单株蚜量，计算方法见附录A。

4.20.4.3 烟青虫、棉铃虫

4.20.4.3.1 普查

在烟青虫或棉铃虫幼虫发生盛期进行调查，选取10块以上有代表性的烟田，采用平行线10点取样方法，共调查10行，每行连续调查10株，调查每株烟上的幼虫数量，计算有虫株率及百株虫量。计算方法见附录A。

4.20.4.3.2 系统调查

采用感虫品种。在烟青虫和棉铃虫初发期开始进行调查，直至为害期结束。调查期间不施用杀虫剂。选取有代表性的烟田，采用平行线10点取样方法，定点定株，共调查10行，每行连续调查10株。

（1）查卵。每3d调查1次，记载每株烟上着卵量，调查后将卵抹去，计算有卵株率。计算方法见附录 A。

（2）查幼虫。每 5d 调查 1 次，记载每株烟上的幼虫数量，并计算百株虫量和有虫株率。计算方法见附录 A。

4.20.4.4 斜纹夜蛾

4.20.4.4.1 普查

在斜纹夜蛾幼虫发生盛期，选取 10 块以上有代表性的烟田进行调查。若幼虫多数在 3 龄以内，则采取分行式取样的方法，调查 5 行，每行调查 10 株；若各龄幼虫混合发生，则采取平行线取样的方法，调查 10 行，每行调查 15 株。计算有虫株率及百株虫量。计算方法见附录 A。

4.20.4.4.2 系统调查

采用感虫品种。在斜纹夜蛾初发期开始进行调查，直至为害期结束。调查期间不施用杀虫剂。选取有代表性的烟田，采用平行线 10 点取样方法，定点定株，共调查 10 行，每行连续调查 10 株。每 5d 调查 1 次，分别记载每株烟上卵块、低龄幼虫 1~3 龄及高龄幼虫（3 龄以上）的数量，并计算百株虫量和有虫株率。计算方法见附录 A。

4.20.4.5 斑须蝽、稻绿蝽

4.20.4.5.1 普查

在发生盛期进行调查，选取 10 块以上有代表性的烟田，采用平行线 10 点取样方法，共调查 10 行，每行连续调查 10 株。调查每株烟上的成虫、若虫以及卵块的数量，计算有虫株率及百株虫量。计算方法见附录 A。

4.20.4.5.2 系统调查

采用感虫品种。在初发期开始进行调查，直至为害期结束。调查期间不施用杀虫剂。选取有代表性的烟田，采用平行线 10 点取样方法，定点定株，共调查 10 行，每行连续调查 10 株。每 5d 调查 1 次，记载每株烟上各虫态的数量，并计算百株虫量和有虫株率。计算方法见附录 A。

ICS 65.160
X 87

GB

中华人民共和国国家标准

GB/T 23223—2008

病虫害药效试验方法

Test method of pesticide on tobacco

2008-12-31 发布　　2009-06-01 实施

中华人民共和国国家质量监督检验检疫总局
中国国家标准化管理委员会　发布

前　言

本标准由国家烟草专卖局提出。

本标准由全国烟草标准化技术委员会（SAC/TC144）归口。

本标准起草单位：中国烟草总公司青州烟草研究所。

本标准主要起草人：孔凡玉、王凤龙、任广伟、王刚、钱玉梅、张成省、陈德鑫、王秀芳、王静和王新伟。

4.21 烟草病虫害药效试验方法

4.21.1 范围

本标准规定了药剂防治烟草主要病虫害的药效试验方法。

本标准适用于各类型烟草上的病虫害药剂防治试验。

4.21.2 规范性引用文件

下列文件中的条款通过本标准的引用而成为本标准的条款。凡是注日期的引用文件，其随后所有的修改单（不包括勘误的内容）或修订版均不适用于本标准，然而，鼓励根据本标准达成协议的各方研究是否可使用这些文件的最新版本。凡是不注日期的引用文件，其最新版本适用于本标准。

4.21.3 试验条件

4.21.3.1 试验对象和烟草品种的选择

4.21.3.1.1 试验对象

注明病害或害虫的名称，包括中文、英文名称，以及病原、害虫的拉丁文名称。

4.21.3.1.2 烟草品种

选择感病或感虫品种，并注明品种名称。

4.21.3.2 环境条件

田间试验应安排在历年来发病的地块或虫源较多的地块。对于病虫害发生较轻不能满足试验要求的地块，采用必要的措施进行人工辅助接种病原物或害虫。所有试验小区的条件（如土壤、灌溉、肥料、移栽期、生育期和行株距等田间管理措施以及坡向、光照等因素）应一致，且符合当地科学的农业实践。

4.21.4 试验设计和安排

4.21.4.1 药剂

4.21.4.1.1 试验药剂

注明药剂的商品名、通用名、中文名、剂型、有效成分含量和生产厂家。

4.21.4.1.2 对照药剂

对照药剂应采用已登记注册的、并在实践中证明有较好药效的产品。对照药剂的类型和作用方式应接近于试验药剂并使用常规剂量，但特殊试验可视目的而定。

4.21.4.2 小区安排

4.21.4.2.1 小区排列

试验药剂、对照药剂和空白对照的小区处理采用随机区组排列，特殊情况应加以说明。

4.21.4.2.2 小区面积和重复

小区面积：15~50m^2，防治地下害虫的药效试验小区面积最少60m^2。每小区至少种植3行烟。

重复次数：最少4次重复。

4.21.4.3 施药方法

4.21.4.3.1 使用方法

按照试验要求及标签说明进行。施药应与当地科学的烟草病虫害防治实践相适应。

4.21.4.3.2 使用器械的类型

选用精确度高的施药器械，施药应保证药量准确，分布均匀。用药量偏差超过±10%的要记录。记录所用器械的类型和操作条件（工作压力，喷孔口径等）的全部资料。

4.21.4.3.3 施药时间和次数

按照试验方案要求及标签说明进行，并根据病虫害发生情况决定。防治病害的药效试验在病害发生初期第一次施药，进一步施药视病害发展情况及药剂持效期决定。防治烟蚜的药效试验在田间烟蚜达到足够密度时施药，施药前每个小区的虫口基数不少于500头。防治烟青虫、斜纹夜蛾及棉铃虫的药效试验一般应在幼虫3龄前施药，施药前每个小区的虫口基数不少于15头。防治地下害虫的药效试验根据药剂情况于移栽前或移栽后施药。记录施药次数、每次施药日期和烟草所处生育期。

4.21.4.3.4 使用剂量和容量

按照试验方案要求及标签说明使用，药剂中有效成分含量通常表示为克/公顷/（g/hm^2），制剂用量通常表示为升/公顷（L/hm^2）或kg/公顷（kg/hm^2）。用于喷雾时，同时要记录用药倍数和每公顷药液用量（L/hm^2）。

4.21.4.3.5 防治其他病虫害药剂的资料要求

试验小区中使用其他药剂时，应选择对本试验药剂和试验对象无影响的药剂，并对所有小区进行均匀处理，而且要与试验药剂和对照药剂分开使用，且间隔3d以上，使这些药剂的干扰控制在最小程度，记录这类药剂施用的准确数据。

4.21.5 调查、记录和测量方法

4.21.5.1 气象和土壤资料

4.21.5.1.1 气象资料

试验期间应从试验地或最近的气象站获得降雨（降雨类型和日降雨量，以mm表示）和温度（每日平均温度、最高温度和最低温度，以℃表示）的资料。

记录整个试验期间影响试验结果的恶劣气候因素，如严重干旱、暴雨、冰雹等。

4.21.5.1.2 土壤资料

记录土壤类型、土壤肥力、水分（如干、湿或涝）、土壤覆盖物（如覆盖物类型、杂草）等资料。

4.21.5.2 调查方法

4.21.5.2.1 防治病害的药效试验调查方法

每小区采用5点取样方法，每点固定调查5~10株，记录调查总株数或总叶片数及各

级病株数或病叶数，严重度分级应符合 GB/T 23222 的规定。

4.21.5.2.2 防治害虫的药效试验调查方法

（1）防治烟青虫、棉铃虫或斜纹夜蛾的药效试验调查，每小区固定 20~25 株调查烟株上的幼虫数量。

（2）防治烟蚜的药效试验调查，每小区固定 10~15 株有蚜烟株，每株固定顶部适当数量的叶片调查蚜虫数量。

（3）防治地下害虫的药效试验调查，若移栽前施药，移栽后立即统计各小区的总株数及受害株数；若移栽后施药，施药前先统计各小区总株数及受害株数，以后再调查时统计每个小区内的受害株数。调查受害株的同时，根据被害状，分别记载害虫种类。

4.21.5.3 调查时间和次数

4.21.5.3.1 防治病害的药效试验调查时间和次数

按照试验方案要求进行。在施药前调查病情指数或发病率，下次施药前及末次施药后 7~14d 调查病情指数或发病率。用于土壤处理的药剂试验在发病初期和盛期各调查 1 次。

4.21.5.3.2 防治害虫的药效试验调查时间和次数

按照试验方案要求进行。防治地下害虫的试验分别于施药后第 1d、3d、7d、10d、20d 调查受害株数。防治烟蚜、烟青虫、棉铃虫或斜纹夜蛾等害虫的药效试验于施药前调查虫口基数，施药后第 1d、3d、7d 分别调查各小区的活虫数，进一步的持效期调查可在施药后 10~14d 或更长。

4.21.5.4 防治效果计算方法

4.21.5.4.1 病害防治效果计算

施药前有病情指数基数的试验，其防治效果按式（1）和式（2）计算；无病情指数基数的则按式（1）和式（3）计算。

病情指数=［Σ（各级病株数或叶数×该病级值）］/（调查总株数或叶数×最高级值）×100　（1）

$$防治效果（\%）=\left(1-\frac{空白对照区药前病情指数\times处理区药后病情指数}{空白对照区药后病情指数\times处理区药前病情指数}\right)\times100 \tag{2}$$

$$防治效果（\%）=\frac{空白对照区病情指数-处理区病情指数}{空白对照区病情指数}\times100 \tag{3}$$

4.21.5.4.2 害虫防治效果计算

防治地下害虫的药效试验，其防治效果按式（4）和式（5）计算；防治其他害虫的药效试验，其防治效果按式（6）、式（7）或式（8）计算。

$$被害株率（\%）=水分（\%）=\frac{被害株数}{调查总株数}\times100 \tag{4}$$

$$防治效果（\%）=\frac{空白对照区被害株率-处理区被害株率}{空白对照区被害株率}\times100 \tag{5}$$

$$虫口减退率（\%）=\frac{施药前虫数-施药后虫数}{施药前虫数}\times100 \tag{6}$$

$$防治效果（\%）=\frac{处理区虫口减退率-空白对照区虫口减退率}{100-空白对照区虫口减退率}\times100 \quad (7)$$

$$防治效果（\%）=（1-\frac{空白对照区药前虫数\times处理区药后虫数}{空白对照区药后虫数\times处理区药前虫数}）\times100 \quad (8)$$

4. 21. 5. 5　对烟草的直接影响

观察药剂对烟草有无药害。如有药害，应记录其类型和程度，同时也应记录药剂对烟草的其他影响（如刺激生长和加速成熟等）。

用下列方法记录药害：

（1）如果药害能被测量或计算，要用绝对数值表示，如株高。

（2）其他情况下，可按下列两种方法估计药害程度和频率：

①按照药害分级方法，记录每小区药害情况。药害程度分五级，分别以-、+、++、+++、++++表示。

-：无药害。

+：轻度药害、不影响作物正常生长。

++：明显药害、可复原，烟草生长轻微受阻，不会造成减产。

+++：高度药害，影响烟草正常生长，叶片有枯焦斑。

++++：严重药害，烟草生长受阻，生长延迟，对产量和质量造成严重损失。

②将药剂处理区与空白对照区比较，计算其药害的百分率。同时应准确描述作物的药害症状（矮化、褪色、畸形等）。

4. 21. 5. 6　对其他生物的影响

4. 21. 5. 6. 1　对其他病虫害的影响

对其他病虫害任何一种影响均应记录，包括有益和无益的影响。

4. 21. 5. 6. 2　对其他非靶标生物的影响

记录药剂对试验区内野生生物和有益昆虫的影响。

4. 21. 5. 7　对烟草产量和质量的影响

一般不作要求。对于要求测定烟叶产量和质量的药效试验，烟草经调制后记录不同处理小区的产量、产值，并按要求取样进行化学成分分析或感官评吸。

4.21.6　结果

用邓肯氏新复极差（DMRT）法对试验数据进行统计分析，特殊情况则采用相应的生物统计学方法。写出正式试验报告，并对试验结果加以分析、评价。保存好原始材料以备考察验证。

Q/LNYC

甘肃省陇南市烟草公司企业标准

Q/LNYC. 024—2016

烤烟密集烘烤技术规程

2016-07-08 发布 2016-07-08 实施

甘肃省陇南市烟草专卖局（公司） 发布

前　言

本标准由陇南市烟草公司提出。

本标准由陇南市烟草公司和中国农业科学院烟草研究所负责起草。

本标准起草人：许建业、黄明迪、杨树勋、夏巍、王爱华、孙福山。

4.22 烤烟密集烘烤技术规程

4.22.1 范围

本标准规定了甘肃省陇南市烤烟密集烤房编烟、装烟和烘烤技术。

本标准适用于甘肃省陇南市优质烤烟种植区烤烟的密集烘烤。

4.22.2 规范性引用文件

以下文件对于本文件的应用是必不可少的。凡是注日期的引用文件，仅所注日期的版本适用于本文件。凡是不注日期的引用文件，其最新版本适用于本文件。

GB/T 18771.1 烟草术语第一部分：烟草栽培、调制与分级。

GB/T 23219 烤烟烘烤技术规程。

4.22.3 术语和定义

GB/T 18771.1 和 GB/T 23219 确立的以及以下术语和定义适用于本标准。

4.22.3.1 烘烤

指由田间成熟采收的鲜烟叶以一定的方式放置在特定的加工设备（烤房）内，人为创造适宜的温湿度环境条件，使烟叶颜色由绿变黄的同时不断脱水干燥，实现烟叶烤黄、烤干、烤香的全过程。通常划分为变黄阶段、定色阶段、干筋阶段。

4.22.3.2 密集烤房

为烤烟生产中密集烘烤加工烟叶的专用设备，一般由装烟室、热风室、供热系统设备、通风排湿和热风循环系统设备、温湿度控制系统设备等部分组成。基本特征是装烟密度较大，使用风机进行强制通风，热风循环，实行温湿度自动控制。按气流方向分为气流上升式和气流下降式，采用烟竿、烟夹或散叶装烟等多种形式。

4.22.3.3 烘烤温湿度自控仪

用于监测、显示和调控烟叶烘烤过程工艺条件的专用设备。通过对烧火供热和通风排湿的调控，实现烘烤温湿度自动调控。由温度和湿度传感器、主机、执行器等组成，在主机内设置有烘烤专家曲线和自设曲线，并有在线调节功能。

4.22.3.4 干湿球温度计

为密集烤房烟叶烘烤必备的测试仪表，均为微电子芯片的数字温度计。其由两支完全相同的数字传感器及显示器（LED）组成，单位均为摄氏度。其中一支温度传感器头上包有干净的脱脂纱布，纱布下端浸入盛有清水的特制水管中，传感器距水面正上方 1～1.5cm，这支温度计为湿球温度计；另一支传感器头不包纱布的为干球温度计。

4.22.3.5 干球温度

干球温度计所显示的温度值，单位为摄氏度，用℃表示。代表烤房内空气的温度。

4.22.3.6 湿球温度

湿球温度计上所显示的温度值，单位为摄氏度，用℃表示。

4.22.3.7　干燥程度

烟叶含水量的减少反映在外观上的干燥状态。在普通烤房的烘烤过程中通常以叶片变软，主脉变软，勾尖卷边，小卷筒，大卷筒，干筋表示；而在密集烘烤过程中，由于装烟密度的不同，上述特征很难完全看到，因而通常以叶肉全干或基本全干、烟筋全干或基本全干表示烟叶干燥程度。

4.22.4　编烟、装烟

4.22.4.1　夹烟

4.22.4.1.1　鲜烟分类

在夹烟装炕前，将部位有差异、不同叶片大小、不同成熟度（欠熟烟、尚熟烟、成熟烟、过熟烟、假熟烟）和病虫害的叶片分类。

4.22.4.1.2　分类夹烟

在鲜烟叶分类基础上，分别夹烟，同夹同质。同一烤房的烟叶在一天内完成采收、夹好并装房、点火，开始烘烤。

4.22.4.1.3　夹烟数量

每夹（长140cm，宽30cm）鲜烟质量约20kg。夹烟时叶基对齐（叶柄露出约7~8cm），自然铺放到夹内，厚度均匀，烟夹两端可适当加铺烟叶，然后垂直、稳、准地将梳针插下，固定好。

4.22.4.2　装烟

4.22.4.2.1　装烟密度

装烟时上下层竿距均为一致，相邻两竿之间的中心距离12~14cm。密集烤房装烟必须装满，不留空隙。

4.22.4.2.2　分类装烟

同一烤房要装品种、栽培管理条件、部位、采收时间等一致的烟叶。

（1）气流上升式烤房：成熟度略高的鲜烟叶和轻度病叶装在底层，成熟度表现正常的鲜烟叶装在中层和上层。

（2）气流下降式烤房：成熟度略高的鲜烟叶和轻度病叶装在顶层，成熟度表现正常的鲜烟叶装在中层和底层。

4.22.5　传感器（温湿度计探头）挂置

感温头挂置距隔墙200cm，侧墙100cm，气流下降密集烤房装烟室顶棚距叶柄端下进入烟层10~15cm，气流上升密集烤房装烟室底棚距叶尖进入烟层10~15cm。

4.22.6　烘烤操作

4.22.6.1　烘烤操作原则

气流上升式密集烤房，干湿温度计（温湿度自控仪传感器）挂置在烤房内底棚烟叶环境中；气流下降式密集烤房，干湿温度计挂置在烤房内上棚烟叶环境中。以下烘烤操作以气流下降式密集烤房为例进行说明，若为气流上升式密集烤房，烘烤操作不变，但以底棚烟叶先变化达到目标状态。

用烤烟温湿度自控仪结合以下密集烘烤实施烘烤操作。当烟叶变化过程与烟叶变黄有偏差时，要对温湿度进行在线调节。烤烟温湿度自控仪要按照其说明书安装使用。

4.22.6.2 正常的烘烤操作

完成装烟后要关严装烟室门、冷风进风口和排湿口并及时点火，按密集烤香精准工艺要求控制烤房温湿度。

4.22.6.3 变黄阶段

4.22.6.3.1 烟叶变化目标

烟叶变黄程度达到90%~100%成黄，主脉变软，充分凋萎，烟叶黄片青筋。

4.22.6.3.2 干湿球温度控制

（1）变片期（干球：38~40℃、湿球37~38℃）。装炕后立即烧大火，开启风机内循环，逐渐升温，5h后干球温度升到38℃，湿球温度保持37℃，风速保持20~25Hz，稳温12h左右，中温保湿，全炉烟叶变黄50%~60%成，叶尖变软凋萎。逐步加大火力，将干球温度升到40℃，湿球温度控制在37~38℃，风速保持35~40Hz，逐步排湿，烟叶达到70%~80%成黄，叶片变软。

（2）凋萎期（干球：42℃、湿球35℃）。加大火力，将干球温度逐步升到42℃，湿球温度保持35℃，风速45Hz，稳至底棚达到黄片青筋，主脉发软。主变黄期间根据湿球温度灵活掌握冷风口的开启，在烟叶未达到黄片青筋、主脉发软的情况下不允许超过42℃，主变黄期一般需36~48h。

4.22.6.3.3 注意事项

若烟叶变黄不够，要保温保湿拉长时间，使烟叶完成变黄要求；若烟叶失水不够，开大进风门，进行排湿。

适当加快排湿，以防止烟叶硬变黄和烂烟。

4.22.6.4 定色阶段

4.22.6.4.1 烟叶变化目标

叶片干片，主脉干1/3。

4.22.6.4.2 干湿球温度控制

（1）变筋期（干球：45~47℃、湿球36℃）。转火后慢升温，2~3h内将干球温度从42℃升到45℃，湿球温度控制在36℃，风速保持45Hz，稳温延时，直至顶棚烟叶主筋变黄；慢升温，将干球温度升到47℃，湿球温度控制在36℃，风速继续保持45Hz，稳至底棚主筋变黄，叶片小卷筒。黄筋期一般需24~36h，在此过程中严禁集中大排湿。

（2）干片期（干球：52~54℃、湿球38~39℃）。以每小时1℃的速度将干球温度从46℃升到52℃，湿球温度控制在约38℃，风速保持45Hz，稳温至顶棚烟叶大卷筒；慢升温，将干球温度升到54℃，湿球温度控制在39℃，风速保持40Hz，稳温至底棚烟叶大卷筒，继续延时，保证底棚叶片全干。干片期一般稳温12小时左右。叶片基部未全干时，不允许超过55℃。

4.22.6.4.3 注意事项

烧火应灵活，防止升温过快和降温，以免挂灰烟的产生。

排湿应稳、准，谨防湿球温度超过40℃和忽高忽低。

4.22.6.5 干筋阶段

4.22.6.5.1 烟叶变化目标

烤房内全部烟叶的主脉充分干燥。

4.22.6.5.2 干湿球温度控制

干筋期（干球：65~68℃、湿球：42℃）：以每小时1℃的速度将干球温度从54℃升到65~68℃，湿球温度控制在42℃，风速保持35Hz，直至烟筋全干。

4.22.6.5.3 注意事项

严禁大幅度降温，以防烟叶洇筋。控制干筋最高温度不超过42℃，以防烤红烟。

4.22.7 特殊工艺措施

特殊烟叶可根据以上烘烤操作进行灵活调整。

4.22.7.1 采收的鲜烟叶含水率较少或变黄初始加热后烤房湿度仍达不到要求时，可打开烤房大门或热风室进风门，向地面上泼清水，并适当延长加热通风时间。

4.22.7.2 采收鲜烟叶含水量较多时，可将初始加热温度稍提高，适当延长加热通风时间，进行数次间歇排湿，使叶面附着水大量蒸发后，再转入正常烘烤。

4.22.8 烟叶回潮

4.22.8.1 烟叶回潮要求

含水量要求达到14%~16%，即叶片稍柔软，手压时大部分不破碎，主脉干脆，支脉稍软易断，手摇时有沙沙的响声。

4.22.8.2 烟叶回潮方法

4.22.8.2.1 自然回潮

（1）潮房回潮。烟叶烘烤结束后，打开天窗、地洞、炉门，使湿润空气进入烤炉，经过一定时间烟叶吸湿后即变软，达到回潮水分要求时，进行解竿。

（2）借露回潮。在黎明或傍晚，将出炉的烟叶，鱼鳞状排放在地面上，前一竿烟尖压在后一竿烟把上，进行回潮。出烟时应轻拿轻放。露水过少时，中间必须翻运1次。

（3）地窖回潮。将烤干后烟叶出房挂置于地窖（地下室），利用地窖内相对湿度，进行回潮。

4.22.8.2.2 机械回潮

当炉内温度降到30℃左右时，通过加热使水变成水蒸汽，通过风机吸入炉内，让烟叶吸湿回潮。

4.22.8.2.3 雾化回潮

停火后，当炉内温度自然下降到50℃左右时，通过高压喷雾器将水分雾化，然后通过风机吸入烤房内，一边雾化，一边降温，使烟叶吸湿回潮。注意观察，防止回潮过度。

密集烤房技术规范（试行）

国烟办综〔2009〕418号

4.23 密集烤房技术规范（试行）

4.23.1 适用范围

本规范基于并排连体集群建设方式，规定了密集烤房的基本结构、主要设备和技术参数。所列图示尺寸单位均为 mm。

本规范适用于密集烤房建造及配套设备的加工和安装。

4.23.2 规范性引用文件

下列文件中的条款通过本规范的引用而成为本规范的条款。凡是标注年份的引用文件，其随后所有的修改单（不包括勘误的内容）或修订版均不适用于本规范。凡是不标注年份的引用文件，其最新版本适用于本规范。

GB/T 700—2006 碳素结构钢。

GB 699—88 优质碳素结构钢。

GB/T 221—2000 钢铁产品牌号表示方法。

GB/T 15575—1995 钢产品标记代号。

GB/T 711—1988 优质碳素结构热轧厚钢板和宽钢带。

HG/T 3181 高频电阻焊螺旋翅片管。

JB/T 6512 锅炉用高频电阻焊螺旋翅片管制造技术条件。

JB/T 7901—1999 金属材料实验室均匀腐蚀全浸试验方法。

GB/T 223 钢铁及合金化学分析方法标准系列。

JB/T 7273.3—94 镀铬手轮。

JB/T 4746—2002 钢制压力容器用封头。

GB/T 706—2008 热轧型钢。

YB/T 5106—1993 黏土质耐火砖。

GB 1236—2000 工业通风机用标准化风道性能试验。

GB/T 3235—1999 通风机基本型式尺寸参数及性能曲线。

GB 755—2000 旋转电机定额和性能。

GB 756—90 旋转电机圆柱形轴伸。

GB/T 1993—93 旋转电机冷却方法。

JB/T 9101—1999 通风机转子平衡。

GB 9438—1999 铝合金铸件技术要求。

GB 4826—84 电机功率等级。

GB 12665—90 电机在一般环境条件下使用的湿热试验要求。

GB 1032—85 三相异步电动机试验方法。

GB 9651—88 单相异步电动机试验方法。

GB/T 2658—1995 小型交流风机通用技术条件。

GB/T 7345—2008　控制电机基本技术要求。

GB/T 14711—2006　中小型旋转电机安全要求。

GB/T 18211—2000　微电机安全通用要求。

JB/T 7118—2004　小型变频变压调速电动机及电源技术条件。

JB/T 5612—1985　铸铁的种类、代号及牌号表示方法实例。

JB/T 8680.1　三相异步电动机技术条件第1部分：Y2系列（IP54）三相异步电动机（机座号63—355）。

GB/T 997　电机结构及安装型式代号。

GB 20286 公共场所阻燃制品及组件燃烧性能要求和标识 UL94 塑料阻燃等级试验。

GB 4208—93　外壳防护等级（IP）。

GB/T 4588.3—2002　印制板的设计和使用。

GB 5013.1—1997　额定电压450/750V及以下橡皮绝缘电缆　第1部分：一般要求。

GB 5226.1—2002　机械安全机械电气设备　第1部分：通用技术条件。

GB/T 11918—2001　工业用插头插座和耦合器　第1部分：通用要求。

YB/T 376.3—2004　耐火制品抗热震性试验方法第三部分：水急冷—裂纹判定法。

GB/T 6804—2008　烧结金属衬套径向压溃强度的测定。

GB/T 10295—2008　绝热材料稳态热阻及有关特性的测定热流计法。

GB/T 2999—2004　耐火材料颗粒体积密度试验方法。

HB 7571—1997　金属高温压缩试验方法。

4.23.3　术语

4.23.3.1　密集烤房

密集烘烤加工烟叶的专用设备，由装烟室和加热室构成，主要设备包括供热设备、通风排湿设备、温湿度控制设备。基本特征是装烟密度为普通烤房的2倍以上，强制通风，热风循环，温湿度自动控制。烤房结构类型按气流方向分为气流上升式和气流下降式。

4.23.3.2　装烟室

挂（放）置烟叶的空间，设有装烟架等装置。与加热室相连接的墙体称为隔热墙，开设装烟室门的墙体称为端墙，在隔热墙上部和下部开设通风口与加热室连通。

4.23.3.3　加热室

安装供热设备、产生热空气的空间，在适当的位置安装循环风机。循环风机运行时，通过装烟室隔热墙上开设的通风口，向装烟室输送热空气。与装烟室隔热墙平行的加热室墙体称为前墙；面向前墙时，左手边的墙体称为左侧墙，右手边的墙体称为右侧墙。

4.23.3.4　气流上升式

装烟室内空气由下向上运动与烟叶进行湿热交换。

4.23.3.5　气流下降式

装烟室内空气由上向下运动与烟叶进行湿热交换。

4.23.3.6　供热设备

热空气发生装置，包括炉体和换热器，按烟叶烘烤工艺要求加热空气。

4.23.3.7　通风排湿设备

保持空气在加热室和装烟室循环流动和实现烤房内外空气交换、维持装烟室内烘烤工艺要求湿度的装置。包括循环风机、冷风进风门、百叶窗等排湿执行器。气流上升式和气流下降式循环风机安装位置相同，风叶安装角度不同，电机旋转方向相反。

4.23.3.8　温湿度控制设备

用于监测、显示和调控烟叶烘烤过程工艺条件的专用设备，包括温湿度传感器、控制主机和执行器。通过对供热和通风排湿设备的调控，实现烘烤自动控制。

4.23.3.9　变频器

用于循环风机变频调速控制、单相电源与三相电源转换、循环风机软启动及系统保护的专用设备，实现密集烘烤过程中循环风机的自动变频调速。

4.23.3.10　余热共享

将烘烤过程中排出的湿热空气通过特定通道输入温度或湿度较低的邻近烤房，用于烤后烟叶回潮或烤房增温，实现余热综合利用。主要用于连体烤房。

4.23.3.11　连体烤房

指具有共有墙体的一种密集烤房集群建设方式，包括并排连体和田字型连体两种结构形式。

4.23.3.12　烘烤工场

指配套有分级和收购设施，具有分级和收购功能的密集烤房群。

4.23.4　连体集群建设与基本结构

4.23.4.1　集群建设

新建密集烤房要求多座连体集群建设。烤房群数量山区 10 座以上、坝区与平原区 20 座以上。烘烤工场原则上 50 座以上。

4.23.4.2　连体布局

烤房群要求 2 座以上连体建设，规划编烟操作区等辅助设施，优化布局，节约用地。以 5 座并排连体建设为一组，建设 10 座烤房为例，布局规划如图 4-1 所示。

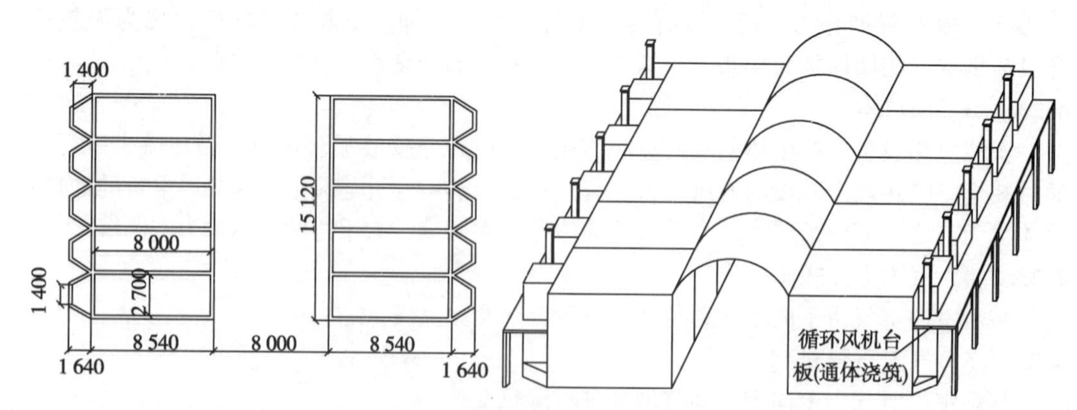

图 4-1　并排连体集群密集烤房布局平面和立体示意

4.23.4.3 基本结构

适应连体集群建设，优化装烟室、加热室结构及通风排湿系统设置，统一土建结构、统一供热设备、统一风机电机、统一温湿度控制设备，整体浇筑循环风机台板，固定风机安装位置。以并排五连体烤房为例，加热室正面结构及单座烤房剖面结构如图 4-2 和图 4-3 所示。

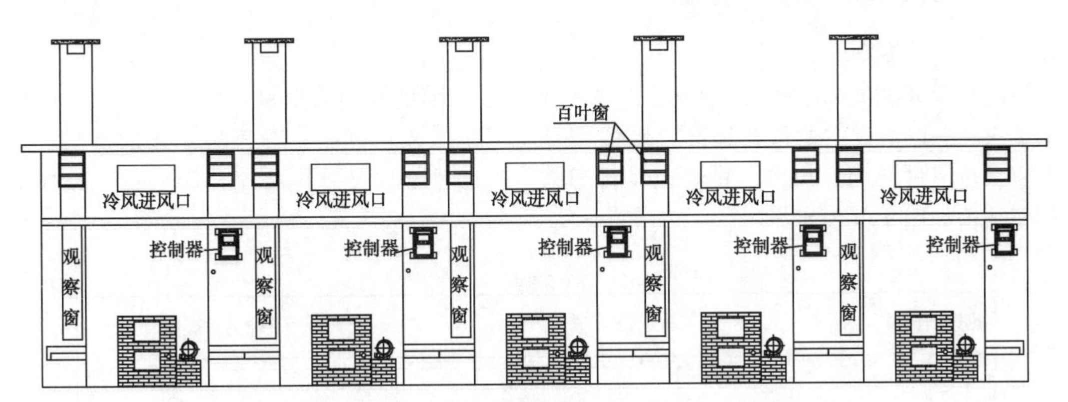

图 4-2 并排五连体密集烤房加热室正面结构示意（气流上升式）

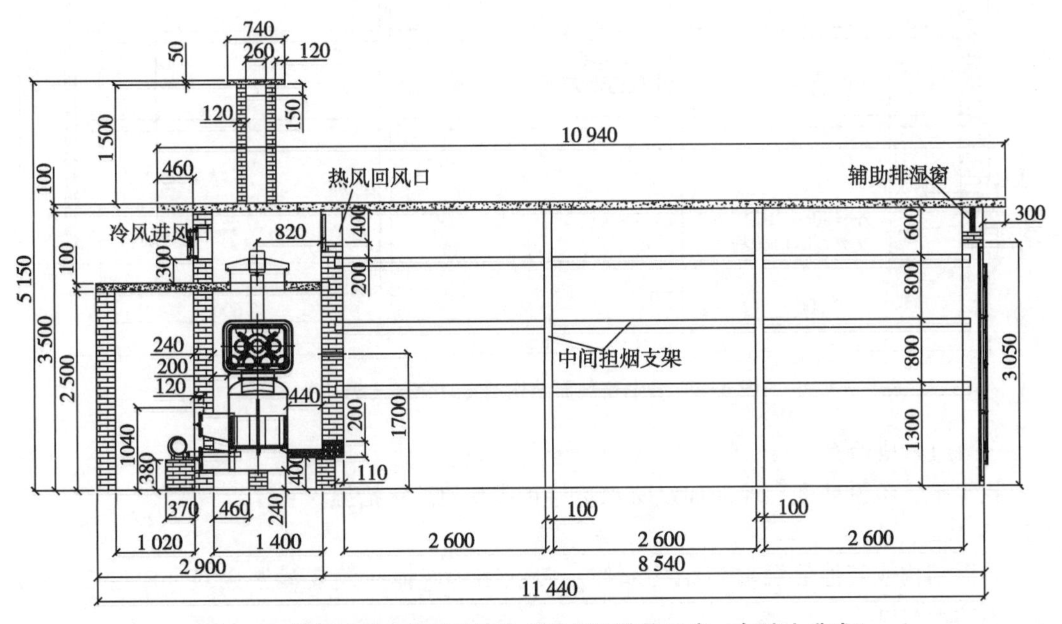

图 4-3 并排连体建设单座密集烤房剖面结构示意（气流上升式）

4.23.4.4 集中供热与集中控制

鼓励在 30 座以上的烤房群配备集中供热和中央集群控制系统。中央集群控制系统网络拓扑采用终端匹配的总线型结构，用一条数据总线实现全部设备通讯，其监视器显示内容与温湿度控制设备液晶显示器显示的信息内容一致，显示方式可在记录式显示、曲线式显示、图表式显示 3 种方式间切换。显示界面可在单个温湿度控制设备运行状态参数显示和多个温湿度控制设备运行状态参数显示间切换。具备远程监控功能，在具备互联网通信条件的地方，可随时察看每个温湿度控制设备的运行状态参数，并可对运行状态参数进行读取、记录和修改。

4.23.5 土建结构与技术参数

4.23.5.1 装烟室

内室长 8 000 mm、宽 2 700 mm、高 3 500 mm，满足鲜烟装烟量 4 500 kg 以上，烘烤干烟 500kg 以上。主要包含地面、墙体、屋顶、挂（装）烟架、导流板、装烟室门、观察窗、热风进（回）风口、排湿口及排湿窗、辅助排湿口及辅助排湿门等结构。装烟室剖面结构如图 4-4 所示。

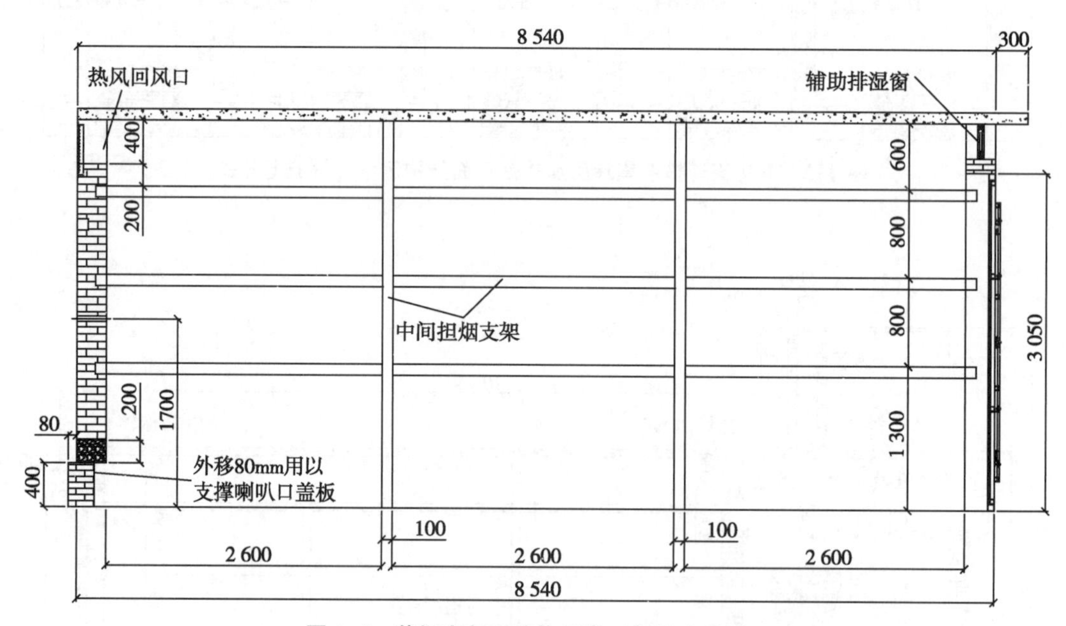

图 4-4 装烟室剖面结构示意（气流上升式）

4.23.5.1.1 地面

找水平，不设坡度，地面加设防水塑料布或其他防水措施。

4.23.5.1.2 墙体

砖混结构或其他保温材料结构墙体。砖混结构墙体砖缝要满浆砌筑，厚度 240mm，墙体须内外粉刷。

4.23.5.1.3 屋顶

与地面平行，不设坡度。预制板覆盖，厚度≥180mm；或钢筋混凝土整体浇筑，厚度≥100mm。加设防水薄膜或采取其他防水措施。

4.23.5.1.4 挂（装）烟架

采用直木（100mm 方木）、矩管（≥50mm×30mm，壁厚 3mm）或角铁材料（50mm×50mm×5mm），能承受装烟重量。采用直木或其他易燃材料时，严禁伸入加热室，防止引起火灾。

挂（装）烟架底棚高 1 300 mm（散叶装烟方式底棚高 500mm），顶棚距离屋顶高度600mm，其他棚距依据棚数平均分配。

采用挂杆、烟夹、编烟机、散叶等编烟装烟方式，鼓励使用烟夹、编烟机、散叶、叠层等编烟、装烟方式。

4.23.5.1.5 导流板

根据实际需要可以在地面（气流上升式）或屋顶（气流下降式）适当位置设置导流板。

4.23.5.1.6 装烟室门

在端墙上装设装烟室门，门的厚度≥50mm，采用彩钢复合保温板门，彩钢板厚度≥0.375mm，聚苯乙烯内衬密度≥13kg/m^3。采用两扇对开大门，保证装烟室全开，适应各种装烟方式（如装烟车方便推进推出），规格如图 4-5 所示。

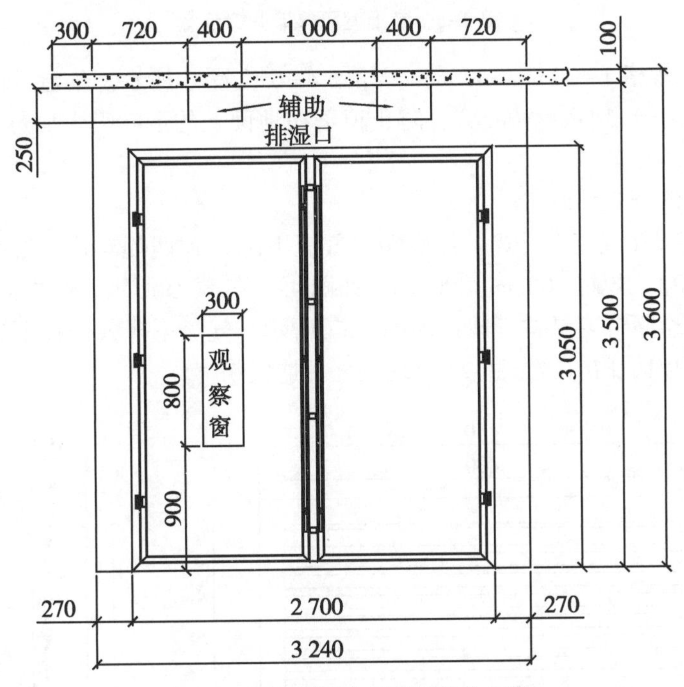

图 4-5 两扇对开大门平面结构示意

4.23.5.1.7 观察窗

在装烟室门和隔热墙上各设置一个竖向观察窗。门上的观察窗设置在左门、距下沿900mm 中间位置，规格 800 mm×300mm，如图 4-5 所示。隔热墙上的观察窗设置在左侧距边墙 320mm、距地面 700mm 位置，规格 1 800 mm×300mm，如图 4-6 位置 A 所示。观察窗采用中空保温玻璃或内层玻璃外层保温板结构。

4.23.5.1.8 热风进（回）风口

热风进风口开设在隔热墙底端（气流上升式）或顶端（气流下降式），规格 2 700 mm×400mm，如图 4-6 位置 B 所示。热风回风口开设在隔热墙顶端（气流上升式）或底端

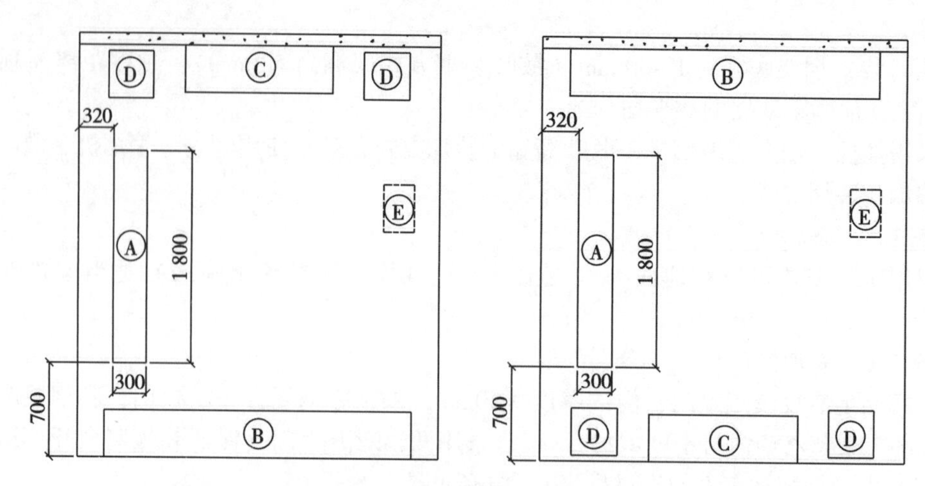

（A 观察窗，B 热风进风口，C 热风回风口，D 排湿口，E 温湿度控制设备）

图 4-6　装烟室隔热墙开口示意

（气流下降式），规格 1 400 mm×400mm，如图 4-6 位置 C 所示。气流下降式回风口应加设铁丝网（网孔小于 30mm×30mm），防止掉落在地面上的烟叶吸入加热室后被引燃，引起火灾。

4. 23. 5. 1. 9　排湿口及排湿窗

在隔热墙顶端（气流上升式）或底端（气流下降式）两侧对称位置紧贴装烟室边墙各开设一个排湿口，规格 400mm×400mm，如图 4-6 位置 D 所示。在排湿口安装排湿窗，排湿窗采用铝合金百叶窗结构，规格如图 4-7 所示。气流下降式的排湿口可以根据需要向上引出屋顶，以防排出的湿热空气对现场人员造成伤害。

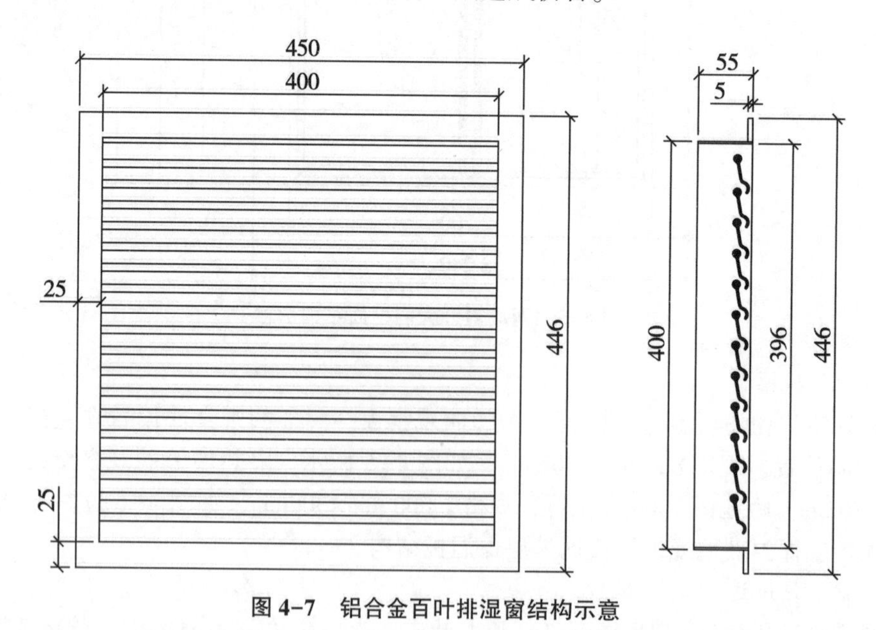

图 4-7　铝合金百叶排湿窗结构示意

4.23.5.1.10 辅助排湿口及辅助排湿门

气流上升式在装烟室端墙上方对称位置开设两个辅助排湿口，规格 400mm×250mm，如图 4-5 所示。在辅助排湿口安装辅助排湿门，以备人为调控。

4.23.5.1.11 余热共享通道

推荐使用余热共享设计。气流下降式在距离隔热墙 2 800~3 000mm 处的装烟室中线上，预留 400mm×300mm 开口为余热共享通风口，在该开口位置横向下挖深 500mm，宽 400mm 砖砌沟槽与隔壁烤房相同位置的开口连通，作为余热共享通道。气流上升式余热共享通道设置在屋顶，规格位置与气流下降式对应。

4.23.5.2 加热室

主要包含墙体、房顶、循环风机台板、循环风机维修口、清灰口、加煤口、灰坑口、助燃风口、烟囱出口、冷风进风口和热风风道等结构。内室长 1 400 mm、宽 1 400 mm、高 3 500 mm，屋顶用预制板覆盖，厚度≥180mm；或钢筋混凝土整体浇筑，厚度≥100mm，加设防水薄膜或采取其他防水措施。墙体为砖混或其他保温材料结构。砖混结构墙体厚度 240mm，砖缝要满浆砌筑。如图 4-8、图 4-9、图 4-10、图 4-11 和图 4-12 所示。

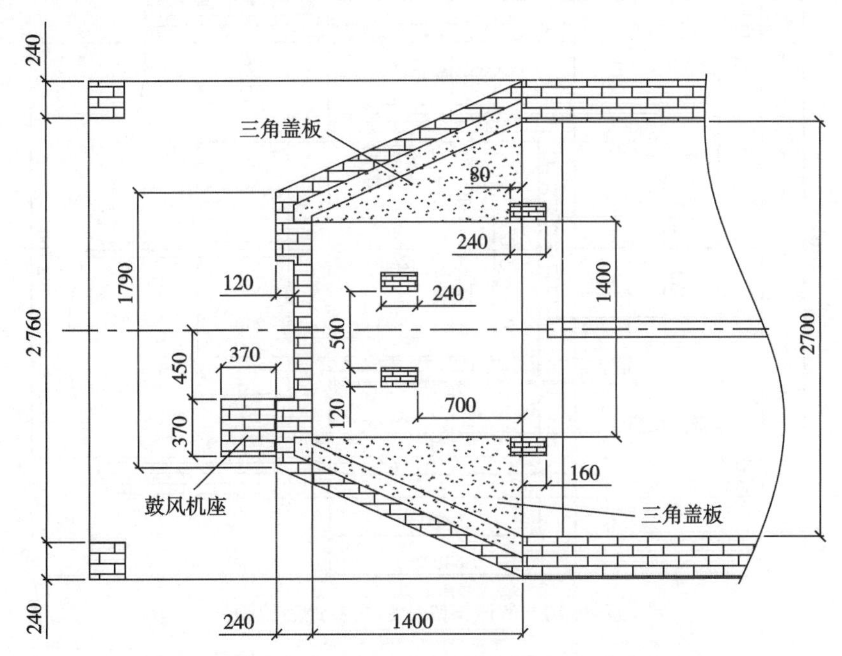

图 4-8 气流上升式加热室地面及喇叭状热风风道俯视

4.23.5.2.1 喇叭状热风风道

为了促进均匀分风，在加热室底部（气流上升式）或顶部（气流下降式）设置热风风道，风道截面为梯形，上底是长度为 1 400 mm 的加热室前墙，下底是与装烟室等宽的 2 700 mm×400mm 的循环风通道，形似喇叭状。

气流上升式地面向上至 400mm 处两边侧墙向外扩展与装烟室边墙连接，上面覆盖厚 100mm 预制板或混凝土浇筑结构盖板，形成梯形柱体结构，与热风进风口构成喇叭形风道；距离地面 500mm 向上至屋顶为 1 400 mm×1 400mm×3 000mm 的立方柱形。

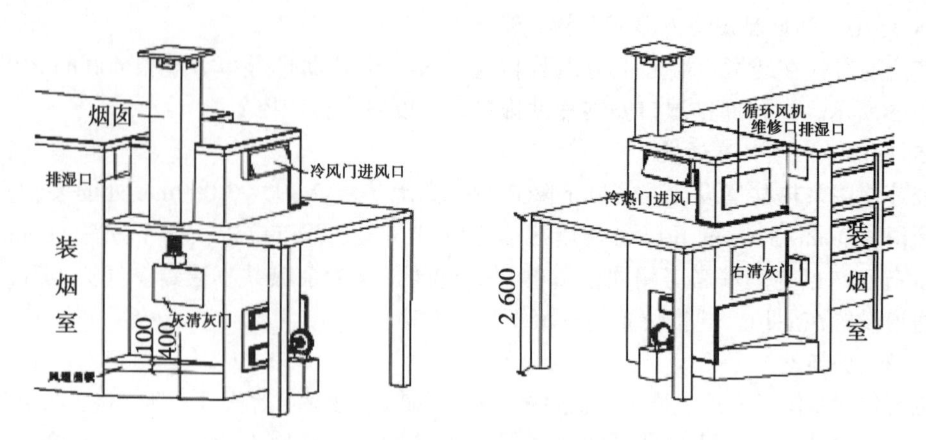

图 4-9　气流上升式加热室立体结构示意

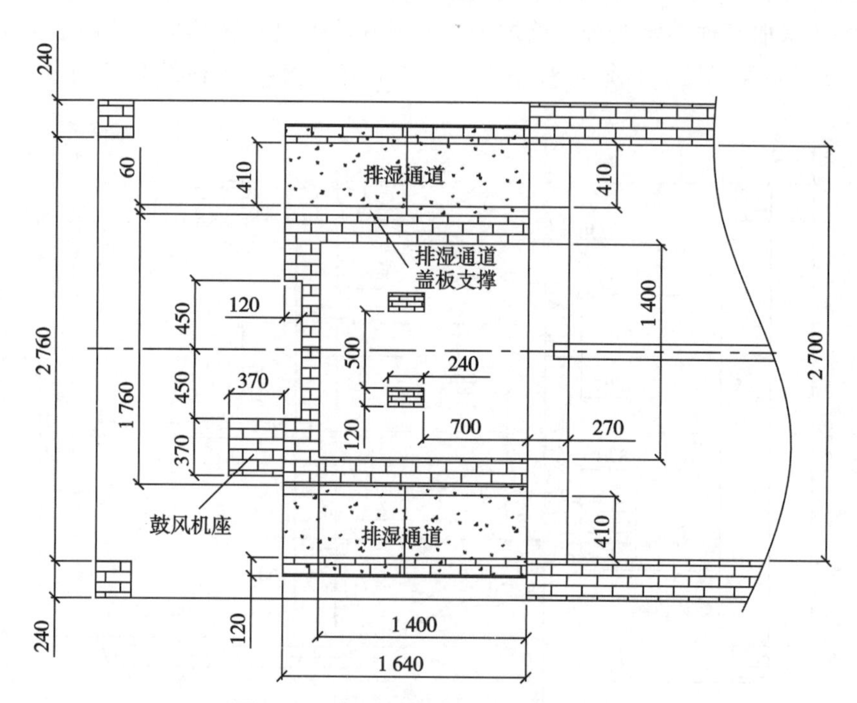

图 4-10　气流下降式加热室地面俯视

气流下降式循环风机台板向上（2 600mm 处）至屋顶部分，两边侧墙从距离加热室前墙内墙 870mm 处向外对折与装烟室边墙连接，形成梯形柱体结构，与热风进风口构成喇叭形风道。循环风机台板以下为 1 400mm×1 400mm×2 500mm 的立方柱形。

4. 23. 5. 2. 2　墙体开口及冷风进风门、循环风机维修门和清灰门

在加热室三面墙体上开设冷风进风口、循环风机维修口、炉门口、灰坑口、助燃风口、清灰口及烟囱出口，并在冷风进风口、循环风机维修口及清灰口安装不同要求的门。如图 4-12 所示。

（1）冷风进风口及冷风进风门：气流上升式在加热室前墙、风机台板上方 300mm

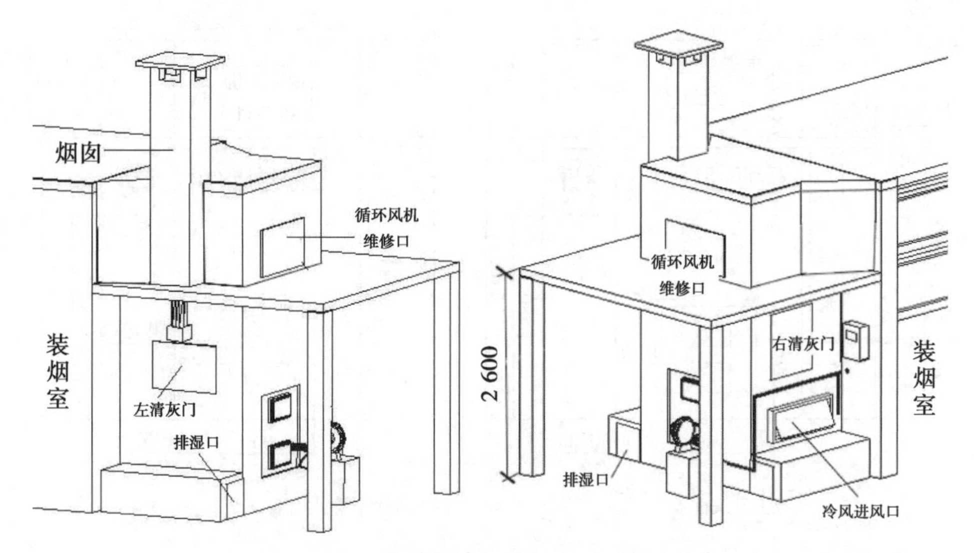

图 4-11 气流下降式加热室立体结构示意

墙体居中位置开设，气流下降式在加热室右侧墙、距离地面 650mm 墙体居中位置开设，冷风进风口规格 885mm×385mm。采用 40mm×60mm 方木制作木框（木框内尺寸 805mm×305mm），内嵌在冷风进风口内，在木框上安装冷风进风门。冷风进风门达到下列技术指标要求：

A. 冷风进风门内尺寸 800mm×300mm；边框使用 25mm×70mm×1. 5mm 方管，不得使用负差板；长方形框架的四边为直线，四个角均为 90°，框架两个内对角线相差≤2mm；转动风叶采用厚度 1. 5mm 冷轧钢标准板并设冲压加强筋。

B. 风门关闭严密。所有的面为平面，风叶能够在 0~90°开启，并在任意角度保持稳定。转动风叶的面与边框的面搭接≥5mm，不能有缝隙，在不通电条件下转动风叶自由转动<3°；轴向与边框缝隙 1~2mm，轴向旷动<1mm，两轴同轴度偏差<1. 5mm。

C. 转动风叶和边框表面采用镀锌或喷塑处理，颜色纯正，不得有气泡、麻点、划痕和皱褶，所有边角都光滑，无毛刺，焊缝平整，无虚焊。镀锌或喷塑厚度不小于 20μm，能满足长期户外使用。

（2）循环风机维修口及维修门：气流上升式在加热室右侧墙、循环风机台板上方墙体居中位置，气流下降式在加热室前墙、循环风机台板上方墙体居中位置开设，循环风机维修口规格 1 020mm×720mm。在循环风机维修口安装维修门，维修门采用钢制门或木制门，门框内尺寸不小于 900mm×600mm，门板加设耐高温≥400℃保温材料。

（3）炉门口、灰坑口和助燃风口：在距离地平面高度为 240mm 和 680mm 的前墙居中位置开设灰坑口和炉门口，规格均为 400mm×280mm。在灰坑口右侧开设 φ60mm 的助燃风口，中心点距灰坑口竖向中线 260mm、距地面 450 mm。在开设灰坑口和炉门口的前墙下部 1 040mm×900mm 空间内，砌 120mm 墙，保证炉门和灰坑门开关顺畅。

（4）清灰口、烟囱出口及清灰门：在加热室左右侧墙上各开设一个清灰口，左清灰

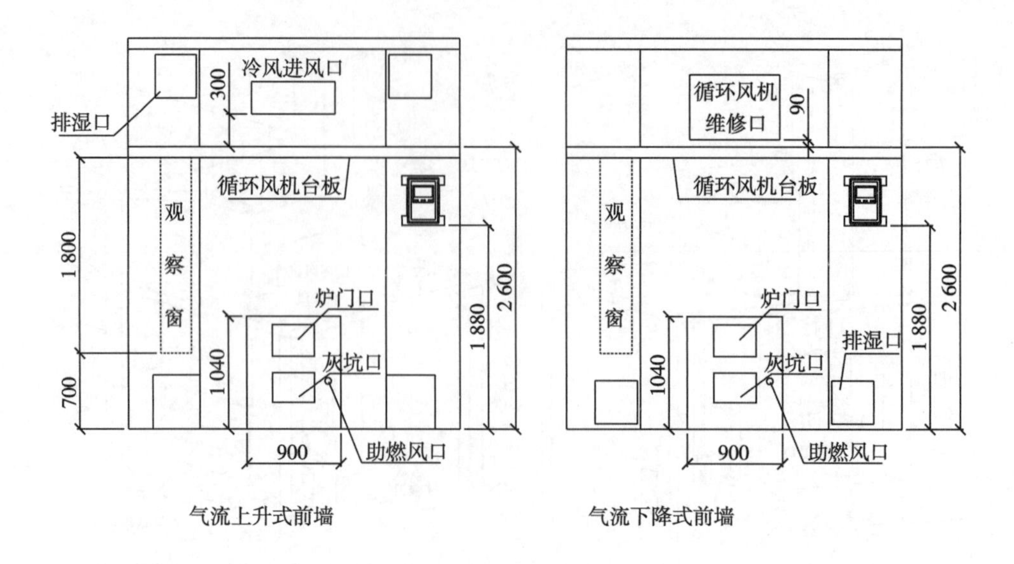

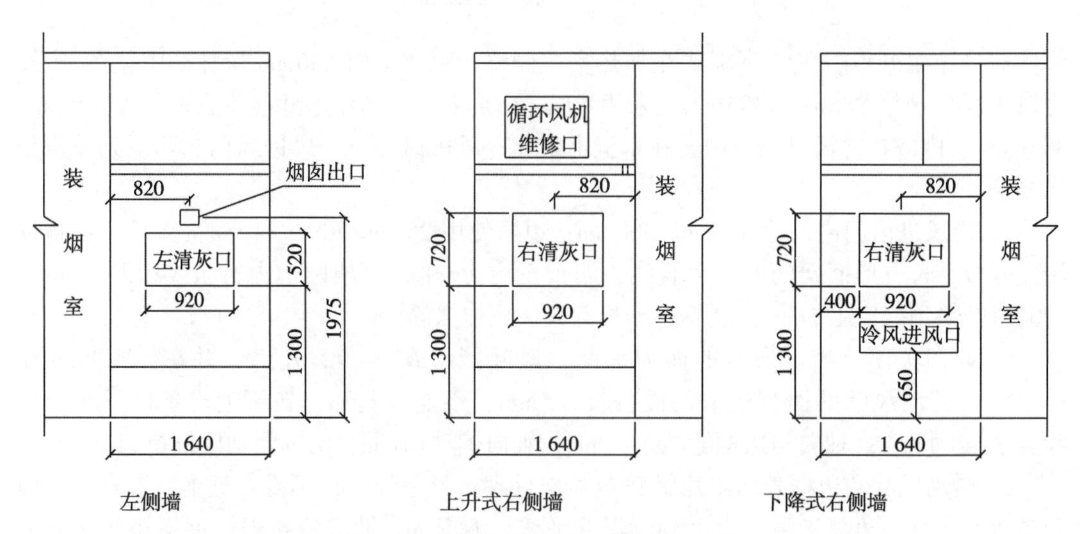

图 4-12　加热室墙体开口设置平面示意

口下沿距离地面 1 300 mm、规格 920mm×520mm，右清灰口下沿距离地面 1 300 mm、规格 920mm×720mm。在清灰口安装清灰门，清灰门采用钢制门或木制门，门板加设耐高温≥400℃保温材料，密闭严密。在左侧墙上开设 200mm×150mm 的烟囱出口，中心距隔热墙 820mm、距地面 1 975 mm。

4. 23. 5. 2. 3　循环风机台板

采用钢筋混凝土现浇板，厚度 100mm，顶面距地面高 2 600 mm。前端延伸出加热室前墙 1 260 mm，前端边角设置 240mm×240mm 支撑柱形成加煤烧火操作间；两边延伸出加热室，与装烟室等宽，形成风机检修平台；连体烤房循环风机台板进行通体浇筑，遮雨防晒。浇筑时，在台板上预留 φ700mm 的循环风机安装口和 φ220mm 的烟囱出口，设置参数如图 4-13 所示。

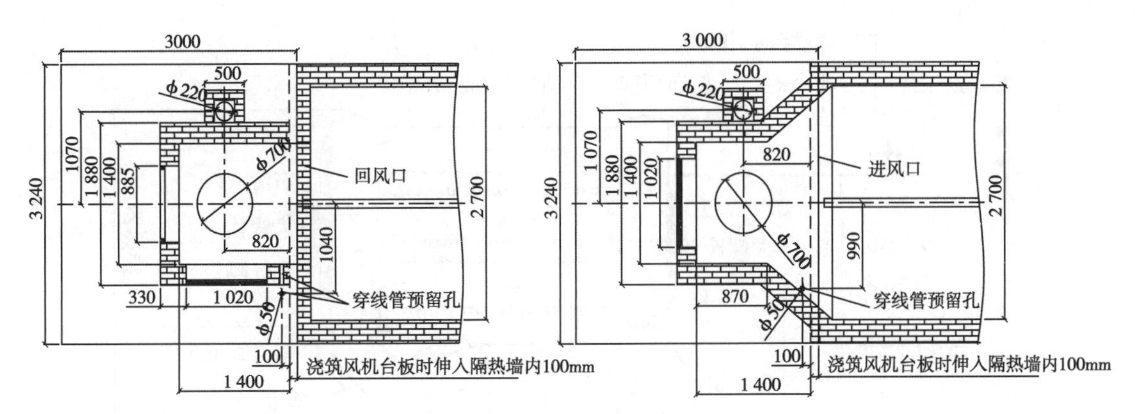

图 4-13　循环风机台板剖面俯视

4. 23. 5. 2. 4　土建烟囱

烟囱由与换热器焊接的金属烟囱和土建烟囱组成。在循环风机台板的烟囱出口位置向上砌筑高 2 500 mm 的砖墙结构的土建烟囱，墙体厚度 120mm，内径 260mm×260mm。其中一面侧墙与加热室左侧墙共墙（共墙部分内外粉刷，密封严密，严防窜烟），烟囱顶部加设烟囱帽，防止雨水从烟囱流进换热器。

4.23.6　金属供热设备与技术参数

用耐腐蚀性强的特定金属制作，由分体设计加工的换热器和炉体两部分组成。两部分对接的烟气管道与支撑架均采用螺栓紧固连接。换热器采用 3-3-4 自上而下三层 10 根换热管横列结构，其中下部 7 根翅片管，上部 3 根光管。炉体由椭圆形（或圆形）炉顶、圆柱形炉壁和圆形炉底焊接而成。炉顶和炉壁采用对接或套接方式满焊，炉壁和炉底采用对接方式满焊。炉顶和烟气管道加散热片。在炉门口两侧的炉壁对称位置各设置一根二次进风管。采用正压或负压燃烧方式。炉底至火箱上沿总高度 1 856 mm，其中炉体高度 1 165 mm（不含炉顶翅片），底层翅片管翅片外缘距炉顶 86mm。基本结构与技术参数如图 4-14 和图 4-15 所示。

金属外表面均采用耐 500℃以上高温、抗氧化、附着力强的环保材料进行防腐处理。所有焊接部位选用与母材一致的焊材进行焊接，保证所有焊缝严密、平整，无气孔无夹渣不漏气，机械性能达到母材性能。当高等级母材与低等级母材焊接时，须选用与高等级母材一致的焊材。设备使用寿命 10 年以上。

4. 23. 6. 1　换热器

换热器包括换热管、火箱和金属烟囱，配置清灰耙。烟气通过换热管两端的火箱从下至上呈“S”形在层间流通，换热器结构与技术参数如图 4-16 所示。

4. 23. 6. 1. 1　换热管

采用厚度 4mm 耐硫酸露点腐蚀钢板（厚度 4mm 指实际厚度不低于 4mm，下同）卷制焊接而成。管径 133mm，管长 745mm，与火箱焊接后管长 730mm，上部 3 根为光管，下部 7 根为翅片管。翅片采用 Q195 标准翅片带，推荐选用耐候钢或耐酸钢翅片带，翅片高度 20mm，厚度 1. 5mm，翅片间距 15mm，带翅片部分管长 645mm（图 4-17），钢材符

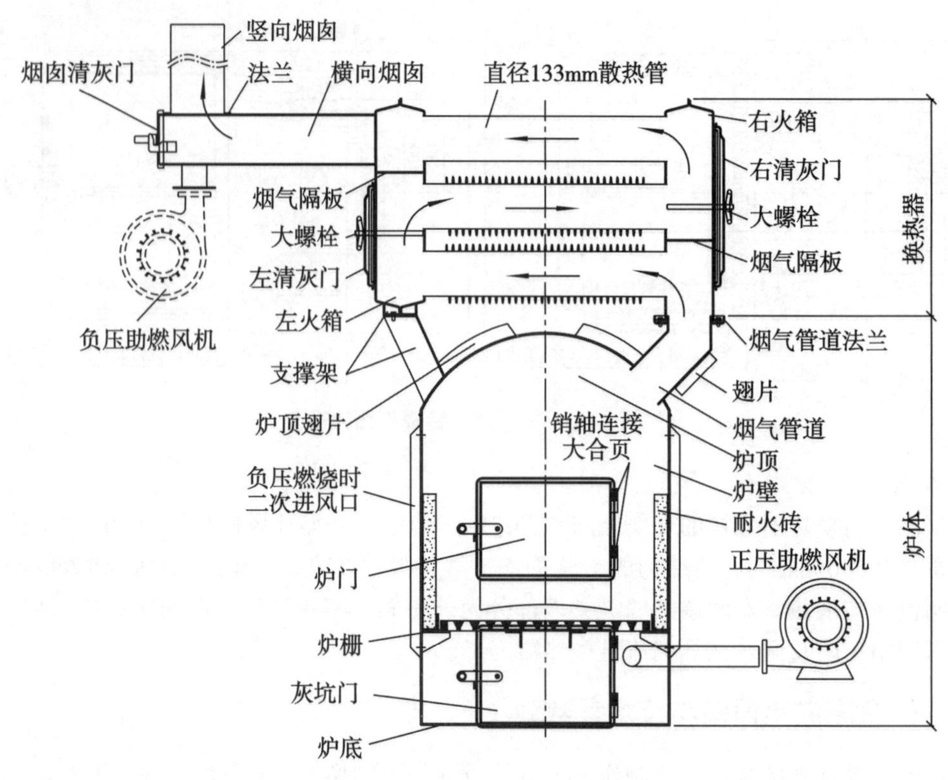

图 4-14 供热设备各部位名称示意

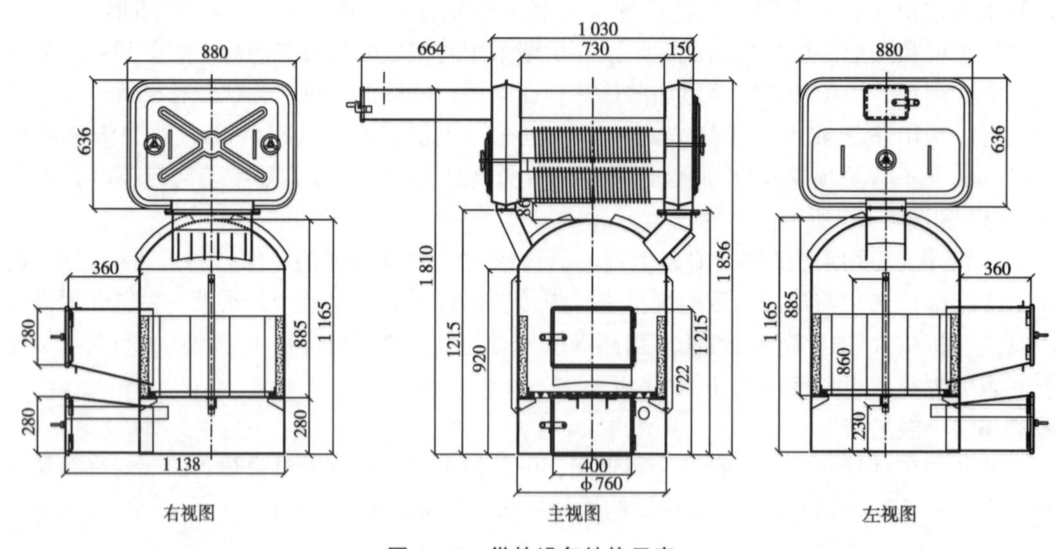

图 4-15 供热设备结构示意

合 GB/T 700、GB 699、GB/T 221、GB/T 15575 和 GB/T 711 规定。翅片带与光管采用高频电阻焊技术焊接，符合 HG/T 3181 和 JB/T 6512 标准。

耐硫酸露点腐蚀钢（以下简称耐酸钢）采用少量多元合金化原理设计，主要技术指

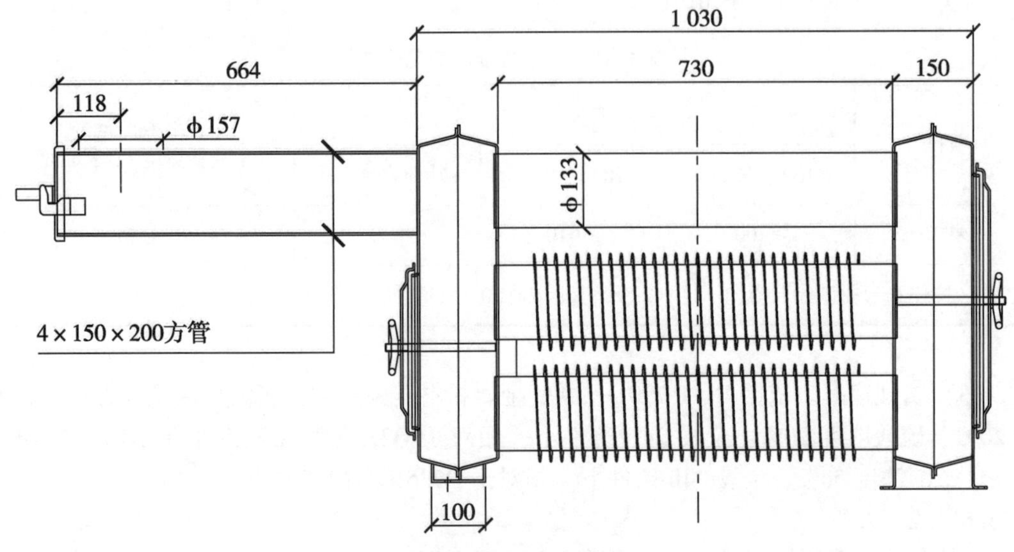

图 4-16 换热器主视

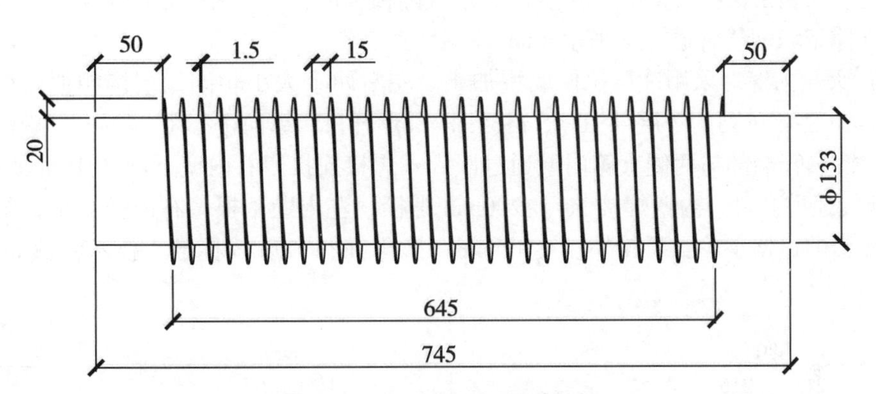

图 4-17 翅片管结构参数示意

标控制符合下列要求：

（1）化学成分（化学成分分析误差符合 GB/T 223 规定，表 4-10）。

表 4-10 化学成分

元素（wt.%）	C	Si	Mn	P	Ni
范围	≤0.10	≤0.40	0.40~1.0	≤0.025	0.10~0.30
元素（wt.%）	Cu	Ti	Sb	S	Cr
范围	0.25~0.50	0.01~0.04	0.04~0.15	≤0.015	0.50~1.0

（2）力学性能和工艺性能（表4-11）。

表4-11　力学性能和工艺性能

项目	拉伸试验			180°弯曲试验（试验宽度 b≥35mm）
	ReL，MPa	Rm，MPa	延伸率 A，%	
要求	≥300	≥410	≥22	合格

注：1. 拉伸和弯曲试验取横向试样；2. 冷弯 d=2a（d 弯心直径，a 钢板厚度）

（3）腐蚀速率。依据 JB/T 7901—1999 金属材料实验室均匀腐蚀全浸试验方法，在温度20℃、硫酸浓度20%、全浸24h条件下，相对于Q235B腐蚀速率小于30%；在温度70℃、硫酸浓度50%、全浸24h条件下，相对于Q235B腐蚀速率小于40%。

4.23.6.1.2　火箱

火箱是换热管层间烟气的流通通道，左火箱上侧与烟囱连通，右火箱下侧与炉顶烟气管道连通。火箱由内壁、外壁、清灰门、烟气隔板构成，在左右火箱的下侧分别焊接一段换热器支撑架和烟气管道，均采用4mm厚耐酸钢制作。

（1）火箱内壁。采用冲压拉伸成型加工。左右两个大小相同，结构相似，均开有从上至下为3-3-4排列的3层共10个φ135mm圆形开口，纵向中心距200mm，横向中心距215mm。换热管端部与两侧火箱内壁通过嵌入式焊接连接。右内壁下部居中开设432mm×42mm烟气通道开口。内壁焊接M14×200mm螺栓，左内壁1根，右内壁2根，配置有与螺栓相配套的镀铬手轮，手轮外径φ100mm，符合JB/T7273.3标准。技术参数如图4-18所示。

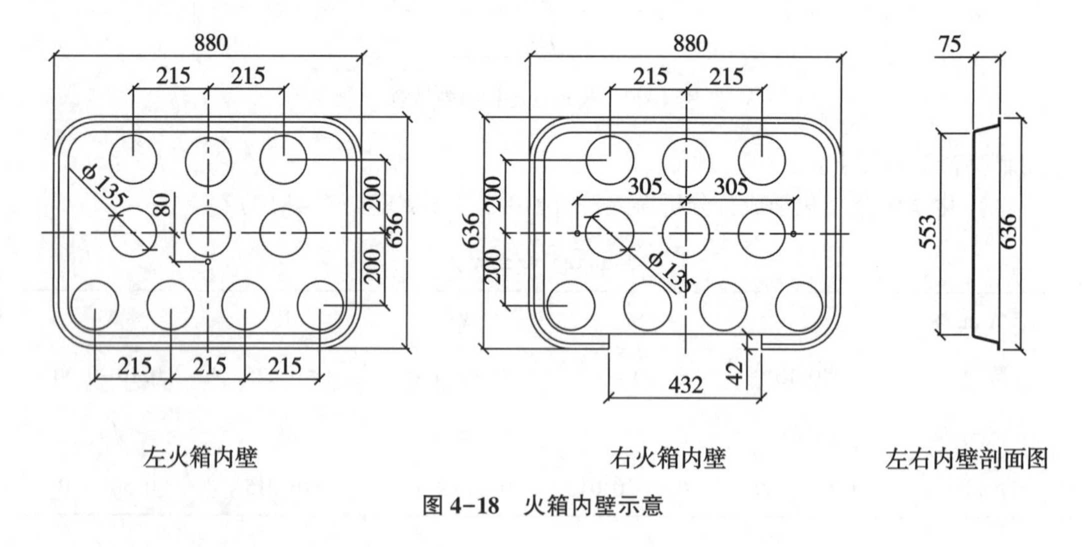

图4-18　火箱内壁示意

（2）火箱外壁。采用冲压拉伸成型加工。左右两个大小相同，在结构上有区别，尺寸略小于火箱内壁，方便焊接。左右外壁焊接在左右火箱内壁上。在左外壁上侧居中位置开设 195mm×145mm 的烟囱出口，下侧居中位置开设的 690mm×270mm 左清灰口；在右外壁居中位置开设 690mm×446mm 的右清灰口，下部居中开设 432mm×42mm 烟气通道开口；左右清灰口四周冲压成环状封闭高 12mm 的外翻边，外翻边与清灰门上的凹陷槽闭合。技术参数如图 4-19 所示。

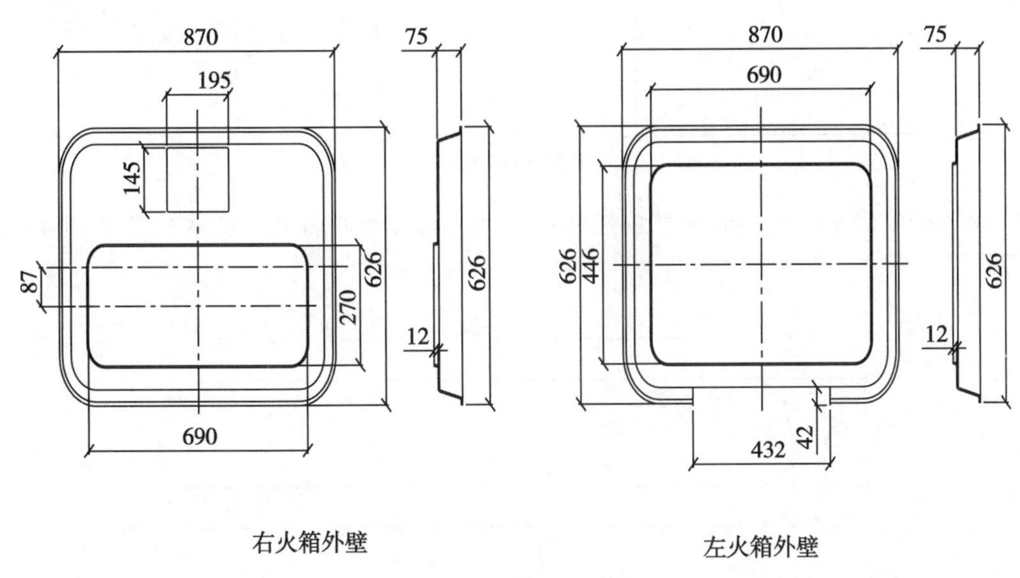

图 4-19 火箱外壁示意

（3）清灰门。在左右外壁开设的清灰口安装清灰门。在左右清灰门内侧四周焊有 4mm×13mm 的扁铁，形成一圈凹陷槽，槽内填充耐高温材料密封烟气。右清灰门设计 X 型冲压对角加强筋防止变形（图 4-20）。左右清灰门外壁各焊接两个用 φ10mm 钢筋制作的清灰门把手（图 4-21）。

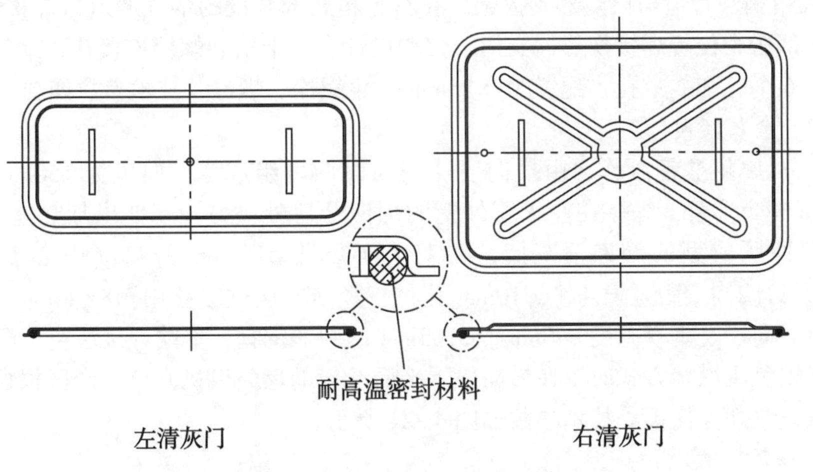

图 4-20 左右清灰门外观示意

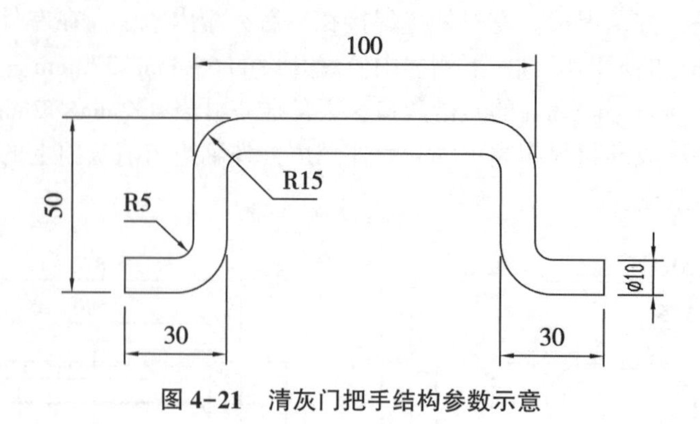

图 4-21　清灰门把手结构参数示意

（4）烟气隔板。在左右内壁的层间中心线上焊接烟气隔板。技术参数如图 4-22 所示。

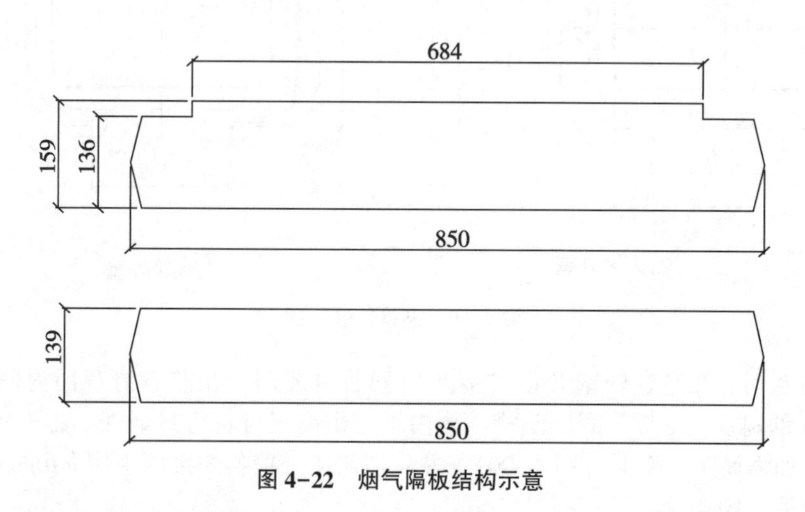

图 4-22　烟气隔板结构示意

（5）火箱烟气管道与换热器支撑架。在右火箱底部开设的烟气通道口焊接烟气管道，在左火箱底部居中位置焊接换热器支撑架。均设计有上卡槽和螺栓连接孔，烟气管道和支撑架分别为 6 个孔和 2 个孔，配置 M8×25mm 六角螺栓、螺母，技术参数如图 4-23 所示。

4.23.6.1.3　金属烟囱

采用 4mm 厚耐酸钢制作，由横向段和竖向段两段组成。横向段为 150mm×200mm、长度 664mm 的矩形管，焊接在左火箱外壁的烟囱开口处；另一端伸出加热室左侧墙外，外端口装有冲压成型的烟囱清灰门，在上平面开设 φ165mm 开口（中心点距外端口 118mm），开口四周等距开设 4 个 φ10mm 孔，与竖向段通过法兰用 M8×25mm 六角螺栓、螺母连接。竖向段是垂直高度 640mm、φ165mm 的圆形钢管，下端焊接法兰，配置耐高温密封垫。采用负压燃烧方式时，在横向段下平面开设助燃鼓风机开口。产区根据实际需要可在竖向段设置烟囱插板。技术参数如图 4-24 所示。

4.23.6.1.4　清灰耙

耙头为 R50mm 的半圆，用火箱内壁开口时产生的圆形钢板料片制作，结构与技术参数如图 4-25 所示。

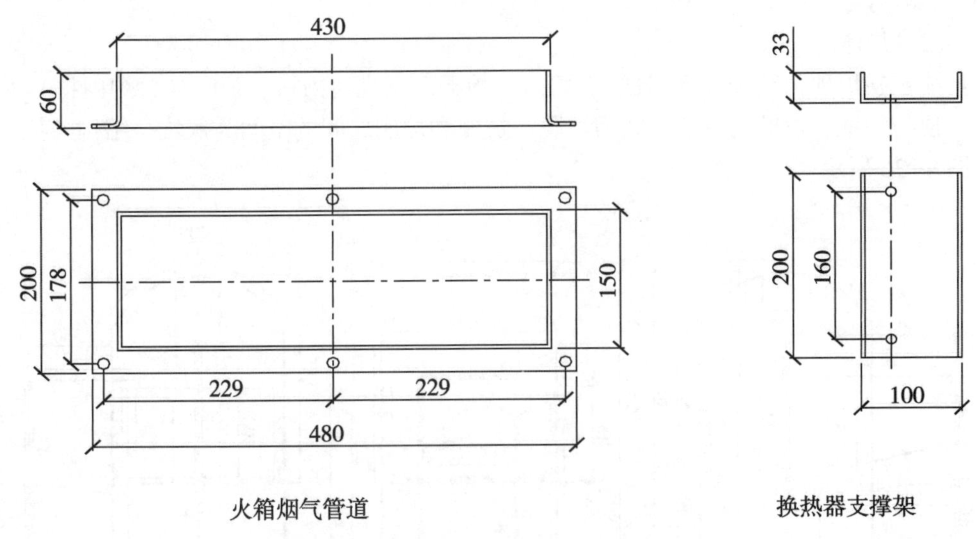

图 4-23 火箱烟气管道与换热器支撑架结构

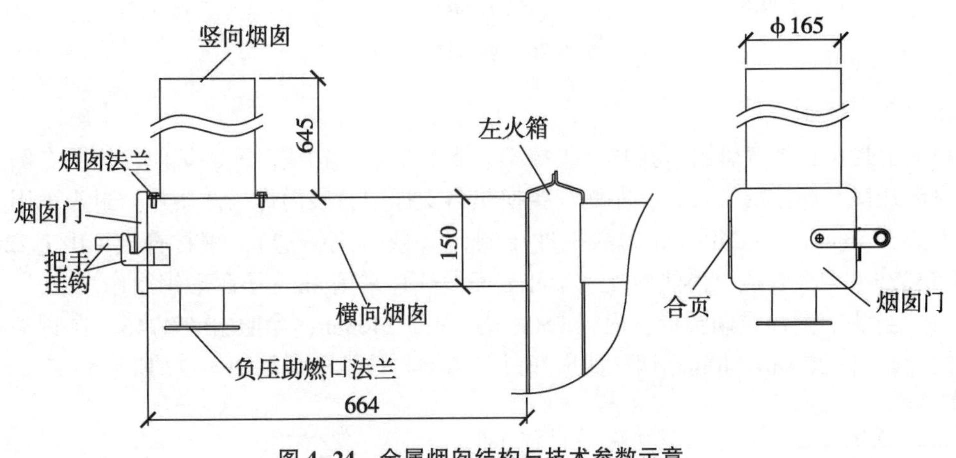

图 4-24 金属烟囱结构与技术参数示意

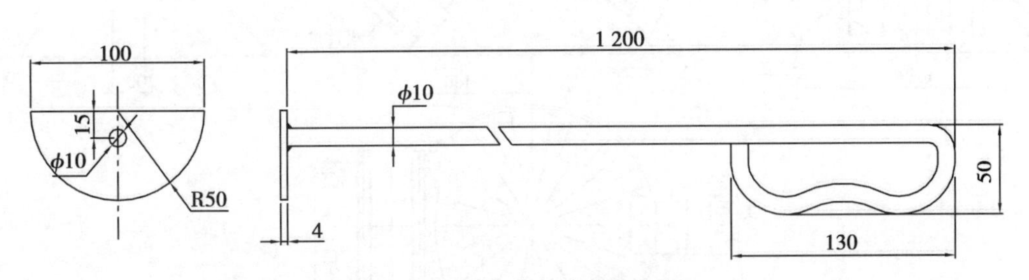

图 4-25 清灰耙结构参数示意

换热器各部件材质除以上指定材质外，可以整体采用实际厚度不小于 1.5mm 的 304 不锈钢。采用 304 不锈钢制作时，换热管（含翅片带）、火箱（包括内壁、外壁、清灰门、烟气隔板以及焊接的换热器支撑架和烟气管道）和横向段金属烟囱须均采用 304 不锈钢。

4.23.6.2　炉体

炉体包括炉顶、炉壁（含二次进风管）、炉栅、耐火砖内衬、炉门（含炉门框）和炉底。炉顶与炉壁、炉栅构成的空间为炉膛，炉栅和炉底之间的空间为灰坑。结构与技术参数如图 4-26 所示。

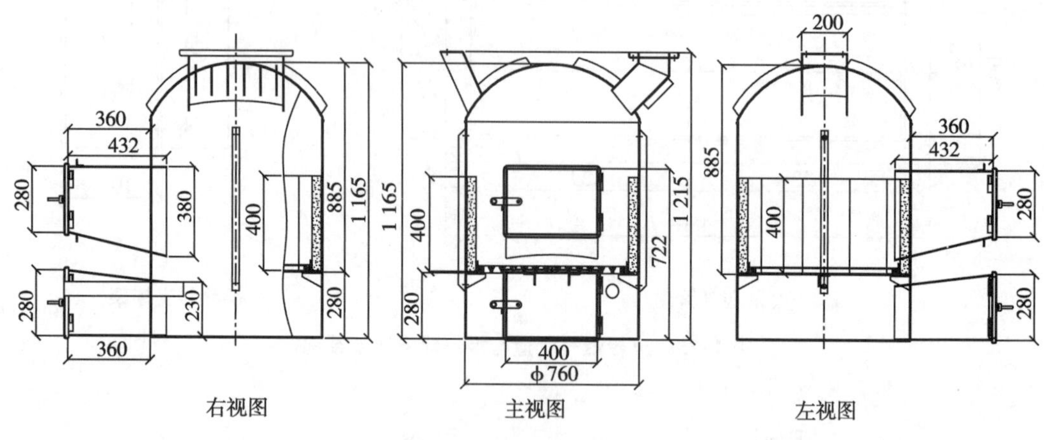

图 4-26　炉体结构示意

4.23.6.2.1　炉顶

炉顶由封头、烟气管道、换热器支撑架、表面散热片构成。面向炉门，炉顶右侧开设烟气通道开口，焊接烟气管道，左侧焊接换热器支撑架，表面焊接散热片。封头采用实际厚度不低于 5mm 的 09CuPCrNi 耐酸钢冲压制作（或铸钢铸造），钢材符合 GB/T 221 和 GB/T 15575。烟气管道、换热器支撑架和表面散热片采用 4mm 厚耐酸钢制作。

（1）封头。圆形或椭圆形，内径 750mm，内高 240mm，参照 JB/T4746。在封头右侧适当位置冲出 420mm×140mm 烟气通道开口。结构与技术参数如图 4-27 所示。

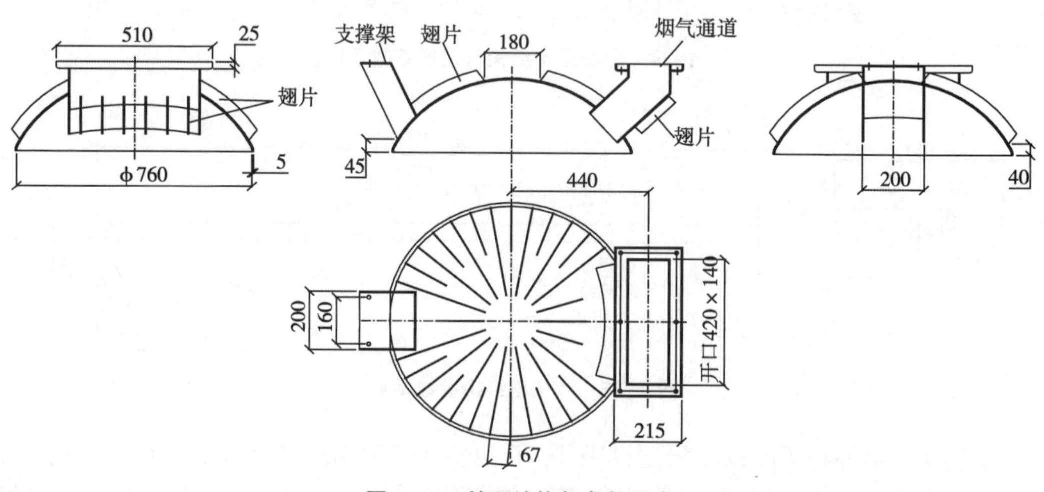

图 4-27　炉顶结构与参数示意

（2）烟气管道。在封头右侧烟气通道开口处焊接烟气管道。设计有凹槽和螺栓连接孔，与火箱烟气管道连接闭合（图 4-28）。烟气管道的右侧外壁等距 66mm 均匀焊接 6 个高 30mm、长 150mm、厚 4mm 的耐酸钢表面散热片。

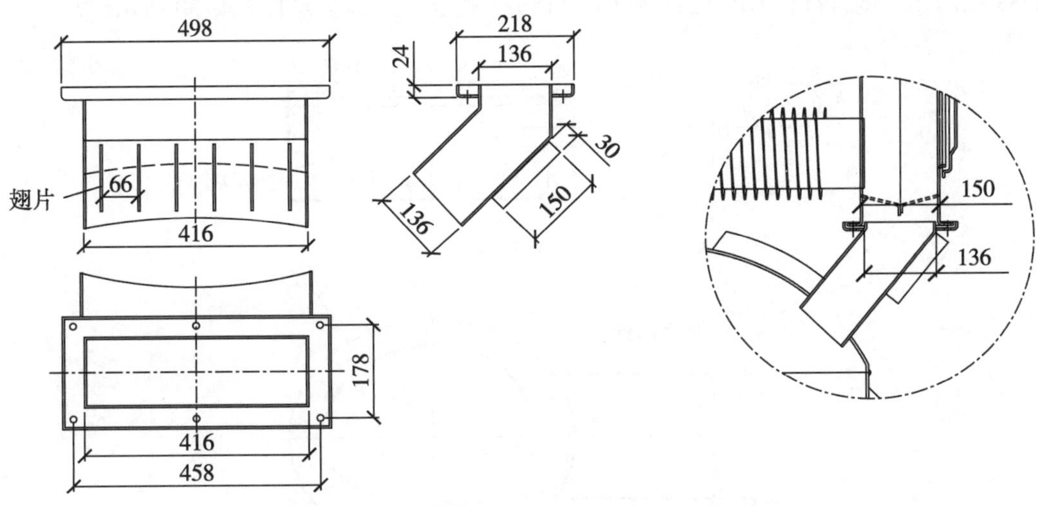

图 4-28　炉顶烟气管道结构及与火箱对接示意

（3）换热器支撑架。在封头左侧焊接换热器支撑架。设计有螺栓连接孔（图 4-29）。

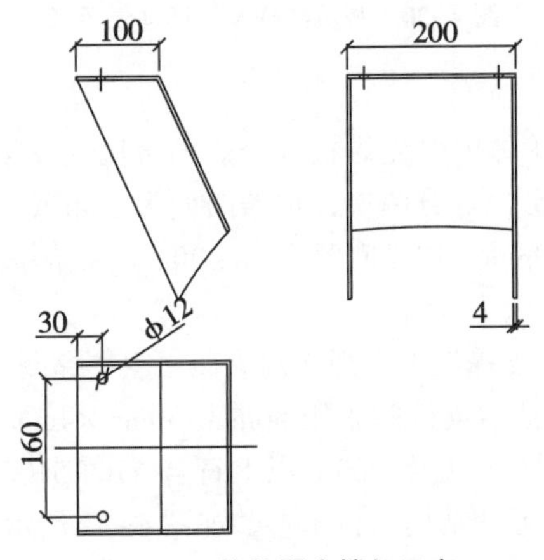

图 4-29　换热器支撑架示意

（4）封头表面散热片。在封头表面均匀焊接弧型表面散热片，高度 30mm，厚度 4mm，长度 350mm 的长片 14 个，长度 200mm 的短片 16 个，长短交错。铸造时封头表面散热片高度 25mm，底部厚度 5mm，顶部厚度 3mm，数量及长度同上，如图 4-30 所示。

4. 23. 6. 2. 2　*炉壁*

采用金属钢板卷制焊接，形成高 920mm、外径 760mm 的圆柱形炉体，底部焊接金属炉底，高度圆度误差不超过 5mm，焊缝严密、平整，无气孔无夹渣不漏气。在炉壁上开设炉门口、灰坑口和助燃鼓风口，在其两侧炉壁的对称位置各开设两个二次进风口（中心点分别距炉底 230mm、860mm）各焊接 1 根二次进风管，管内径 30mm×30mm，长 650mm；在助燃鼓风口斜向焊接 φ60mm 长 526mm 助燃鼓风管，与灰坑口边框夹角为 80，形成切向供风。炉壁和炉底采用 4mm 厚耐酸钢板制作；二次进风管和助燃鼓风管采用 Q235 钢制作，钢材符合 GB/T221 和 GB/T15575 规定。技术参数如图 4-30 所示。

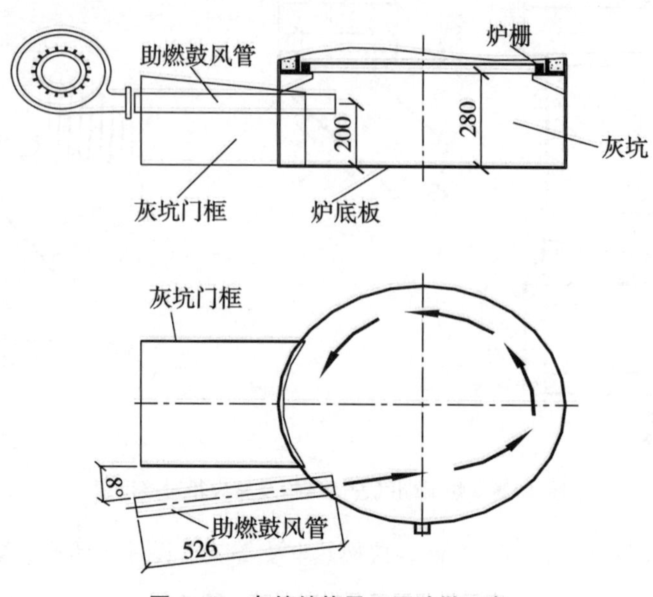

图 4-30　灰坑结构及正压助燃示意

4.23.6.2.3　炉栅

在距离炉底 280mm 的炉体内壁先焊接 6 个炉栅金属支撑架，再安装炉栅。炉栅采用 RT 耐热铸铁材料铸造，圆形，等分两块，炉条断面为三角或梯形，有足够的高温抗弯强度。炉条上部宽度为 28~30mm，炉栅间隙为 18~20mm，结构与技术参数如图 4-31 所示。

4.23.6.2.4　耐火砖内衬

在炉壁内紧贴炉栅金属支撑架上方焊接耐火砖法兰支撑圈，在其上方沿炉体内壁安装 8 块耐火砖作内衬。耐火砖法兰支撑圈采用 50mm×50mm×4mm 符合 GB/T706 规定的热轧等边角钢制作。耐火砖采用耐火温度 900℃ 以上符合 YB/T5106 规定的耐火材料制作，高度 400mm，厚度 40mm，弧形。结构与技术参数如图 4-32 所示。

4.23.6.2.5　炉门、灰坑门、炉门框、灰坑框

在炉壁上炉门口和灰坑口的开口位置焊接金属门框，安装炉门和灰坑门，炉门和灰坑门采用冲压成型加工方式，灰坑门为单层钢板结构，炉门为双层结构，外层钢板，内层扣板，层间内嵌厚度 30mm 隔热保温耐火材料。炉门边缘内翻与内层扣板形成宽 17mm 的凹槽，凹槽内填充耐高温密封材料。炉门框下底面焊接 30mm×4mm 扁铁、其他三面焊接 30mm×30mm×4mm 角铁，形成封闭的法兰。

门与门框均采用 4mm 厚耐酸钢制作，采用轴插销锁式连接，销套外径 16mm，销轴直径 10mm。门扣采用手柄式。门与门框结构与技术参数如图 4-33 所示。

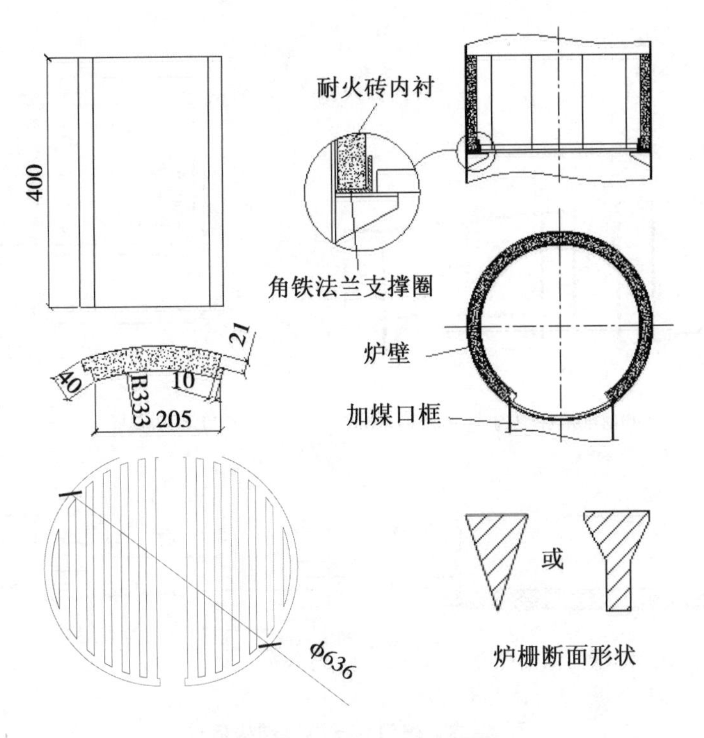

图 4-31 炉栅结构参数示意

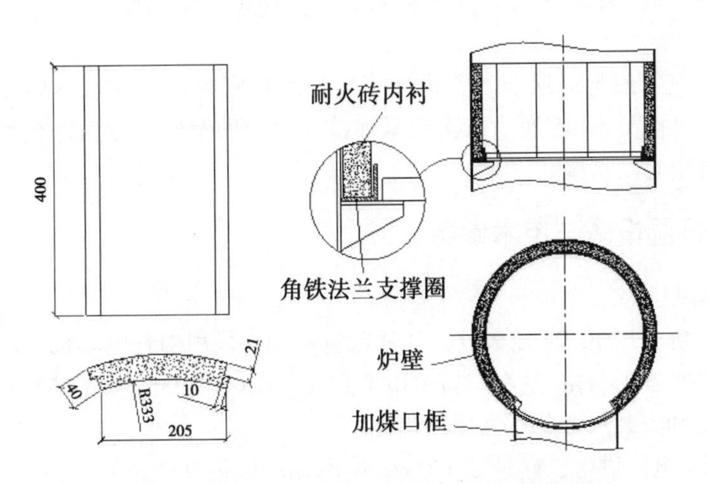

图 4-32 耐火砖内衬结构与技术参数及安装示意

4.23.6.3 设备安装

（1）原则上先进行连体密集烤房的装烟室砌筑，并完成循环风机台板整体浇筑及其上方土建部分砌筑，再安装供热设备，最后完成循环风机台板下方加热室墙体砌筑。气流上升式烤房加热室底部的喇叭形热风风道在设备安装前也要先砌好，做好盖板。

（2）在加热室地面砌两个 120mm×240mm×高 240mm 砖墩（图 4-8、图 4-10）。然后将炉体座到砖墩上，再把换热器座到炉体上。要求水平、居中。换热器中心以循环风机台

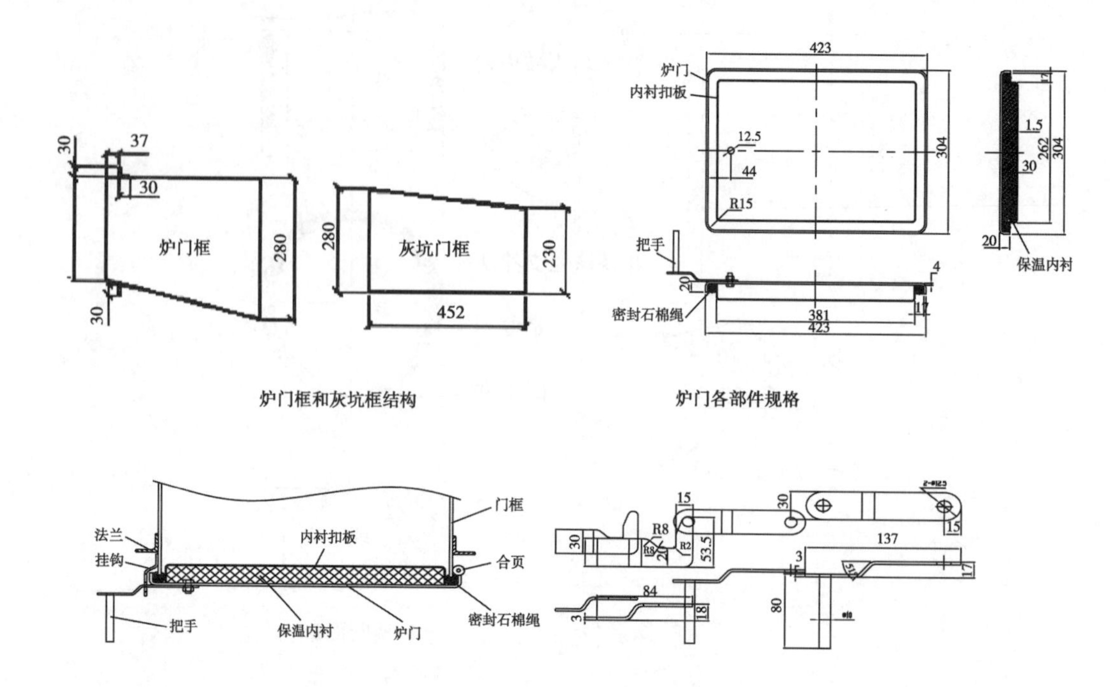

图 4-33　炉门（含框）结构示意

板上的风机安装预留口中心为准。安装完成后，要检查炉膛内耐火砖是否完好。具体如图 4-34 所示。

（3）火箱烟气管道与炉顶烟气管道连接处加耐热密封垫，找水平后先锁紧换热器支撑架上的螺丝，再按图 4-35 所示依次锁紧连接法兰上的螺丝。然后进行墙体砌筑，并完成烟囱竖向段与横向段联接。

4.23.7　通风排湿设备与技术参数

4.23.7.1　循环风机

（1）轴流风机，1 台，型号 7 号，叶片数量 4 个，采用内置电动机直联结构，叶轮叶顶和风筒的间隙控制在 5mm 左右。符 GB/T 1236、GB/T 3235、GB 755、GB 756、GB/T 1993 规定。结构和安装尺寸如图 4-36 所示。

（2）在 50Hz 电网供电，转速 1 440 r/min 时循环风机性能参数：风量 15 000 m^3/h 以上，全压 170~250Pa，静压不低于 70Pa，整机最高全压效率 70%以上，非变频调节装置效率（最高风机全压效率与电动机效率的乘积）不低于 58%。

（3）风机叶片采用图 4-37 所示的 A 形或 B 形叶片结构，叶片截面形状为机翼型，单个风叶与叶柄整体铸成，不得采用钣金叶片。叶轮由压铸铝合金叶片和压铸铝合金轮毂组成，采用带有防松的连接螺栓联结紧固。轮毂表面有不同安装角度的指示标记，方便调节，如图 4-38 所示，轮毂内孔与选配电动机的轴径一致，方便安装。风叶与轮毂按照所需角度安装后按 JB/T 9101 要求进行平衡校正，按平衡精度不低于 G4.0 进行平衡试验。

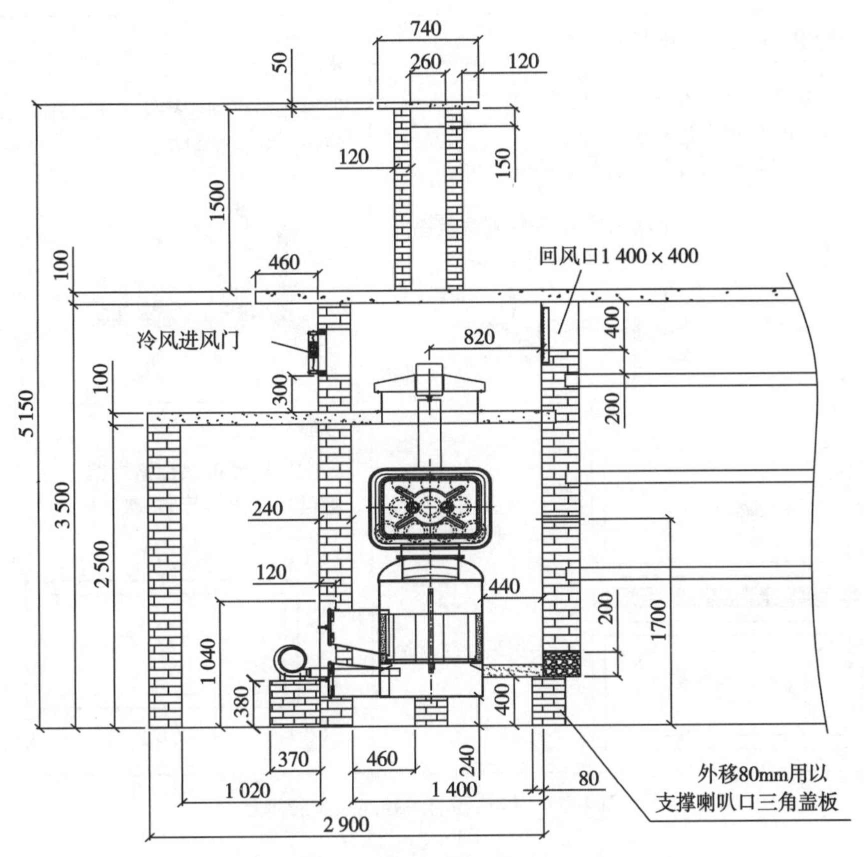

图 4-34 气流上升式设备安装示意

叶轮与风轮材料选用 ZL104 或近似牌号的铸造铝合金，铝合金铸件质量符合 GB 9438 规定。铸件的内、外表面光滑，不得有气泡裂缝及厚度显著不均的缺陷。

（4）风筒直径 700mm，深度 165mm，选用厚度 1.8mm 以上的国标 Q195 冷轧钢板或 2mm 以上的铝板焊接而成。焊缝严密、平整，无气孔无夹渣不漏气。风筒外表面清洁、匀称、平整，涂防锈涂料和装饰性涂料，内表面涂防锈涂料。

（5）安装循环风机时，先检查风机各个部位的螺丝是否旋紧，再把循环风机风叶朝下座到风机台板上。风机中心和台板上的风机预留孔中心一致，找好水平后，把风机下面的风圈法兰同风机台板用水泥砂浆封牢固。

（6）在烤房群和烘烤工场配备发电机作备用电源。

4.23.7.2 循环风机电动机

（1）机座号 100，额定频率 50Hz，额定功率 1.5kW 或 2.2kW，额定转速 1 440r/min。电压允许波动±20%。单相电源时采用额定电压为 220V 的单相电动机，三相电源时采用额定电压为 380V 的 4/6 极三相高低速电动机，符合 GB 4826、GB 12665、GB 1032、GB 9651、GB/T 2658、GB/T 7345、GB/T 14711、GB/T 18211、JB/T 7118 等标准。

鼓励有条件的烟叶产区推广使用变频器。使用变频器时，采用额定电压为 380V 的 4 极三相变频调速电动机，以实现变频调速。变频调速电动机可在 20~50Hz 范围内连续调

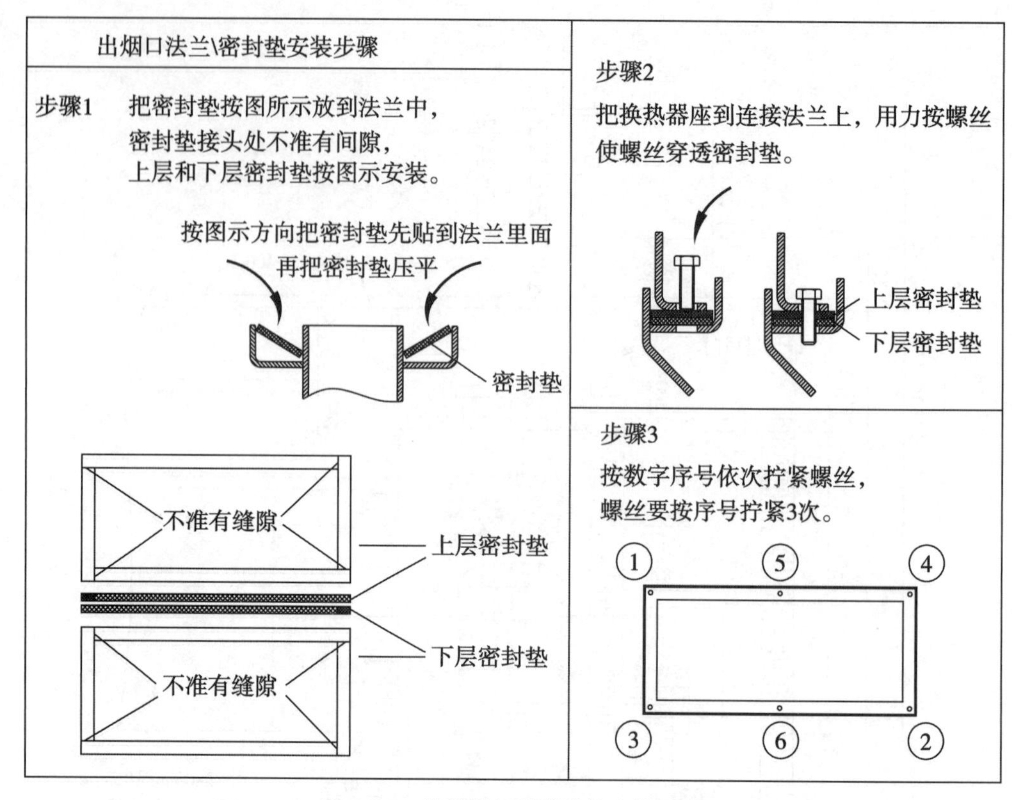

图 4-35 换热器与炉膛连接步骤示意

速，在额定电压下，电动机参数满足：频率为 50Hz 时，效率不低于 80%，功率因数不低于 0.80；频率为 40Hz 时，效率不低于 75%，功率因数不低于 0.70；频率为 30Hz 时，效率不低于 70%，功率因数不低于 0.50。

（2）电动机绝缘等级 F 级以上，防护等级 IP54 以上，耐高温高湿，润滑油滴点温度≥200℃。变频调速电动机采用加厚漆膜—3 铜漆包线，槽绝缘纸采用含有云母的新型槽绝缘纸，相间绝缘采用 F 级的 DMD。普通电动机采用 F 级漆膜—2 铜漆包线，槽绝缘纸采用 F 级 DMD。

（3）外壳采用 ZL104 铸造铝合金或 HT200 灰铸铁材料，灰铸铁符合 GB/T 5612 规定。主轴采用 45 号钢，钢材符合 GB/T 221 和 GB/T 15575 规定。变频电动机定、转子冲片槽形具有抑制高次谐波能力，定子槽形采用深而窄的开口槽，转子槽形采用上宽下窄半闭口的浅槽。

（4）在额定频率、额定电压下，电动机在起动过程中最小转矩的保证值为 1.5 倍额定转矩。在额定频率、额定电压下，电动机最大转矩时对额定转矩之比的保证值为 1.8 倍。

（5）电动机在热态和在逐渐增加转矩的情况下，应能承受 1.5 倍额定转矩的过转矩试验，历时 15s 无转速突变、停转及发生有害形变，此时电压和频率应维持在额定值。

（6）电动机在空载情况下，能承受 1.2 倍额定转速的超速试验，历时 2min 不发生有害形变。

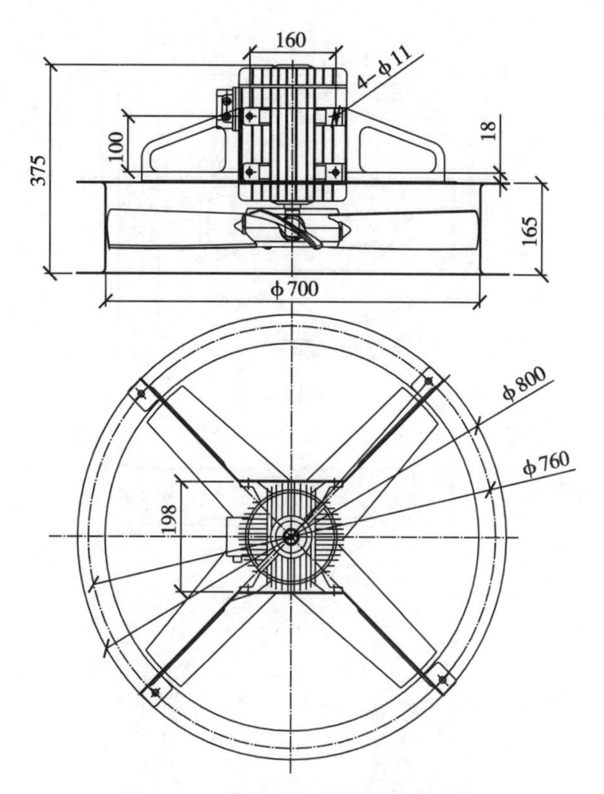

图 4-36 风机基本结构和安装尺寸

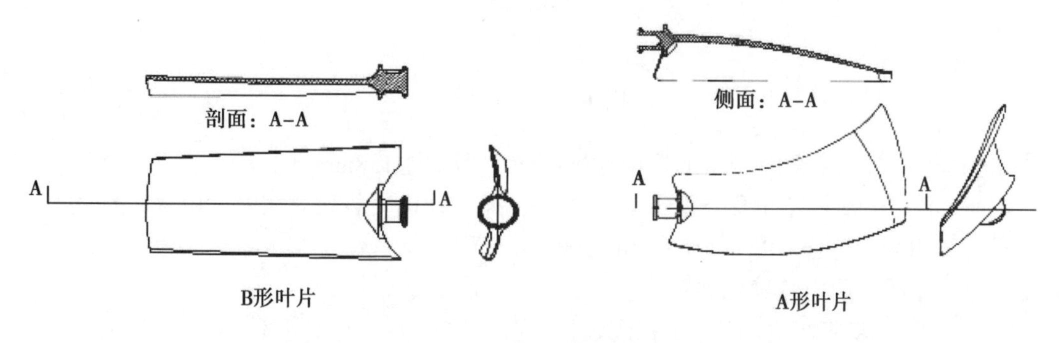

图 4-37 风机叶片结构示意

（7）电动机定子绕组的绝缘电阻在热态时或温升试验后，采用500V摇表测量时不低于5MΩ；出厂检验时测定电动机的冷态绝缘电阻，不低于20MΩ。

（8）电动机在静止状态下，试验电压的频率为50Hz，有效值为1 850 V时，定子绕组能承受为时1min的耐压试验不发生击穿，并尽可能为正弦波形。连续生产的电动机进行检查试验，试验电压的有效值为2 200V时，允许将试验时间缩短至1s。

（9）电动机定子绕组能承受电压峰值为2 200 V的匝间冲击耐压试验而不击穿；允许在电动机空载时以高电压试验代替，外施电压为130%额定电压，时间为3min，在提高电压值至130%额定电压时，允许同时提高频率，但不超过其额定值的115%。

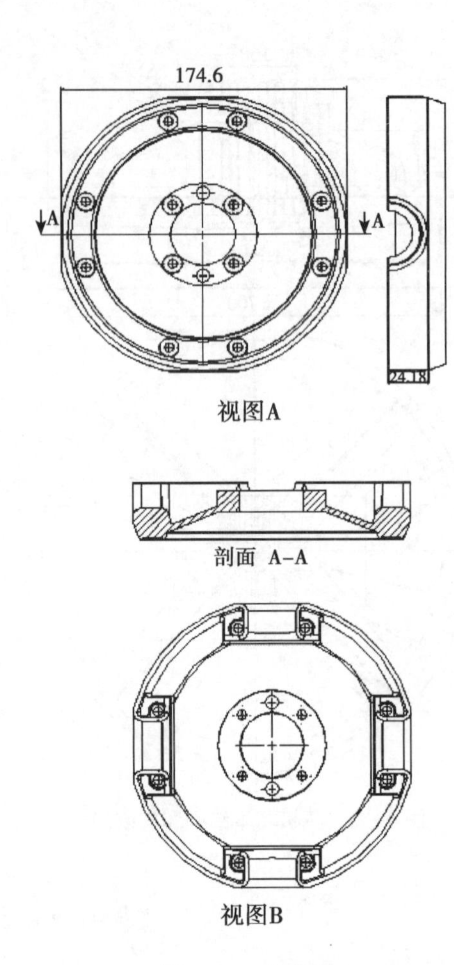

图 4–38　轮毂视

（10）电动机在空载时测得的振动速度有效值不超过 1. 8mm/s。

（11）电动机安装尺寸及公差与 Y2—100L—4 电动机安装尺寸相同，电动机结构及安装型式为 IMB30，符合 GB/T 997 和 JB/T 8680. 1 规定。

4. 23. 7. 3　冷风进风门减速电动机

（1）采用 12V 直流电动机，2 孔配线连接头，连接头 1 正 2 负开，2 正 1 负关。

（2）电动机额定功率 6W，额定扭矩 50Kgf. cm。输出转速空载时≥3. 5r. p. m，额定负载时≥3r. p. m。

（3）电动机电流空载时≤120mA，额定负载时≤480mA。

（4）电动机控制回路要有保护措施。插座安装可靠，电动机连接到插座的连线不能处于挤压状态，连接线绝缘层无破损，绝缘性能好，不漏电，具有防雨措施。

4. 23. 7. 4　助燃鼓风机

（1）离心式，铸铁或钢板外壳，B 级绝缘，额定电压 220V，允许波动±20%。

（2）正压鼓风机额定功率 150W，负载电流不大于 0. 75A，风压 490Pa，风量≥150m^3/h；负压鼓风机额定功率 370W，负载电流 1. 7A，风压≥1600Pa，风量≥600m^3/h。

4.23.8 温湿度控制设备与技术参数

通过实时采集装烟室内干球和湿球温度传感器的值，控制循环风机、助燃风机、进风或排湿装置等执行器完成烘烤自动/手动控制。设备使用寿命6年以上。

4.23.8.1 机箱

（1）箱盖（面板）规格415mm×295mm，箱体厚度根据需要确定。在箱盖（面板）开设液晶显示框，规格173mm×96mm；8个功能按键安装孔。箱盖（面板）表面整体覆盖PC面膜，规格350mm×228mm。箱盖（面板）分区及相关技术参数如图4-39所示。

（2）在机箱侧面设置循环风机高低档转换旋钮。底部开设电源线进线孔、连接助燃鼓风机的标准两孔插座及多线共用进线孔。

（3）箱盖和箱底采用阻燃ABS塑料模具成型。要求坚固，防尘，美观。阻燃达到民用V-1级，符合GB 20286和UL94规定。防护等级达到IP54，符合GB 4208外壳防护等级规定。要有接地端子。

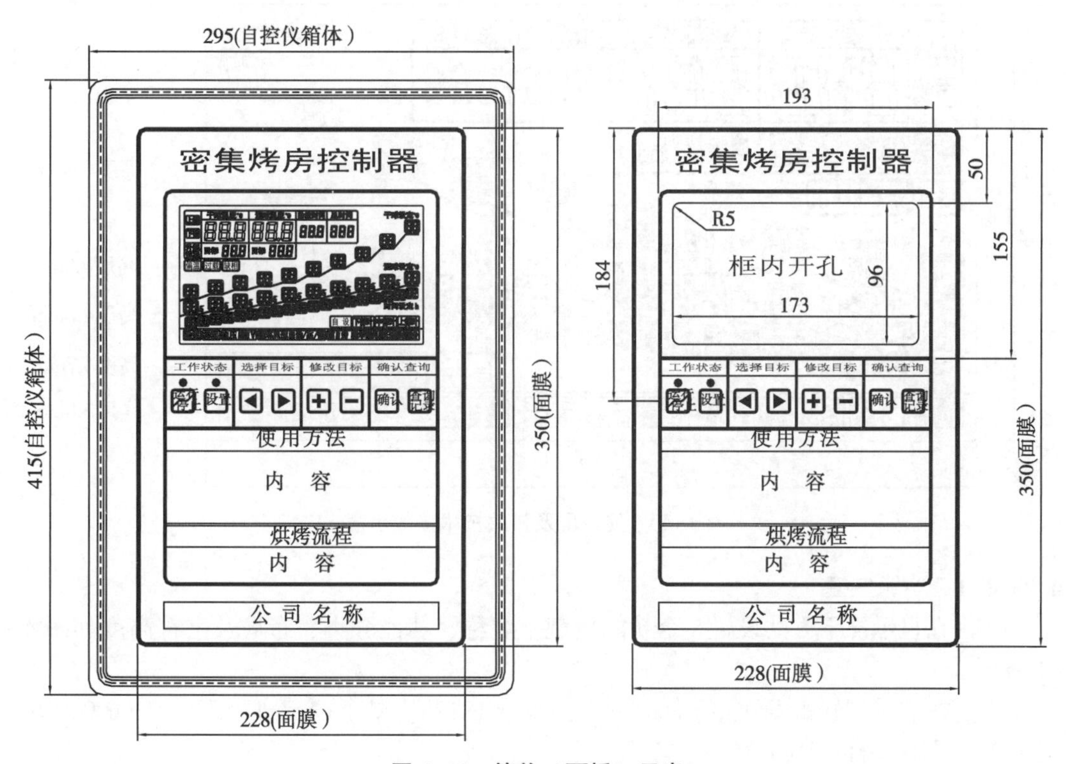

图4-39 箱盖（面板）示意

4.23.8.2 显示

（1）显示屏。采用段码LCD液晶显示屏，具有防紫外线功能；最高工作温度70℃，视角120°，规格168mm×92mm。背光亮度均匀、稳定，对比度满足户外工作要求。采用直径≥5mm高亮度状态指示灯。

（2）显示内容。LCD液晶显示包括实时显示、曲线显示、故障显示和运行状态显示。

实时显示包括实时上/下棚干球温度与湿球温度、目标干球温度与湿球温度、阶段时间与总时间，升温时目标温度值显示取每 30min 时的设定计算值。曲线显示是通过对 10 个目标段的干球温度、湿球温度和对应运行时间的设置，提供曲线示意图。故障显示包括偏温、过载、缺相。运行状态显示包括自设、下部叶、中部叶、上部叶、助燃、排湿、电压、循环风速自动/高/低、烤次/日期时钟。

（3）字符高度。字体显示清晰，大小便于观察、区分。实时显示的干球温度和湿球温度的显示值字符高度为 12. 6mm，目标干球温度与湿球温度、阶段时间、总时间的显示值为 7. 7mm，曲线显示部分的干球与湿球目标设定框内的显示值为 6. 4mm，运行时间设定目标设定框内的显示值为 4. 8mm，框外的文字、符号及数字均为 4. 0mm。故障显示和运行状态显示部分的自设、下部叶、中部叶和上部叶文字为 4. 7mm，其他文字均 4. 0mm，数字均为 3. 8mm。显示屏及相关技术参数如图 4-40 所示。

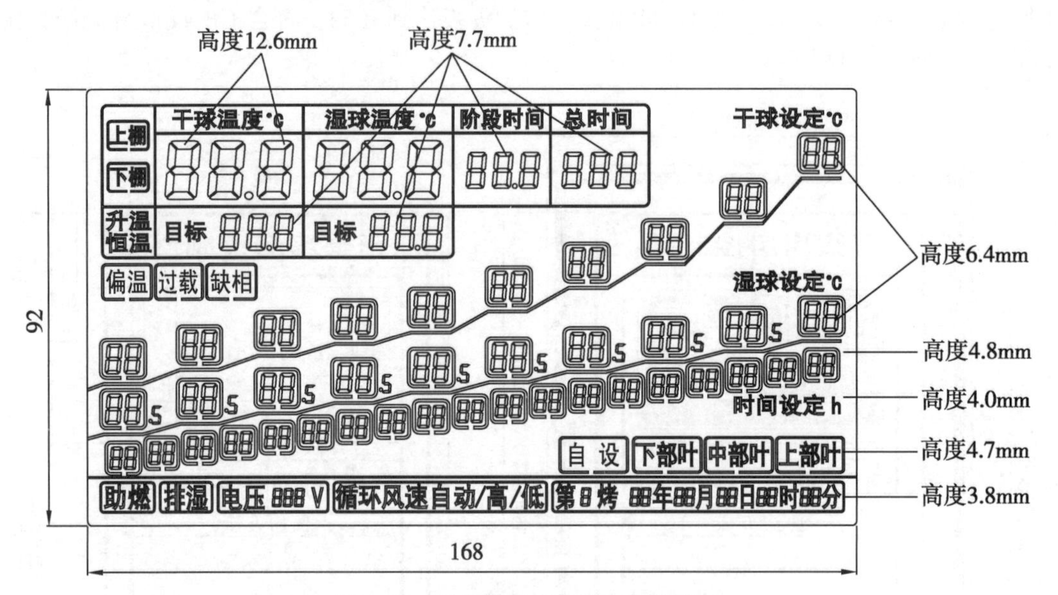

图 4-40　显示屏及相关技术参数示意

4. 23. 8. 3　功能按键

（1）在显示屏下方共设置 8 个功能按键，名称、功能分类、布局及字符高度如图 4-41 所示。

（2）按键采用轻触开关（tactswitch），型号 1212h。单个按键机械寿命>100 000 次；按键响应灵敏，响应时间<0. 5s。

（3）按键功能与操作

①运行/停止键。按一次键，指示灯运行停止亮，进入运行状态。在运行状态下，按住此键 3 秒进入停止状态，指示灯灭。运行时，所有执行器正常运行，系统进入正常烘烤状态。停止时，除循环风机正常运行外，其他执行器进入停止状态。

②设置键。在运行状设置态下，按该键 1 次，系统进入参数设置/修改状态，+−指示灯亮，此时可对曲线显示部分的各个目标设定框内的数值以及运行状态显示部分的烟叶部

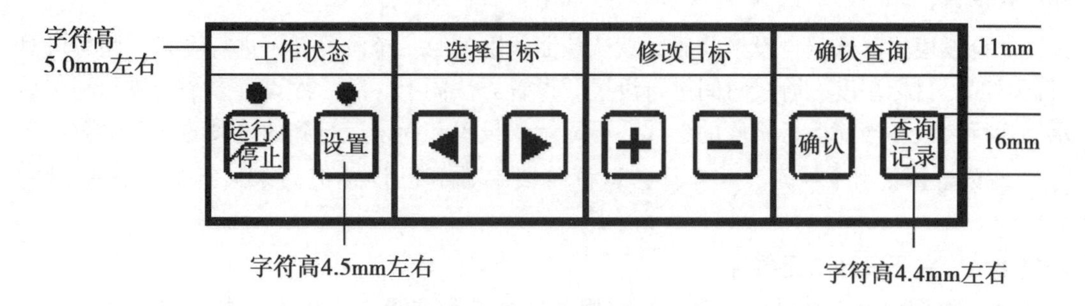

图 4-41 功能按健示意

位、日期时钟等烘烤参数进行设置/修改。在设置/修改时，先按◀▶键移动选定目标，此时目标框出现闪烁，然后按[确认]键完成设置/修改目标值，按◀▶键保存并退出设置/修改状态，此时指示灯灭，目标框回到设置/修改前运行的位置；不按键◀▶，不保存数据并在 20s 后系统自动退出设置/修改状态。在停止状态下，先按设置键，再按目标选择键◀▶选择阶段（按◀▶健目标框按阶段移动），阶段选定后按运行键，此时从当前选择的位置开始运行。

③目标选择键。配合设置键或查询记录键使用。在查询状态时，按◀▶键查询显示不同烤次的历史数据。目标选择的运行轨迹由曲线目标设定框自上而下、自左向右，至自设、下、中、上部叶目标，至日期时钟目标，再至曲线目标设定框，或反向移动，形成一个闭环移动轨迹。点按时，移动至下一个目标；长按时，可连续迅速移动，直至达到目标。

④目标修改键。配合设置键或查询记录键使用。在设置状态时，点按时，递加或递减一个数字单位；长按时，递加或递减多个数字单位。在查询状态时，查询显示选定烤次下的不同时段历史数据，点按时，逐条显示各时段烘烤记录；长按时，显示间隔为 10 条记录。

⑤查询记录键[查询记录]。按该键 1 次，切换显示辅助传感器干、湿球温度和辅助状态（上棚或下棚），目标框同时闪烁，3s 后恢复显示主控传感器干、湿球温度；按住该键 3s，进入历史数据查询状态，并显示当前烤次历史记录，并在显示屏左上侧信息栏显示本烤次开烤后第一次记录的数据。通过◀▶键选择查询不同烤次历史数据，通过✚━键查询同一烤次不同时段历史数据。查询结束后，按[确认]键退出，不按[确认]键时，系统在 20s 后自动退出查询状态。

⑥确认键[确认]。用于确认设置/修改结束或解除声音报警和查询结束。在设置/修改状态时，按[确认]键确认操作结果并退出；选择烟叶部位时按确认键，显示屏显示所选烟叶部位的内置烘烤工艺，目标框默认移动到所选工艺的第一阶段；在报警状态时，按[确认]键解

除声音报警，此时闪烁报警依然有效。查询结束后，按确认键退出。

⑦自设模式。选定自设模式后，默认从曲线上的第一个阶段开始进行设置，此时可对目标温度、目标湿度、阶段时间进行设置，设置方法同上。若一次设置多个阶段，则仅显示已运行阶段和当前运行阶段的参数，不显示未设置和尚未运行到的阶段的设置参数；运行状态按◀▶键和+−键，可查看已运行阶段参数和已设置但尚未运行的后续阶段的参数。

4.23.8.4　主要设计与元器件

（1）程序设计满足显示、功能按键相关技术参数要求。主机工作电压按不同电源要求分别设计，允许在额定电压波动±20%。主体模块间连接可靠、方便，强弱电分离，符合 GB/T 4588 规定。可在环境温度 0~45℃（装烟室内部件 0~90℃），相对湿度 45%~95%条件下正常工作。每烘烤季节故障次数不得超过 2 次。积极研发使用变频器，进一步优化自控设计。

（2）干球和湿球温度传感器采用 DS18B20 数字传感器。温度测量范围 0~85℃，分辨率±0.1℃，测量精度±0.5℃。干球温度控制精度±2.0℃，湿球温度控制精度±1℃。

（3）按烟叶部位设置下、中、上三条烟叶烘烤工艺曲线，在烘烤过程中可对工艺参数进行调整。

（4）配置可擦写工艺曲线存储器，存储量 32K 字节以上。在烘烤过程中对显示屏上的烘烤信息数据，每 1h 自动采集 1 次，存储以备查询。烘烤数据按烤次进行存贮，可连续存储 10 个烤次烘烤数据。记录数据包括：目标参数记录、实时检测记录、时间等显示器上的相关参数以及传感器故障、缺相、过载、停电、过压、欠压、温湿度超限等故障记录。

（5）预留两个 RS485 接口，可支持 Modbus（RTU）协议。一个用于集中控制，一个用于和变频器通讯。

（6）具备设备常见运行故障报警、烘烤过程中温湿度值超限声音报警和闪烁报警。干球温度超过目标温度±2.0℃，并持续 10min 以上时，或湿球温度超过目标温度±1.0℃，并持续 10min 以上时，启动温湿度超限报警；交流单相电压超出 220V±20%时报警，超过 270V 或低于 170V，并持续 3min 时对有关设备进行保护并报警；电流达到额定值的 1.2 倍，并持续 3min 对有关设备进行保护并报警；若电压或电流恢复正常，10min 后自动恢复；电源缺相时声光报警，并停止循环风机运转，电源正常后人工恢复。报警时相应的指示栏闪烁。

（7）具备后备电池等后备供电方式，电池续航能力 12h 以上，后备供电方式时屏幕内容正常显示。断电时数据自动存储，来电后自动恢复正常运行。

（8）风机电源引线使用铜线，单相时为四芯电源线、三相双速时为七芯、三相变频时为四芯，输入端口符合国家相关标准。动力电缆符合 GB 5013.1 规定。控制仪内部强电导线截面积不小于 1.0mm^2，单相循环风机导线截面积不小于 2.5mm^2，三相循环风机导线截面积不小于 1.5mm^2，风门驱动线截面积 0.5mm^2，温湿度传感器电缆、风机电缆耐温 90℃以上。

（9）电容、可控硅、直流继电器和直流接触器等器件具有一定冗余量，输出驱动负载和受电冲击较强的器件具有保护措施。功率器件选用3C认证产品。易损器件采用插接方便的安装方式，固定牢固，正常工作温度范围0~70℃。关键芯片具有静电放电保护措施，发热量较大的器件采取散热措施。

（10）加装互感器和直流继电器等元器件，或运用空气开关、电机综合保护器或直流接触器等元器件，实现缺相、过流、过压、欠压、雷击、脉冲群干扰等保护，符合GB5226.1规定。

（11）输入输出接口清楚区分强电和弱电，插座标志明显，具有防插错功能。电源开关采用空气开关，循环风机内部接线，空气开关与电容内置于机箱。温湿度传感器、冷风进风门执行器与通讯接口内置于机箱，采用连接头连接方式，接线统一从机箱底部开设的共用进线孔引入机箱内，并在机箱内设置接线分离、固定装置。助燃鼓风机接口设置在机箱外底部，插座连接。符合GB/T11918规定。

4.23.8.5 配线连接头定义

（1）温湿度传感器连接线选用与molex的0039291027编号兼容的配线连接头，温湿度两组传感器并线采用六孔配线连接头，型号为molex0039012065双排插头6PIN94V0；电路板上插座型号为molex0039291067双排弯座6PIN94V0，管脚1~6依次定义为：上棚干球、上棚湿球、下棚干球、下棚湿球、电源、地。传感器主线长5m，上棚分线长2.5m，下棚分线长1.5m。

（2）冷风进风门执行器连接线采用两孔配线连接头，电路板上插座型号：molex0039291027双排弯座2PIN94V0，配线连接头型号：molex0039012025双排插头2PIN94V0，管脚1—2依次定义为：1正2负开，2正1负关。

（3）集中控制通讯连接线采用四孔配线连接头，管脚1~4依次定义为：电源、A、B、地。电路板上插座型号：molex0039291047双排弯座4PIN94V0，配线连接头型号：molex0039012045双排插头4PIN94V0。

（4）变频器通讯连接线采用8孔配线连接头，管脚1~4依次定义为：电源、A、B、GND（地），5~8预留。电路板上插座型号：molex0039291087双排弯座8PIN94V0，配线连接头型号：molex0039012085双排插头8PIN94V0。

（5）助燃鼓风机连接线采用标准AC两孔插头。

（6）循环风机采用标准“U”型压线式接线端子连接，采用4/6极380V三相电机时，连接顺序为接地线，低速（6极）U1、V1、W1，高速（4极）U2、V2、W2；采用4极220V单相电机时，连接顺序为公用端（连接电源）、正转或反转（连接电容，电容内置在主机内）、接地线。

4.23.8.6 配套执行器控制方式

（1）循环风机控制。使用变频器时，采用380V三相电机，根据装烟室干球和湿球温度需要，自动改变循环风机转速。循环风机启动方式为低速启动；未使用变频器时，根据装烟室干球和湿球温度需要，人工改变循环风机转速（显示屏自动显示高/低速）。

（2）温度控制。采用以下方式之一或组合方式：运用助燃鼓风机调节火炉助燃空气，促进燃烧；通过加煤数量和鼓风时间调节燃烧；在不同烘烤阶段，根据干湿球温度要求对循环风机电动机进行调速，使其在最佳风速下运行。

（3）通风排湿。利用烤房内外压力差或机电控制装置，通过控制冷风进风口开度，调节进风量和排湿量大小，满足烘烤工艺湿度需要。

4.23.8.7 设备安装

（1）采用便于拆卸的壁挂安装方式，挂置在加热室右侧墙方向的隔热墙上（图 4-42）。

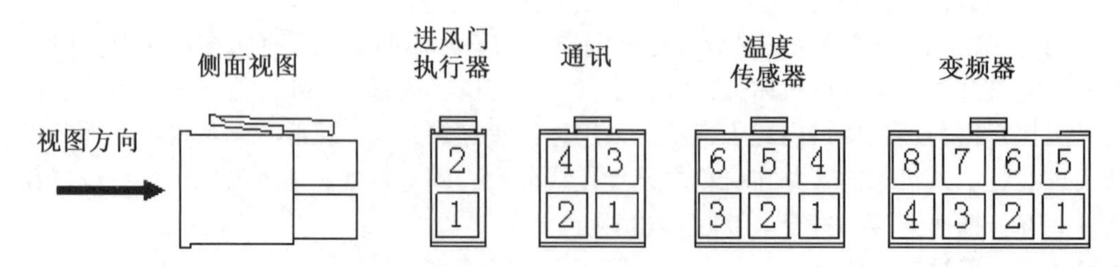

图 4-42 配线连接头侧面和正面视

（2）在容量 500ml 以上的水壶中装满干净清水，将湿球温度传感器感温头用脱脂纱布包裹完好，并将纱布置于水中，保持感温头与水面距离 10～15mm。两组干湿球温度传感器对应挂置于装烟室底棚和顶棚，挂置位置距隔热墙 2 000 mm、距侧墙 1 000 mm。在墙上钻出传感器线孔，钻孔位置如图 4-43 所示。传感器线沿风机台板下沿布置，避免高温区。

（3）配备用于系统供电与自备电源切换、风机转速切换及自控设备安全的装置。供电设备、控制主机、助燃风机、进风装置、排湿装置等配备防雨设施。

（4）电缆布置合理，导向及其接头用绝缘套管保护，强电插头及电缆铜线不得裸露，导线、电缆绑扎牢固、不易脱落。

4.23.9 变频器

使用变频器时，自控设备主题模块分变频调速控制模块和干湿球温度监控模块，采用双控制箱模式。电路板分为变频调速控制器电路板和温湿度监控箱电路板两部分，两板间采用 modbus 通讯协议。使用 220V 或 380V 电源，允许电压波动±20%，单相电源时，采用单相转三相变频调速控制模式，额定输入为 220V（图 4-44）；三相电源时，采用三相电变频调速控制模式，额定输入为 380V（图 4-45）。

变频调速模块接口如图 4-46 所示，1 端子接变频调速控制箱的通讯接口；三相时，RST 为三相电的输入端子 UVW 为输出；单相时，输入端子为 LN；UVW 为变频模块输出，接循环风机。

变频调速控制模块（图 4-47）。该模块为系统升级预留模块。在电路中加入电流检测和电压检测功能，当系统升级为对风机实现变频控制时，由变频调速控制器电路板处理高压大电流电路，实现对循环风机变频调速，对电机过压、过流、过热及缺相进行保护。根据干湿球温度，通过 RS485 接口向变频器发送命令控制循环风机转速。

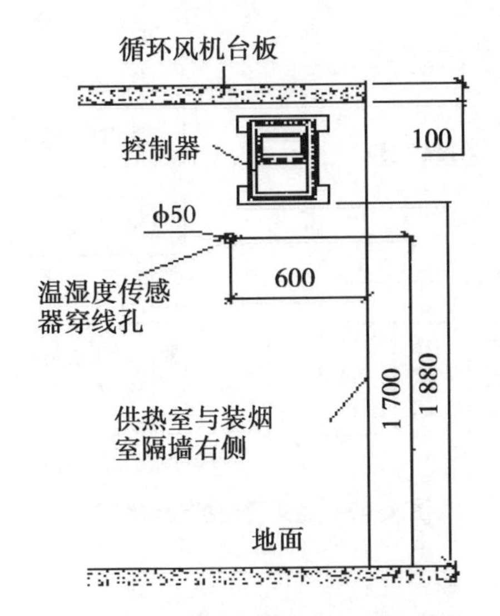

图 4-43　自控设备安装位置示意

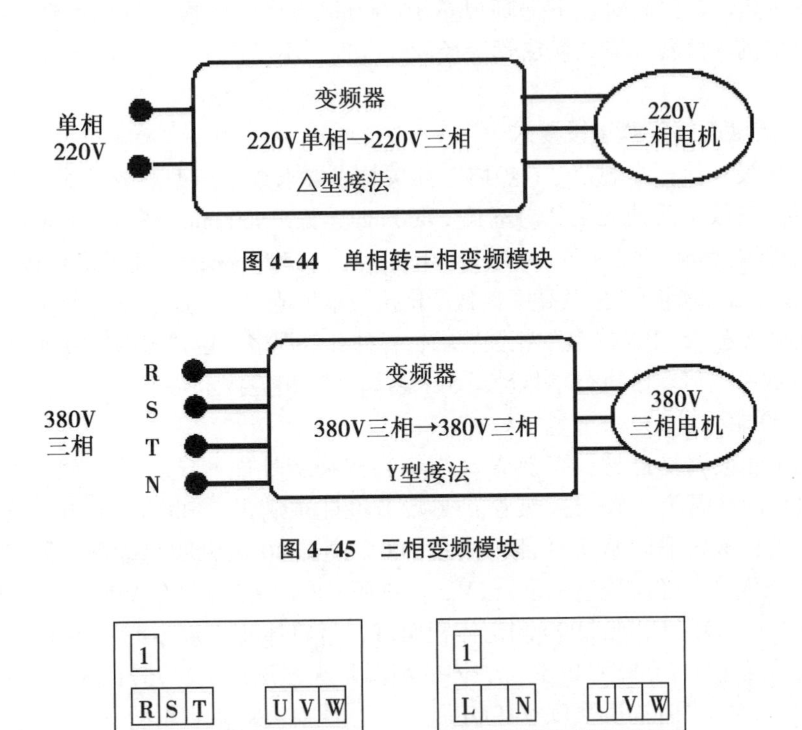

图 4-44　单相转三相变频模块

图 4-45　三相变频模块

图 4-46　变频调速控制模块接口

4.23.10　非金属供热设备与技术参数

非金属供热设备是指换热管采用新型无机非金属复合材料制作的供热设备，其火箱和炉体可以采用金属材料也可以采用新型无机非金属复合材料。换热管和火箱禁止使用水泥

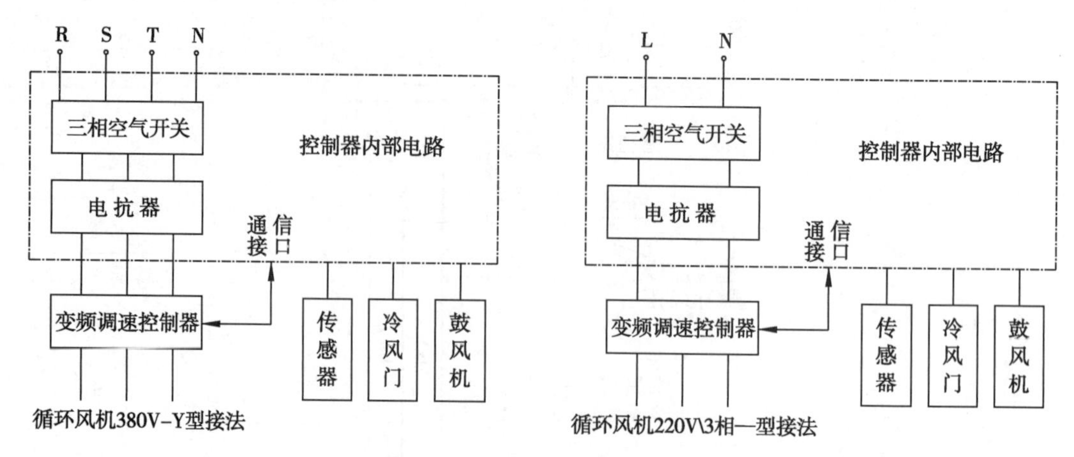

图 4-47　变频调速控制器结构

管、陶土及其烧制材料。

4.23.10.1　换热效率及基本设计

非金属供热设备强制对流下（通风量 16 000m³/h）整体换热效率达到 50%以上，相关性能经指定机构检测合格。换热管管径设计合理，不易产生积灰，设计清灰装置，方便清灰。

4.23.10.2　满足连体集群建设要求

（1）炉体设计执行本规范“6 炉体”相关技术要求或采用型煤隧道式炉膛。

（2）加热室限定两种规格。内室长 1 400 mm、宽 1 400 mm、高 3 500 mm，或长 2 000 mm（与装烟室隔热墙垂直方向）、宽 1 400 mm、高 3 500 mm；循环风机台板、热风风道、风机安装设计、土建烟囱规格及高度参数严格执行本规范“5.2 加热室”相关要求，其他土建参照执行本规范“5.2 加热室”相关要求，各种开口规格、位置根据需要确定。

（3）装烟室土建严格执行本规范“5.1 装烟室”相关技术要求。

4.23.10.3　性能要求

新型无机非金属复合材料换热管（火箱）热疲劳性能测定方法参照 YB/T 376.3 规定。接近火炉的高温管（底层换热管）热疲劳性能须满足 750℃高温 10 次无明显裂痕，高温管上层的中高温管热疲劳性能须满足 500℃高温 40 次无明显裂痕，同时按照 GB/T 6804 测定抗压强度，径向压溃强度≥7Mpa。参照 GB/T 10295 测定导热系数，导热系数≥2.5W（m·K）。参照 GB/T 2999 测定体积密度，材料体积密度≤4.0g/cm³。炉体与炉顶连接器耐火温度达到 1 000 ℃以上。炉体的高温耐火强度以 HB 7571 测定，300℃时抗压强度≥20MPa，500℃时抗压强度≥10MPa。

4.23.11　企业标志及铭牌标识

密集烤房整套设备须具备清晰易辨的企业标志（徽标、商标）和铭牌标识。在供热设备的炉门和右清灰门上要具有企业标志。铭牌标识位置符合在安装后仍可轻易查看，在危险设备醒目位置上，标注“当心触电”“当心烫伤”等安全警示标识。铭牌标识须包括但不限于表 4-12、表 4-13、表 4-14 和表 4-15 的内容和格式。

表 4-12 供热设备铭牌标识

序列号			生产日期		出厂日期		产地	
换热器	炉顶	炉壁	火箱	左清灰门	右清灰门	炉门	灰坑门	烟囱
材质								
（钢）板厚度								
生产商				供应商				
供应商地址				服务电话				

注：厚度精确到0.1mm，面积精确到0.01m^2，材质类型用化学名或专用名，用通用名时须注明型号

表 4-13 电机铭牌标识

型号		序列号	
功率		电容耐温	
电压范围		绝缘等级	
防护等级		生产日期	×年×月
产地	×省×市	出厂日期	
生产商（全称）			
供应商（全称）			
供应商详细地址（注册地）			
售后服务电话			

表 4-14 风机铭牌标识

型号		序列号	
规格		效率	
风压		风量	
产地	×省×市	生产日期	×年×月
生产商（全称）			
供应商（全称）			
供应商详细地址（注册地）			
售后服务电话			

表 4-15　温湿度控制设备铭牌标识

型号		序列号	
传感器型号		测量精度	
测量范围		电压范围	
通信协议		防雷措施	
产地	×省×市		
生产商（全称）			
供应商（全称）			
供应商详细地址（注册地）			
售后服务电话			

Q/LNYC

甘肃省陇南市烟草公司企业标准

Q/LNYC. 024—2016

烤烟成熟采收技术规程

2016-07-08 发布　　2016-07-08 实施

甘肃省陇南市烟草专卖局（公司）　发布

前　　言

本标准由陇南市烟草公司提出。

本标准由陇南市烟草公司和中国农业科学院烟草研究所负责起草。

本标准起草人：许建业、杨树勋、王爱华、孙福山。

4.24　烤烟成熟采收技术规程

4.24.1　范围

本标准规定了烟叶成熟特征、采收原则、方法与时间及特殊烟叶的采收。

本标准适用于甘肃省陇南市优质烤烟种植区烤烟成熟的采收。

4.24.2　规范性引用文件

以下文件对于本文件的应用是必不可少的。凡是注日期的引用文件，仅所注日期的版本适用于本文件。凡是不注日期的引用文件，其最新版本适用于本文件。

GB/T 18771.1　烟草术语第一部分：烟草栽培、调制与分级。

4.24.3　术语和定义

GB/T 18771.1　烟草术语第一部分：烟草栽培、调制与分级确立的以及以下术语和定义适用于本标准。

4.24.3.1　烟叶成熟

烟叶成熟是指烟叶生长发育的某个时期，此时采摘最能满足卷烟工业对烟叶原料可用性的需求。

4.24.3.2　采收成熟度

采收时烟叶生长发育和内在物质积累与转化达到的成熟程度和状态。

4.24.3.3　未熟

烟叶生长发育接近完成，干物质尚欠充实，叶片呈绿色。

4.24.3.4　尚熟

烟叶在田间刚达到成熟，生化变化尚不充分。

4.24.3.5　成熟

烟叶在田间达到成熟程度，内含物质开始分解转化，化学成分趋于协调，外观呈现明显的成熟特征。

4.24.3.6　过熟

烟叶在成熟或完熟后未及时采收，内含物质消耗过度，叶片变薄，叶色变淡，呈现全黄或黄白色，甚至枯焦。

4.24.3.7　完熟

指上部烟叶在田间达到高度的成熟。

4.24.3.8　假熟

是指烟叶受各种因素（营养不良、光照不足、天气严重干旱或涝渍等）影响，在没有达到真正成熟之前就表现出外观上的黄化。

4.24.3.9　叶龄

指烟叶自发生（长 2cm 左右，宽 0.5cm 左右）到成熟采收时的天数。

4.24.4 烟叶成熟特征

4.24.4.1 下部叶

叶片颜色由绿色变为黄绿色，约60%黄；主脉变白1/3以上，支脉开始发白，叶面茸毛部分脱落；叶片稍下垂，叶片易采摘，采后断面较平齐。叶龄50~60d。

4.24.4.2 中部叶

叶色黄绿色明显，约80%黄，叶尖、叶缘呈黄白色；主脉变白2/3以上，支脉变白1/2以上，茸毛脱落；叶片自然下垂，茎叶角度增大，叶面稍有黄色成熟斑；易采摘，采后断面较平齐。叶龄60~70d。

4.24.4.3 上部叶

叶色基本全黄，约90%黄，叶尖、叶缘变白；主脉全白，支脉2/3以上变白；叶面有明显的黄色成熟斑，茎叶角度明显增大；易采摘，采后断面较平齐。叶龄70~90d。

4.24.5 烟叶采收

4.24.5.1 采收原则

按照“多熟多采，少熟少采，不熟不采”的原则，做到不采生，不漏熟，不漏株，不漏叶，确保烟叶成熟度整齐一致。通常情况下，自脚叶至顶叶可分5~7次采收，每次采收2~3片叶，顶部4~6片叶在成熟后集中一次采收。每次采收时间间隔5~10d。

4.24.5.2 采收时间

一般应在上午或16：00以后进行，便于识别成熟度。旱天采露水烟，如遇降水等雨后再度出现成熟标志时采收。

4.24.5.3 采收方法

采收时用食指和中指托住叶基部，大拇指在叶基上捏紧，向下压，并向两边一拧便可摘下，把采下烟叶的叶柄对齐，整齐堆放。采烟时不能单纯下压扯皮，以免撕破茎皮而影响烟株正常生长。

4.24.6 特殊烟叶的采收

4.24.6.1 假熟叶

只有当叶尖转黄，主脉变白方可采收。

4.24.6.2 病叶或雹灾叶

成熟或已接近成熟的病叶，受雹灾应及时抢收。尤其是脉斑病等病叶，要尽早采收，以减少损失和避免危害整株或整片烟田。

4.24.7 注意事项

4.24.7.1 采收前统一采收标准

达到“适熟眼光”基本一致，然后再开始大量采收。采收要做到同一品种，同一部位，同一成熟度。

4.24.7.2 采收烟叶数量

要与烤房容量相适应。

4.24.7.3 采收或运输烟叶时

应避免挤压、摩擦、日晒和堆乱烟叶，确保鲜烟叶质量不受损害。

4.24.8 支持性文件

无。

4.24.9 附录（资料性附录）

序号	记录名称	记录编号	填制/收集部门	保管部门	保管年限
—	—	—	—	—	—

Q/LNYC

甘肃省陇南市烟草公司企业标准

Q/LNYC. 027—2016

烟叶收购工作规程

2016-07-08 发布　　2016-07-08 实施

甘肃省陇南市烟草专卖局（公司）　发布

前　　言

本标准由陇南市烟草公司提出。

本标准由陇南市烟草公司负责起草。

本标准起草人：杨树勋、乔万鹏、李琅、宋文静。

4.25 烟叶收购工作规程

4.25.1 范围

本标准规定了烤烟收购前准备、收购管理、收购程序、收购调拨管理、安全管理等。

本标准适用于陇南市烟叶收购工作。

4.25.2 规范性引用文件

下列文件中的条款通过本标准的引用而成为本标准的条款。凡是注日期的引用文件，其随后所有的修改单（不包括勘误的内容）或修订版均不适用于本标准，然而，鼓励根据本标准达成协议的各方研究是否可使用这些文件的最新版本。凡是不注日期的引用文件，其最新版本适用于本标准。

GB 2635—1992 烤烟。

4.25.3 岗位设置及职责

4.25.3.1 入户预检员

（1）负责对烟农进行烟叶生产、市场形势、政策、质量、信誉宣传教育及分级技术培训。

（2）负责入户指导烟农按烟叶部位、颜色、长短分组，按烟叶质量因素分级，按要求规范扎把。

（3）检验烟农待售烟叶纯度，对预检合格的烟叶，指导烟农单等级装袋，实施预检封签，发放预检合格证，对预检不合格的烟叶，指导烟农重新挑拣分级扎把，直至合格。

（4）负责汇总入户预检结果并上报烟站，与烟农预约交售时间、地点。

4.25.3.2 检验员

（1）检验售烟烟农的种植收购合同、预检合格证。

（2）检验待售烟叶的把内纯度、扎把规格、对混部位、混颜色、混级烟，指导烟农就地进行重新调挑拣整理、分级扎把、并记录在档，作为考核预检员预检成功率的依据。

（3）对复验合格的烟叶，进行初分等级，交由主检定级。

4.25.3.3 主检员（分级组长、副站长）

（1）负责采集、仿制、悬挂、更换、管理收购样品。

（2）负责检验等级纯度、扎把规格；对照实物样品，准确定级填写定级单并跟秤过磅。

（3）负责每天召集1~2次平衡等级会，评讲前1d收购烟叶等级质量情况；按照烤烟国标文字说明。

（4）每天进仓库巡视收购大等级不少于4次。

4.25.3.4 过磅员（微机操作员）

（1）监督主检员定级是否准确，对定级有误的及时提出质疑或向站长、副站长反映，要求复核。

（2）负责过磅称重，填写磅码单，并唱码、唱级、唱重。

4.25.3.5 保管员

（1）负责复称烟叶质量，并将入库烟叶在等级标牌下分层摆把堆放整齐。

（2）对库内散、碎烟及时清扫整理、重新分级扎把、归垛。

（3）负责成包包型、包重、包型达到规定要求，刷唛规范、清晰、所用包装物符合规定要求。

（4）对入库、调出烟叶数量、包装质量负全责。

4.25.3.6 烟站站长

（1）负责组织实施对本辖区烟农、本站职工进行分级技术培训。

（2）负责落实收购、成包等级质量管理的各项规定和要求。

（3）负责平衡全站入户预检、密码定级收购等级标准，纠正收购等级偏差。

4.25.4 收购准备

（1）收购前，县局营销部对各烟站参与收购所有人员进行培训。

（2）各烟站站长负责编制收购需求资金计划、安装、检修收购设备、备齐收购所需一切物资。

（3）收购站点要将国家标准、收购价格、举报电话、廉政制度、公示牌等相关制度政策张贴上墙，接受社会监督。

（4）各烟站副站长（兼主检）负责烟叶实物样品采集和制作，对预检员、检验员进行培训，组织收购程序演练。

4.25.5 收购前管理

4.25.5.1 收购人员

（1）验级员由省局培训，培训合格发给上岗证。

（2）收购人员、其他收购人员由县营销部培训，持证上岗。

4.25.5.2 收购物资准备

计量器具的校验和仓库清理养护维修，各类单据领用，收购现场安排、布置等于开秤收购 10d 前完成。

4.25.5.3 参与收购人员

必须持证上岗，上岗证由市局公司统一制定。

4.25.6 收购程序

4.25.6.1 烟叶收购程序

实行预约到户、轮流交售的方法，由预检员通知烟农交售时间，烟农凭合同证、预检单、身份证、持 IC 卡按时到指定站交售。

（1）预检：烟农上站前，由预检员到户对烟农预交售烟叶进行分级纯度、扎把质量、杂质、水分等情况进行预检，并如实填写预检单（合格的及时上报，不合格的重新调整，不得上站交售）。预检员必须保证每天有 3~5 户烟农交售。

（2）进站：烟农按照约定的时间持种植收购合同、身份证、预检单和 IC 卡上站，进站时由站内人员检查两证一单一卡符合要求进站排队，不符合的拒绝进站交售。

（3）初验：烟农进站待交售烟叶由初检员进行初检，对烟叶把内纯度、扎把、水份等合格的进行分类整理，不合格的由烟农重新整理，再初检。

（4）划码：初检合格的烟叶由初检员填写初检定级单（一式三联，一联存根、两联由轨道随烟框传定级室），同时将合同证，IC 卡传到司磅员。

（5）复验定级：定级员在定级室按国标 GB 2635—1992 对烟叶进行定级，并在定级单上填写等级并签字。

（6）微机操作员依据定级单，核对合同证、IC 卡，输入等级进行司磅，对烟农有异议的从退烟通道退还烟农，无异议的司磅入库，发送等级重量等信息至微机操作员，微机操作员在烟农合同上填写等级重量，在定级单存留联填重量，第一联交烟农，第二联存查。

（7）结算：烟农持合同、IC 卡、定级单烟农存查联至微机室领取发票结算。

（8）库存管理：司磅后的烟叶由保管员负责，按等级把头朝外堆放整齐，保持库内整洁。

（9）打包：由保管员监督打包人员按打包质量要求进行打包，成包后的烟叶人由保管员验收后入库。

（10）调运：成包烟叶由保管员负责装车，填写调运单，微机操作员在收购系统烟叶调运项目中录入数据核对后，调运至中心仓库，

（11）数据上传：每天收购结束后，微机操作员待流动站点数据写入主机，核对数据无误后将收购数据上传至县营销部。

4.25.7 烤烟收购管理

4.25.7.1 种植收购合同

严格执行计划种植、合同收购。实行户籍化管理、种植收购合同交售。对无计划、无合同烟叶一律不予收购。

4.25.7.2 初分预检

对预检员实行预检工作目标责任制。

4.25.7.3 定级

对主检员实行定级工作负责制。

（1）坚持国标、对样收购、做到早看样品，晚看烟堆，发现问题，及时纠正。

（2）仿制烤烟实物样品定期和不定期更换。

4.25.7.4 计量

全面推行电子称计量，电子秤经质量技术监督局检验合格后使用。

4.25.7.5 烟叶入库

理顺入库烟把，分等级堆放。做到把头朝外，叶尖向内，由里向外层层堆放整齐，各等级之间相隔 40cm。等级标识明显、区域分开、防烟叶霉变，保持库内干净整洁。

4.25.7.6 服务

热情、周到、诚信、设立茶水点、烟农休息室。

4.25.7.7 成包

按 GB 2635—1992 烤烟包装规格要求执行。

4.25.7.8 运烟车辆

保证车况良好、证件齐全、安全卫生。

4.25.8 烟叶等级质量

按烟叶收购等级质量控制标准执行。

4.25.9 烟叶收购调拨管理

4.25.9.1 成包调运管理

实行原级收购，原级成包调运。

（1）做到当天收购烟叶当天成包，在收购成包过程中，当天单等级库存散烟量不超过 50kg。

（2）对各烟站收购待调运的烟叶，由主验级员按 GB 2635 规定进行抽验，随机抽取 5 件，按任意 5 点抽样法进行检验。抽检烟包品质一致、一包一级，每包烟的等级合格率达 80%以上方可出库。对合格率和烟包质量不符的不予出库，须重新规范整理成包后方可出库。

（3）成包待调烟包堆放应离墙 30cm，每堆 4~6 层高，堆与堆之间间隔 50cm。

（4）出库的烟包包内必须有验级员、过磅员、保管员签字的标识，注明品种、等级、重量及产地，内、外标识必须相符。

4.25.9.2 调运管理

原收原调。在收购中按照标准准确验收，所收烟叶达到“稳、准、纯”的质量要求，不作任何等级的调整，收购样品按 GB 2635—1992 和 YC/T 25—1995 执行。

（1）调拨流向，按指定地点进行调运。

（2）准运证办理和植物检疫证的管理。

准运证统一由市局专卖部门办理，禁止无证调运。

外调烟叶经植物检疫部门检验合格后，准予调运。

4.25.10 票据管理

收购票、预检证、定级单必须设置明细账簿，完备交接手续。

4.25.10.1 收购票

收购票由微机操作员保管，每日收购结束后，主检与司磅员、保管员核对。

4.25.10.2 预检证

预检证由预检员填写，到烟站交售烟叶时，由检验员检查，按村登记后收存，根据收购等级质量用以考核预检员。

4.25.10.3　定级单

（1）定级单由烟站站长领取、保管、主检领用，每天收购结束后，按码单号顺序装订当天过磅单及微机单（含作废单）。

（2）定级单背面必须粘贴当天日报，并注明码单份数和起讫号，确认无误后由烟站站长、主检、检验员、过磅员、微机员、付款员签字留存。

（3）定级单的传递，由各站会计员每五日收集，完备交接手续。

4.25.10.4　调拨单据

（1）烟叶调拨发货清单由市公司统一管理，指定专人管理使用。

（2）烟叶科对调拨单据的使用、管理，进行监督检查。

4.25.11　报表报送

收购站点将报表实行5日报、15日报、25日上报县局营销部烟叶股。

4.25.12　IC卡

（1）收购前对IC卡初始化，输入烟农信息，签订合同，设置合同收购数量等。

（2）每天对输入收购数量（信息）进行备份，送烟站上报市局公司。

（3）交售期间由烟农保管，结束后交烟站。

4.25.13　安全管理

4.25.13.1　资金安全

（1）收购资金由专人提取。

（2）当天收购点现金应及时存入银行，现金余额不得超过相关规定。

4.25.13.2　收购现场安全

（1）收购现场应划禁止吸烟区。

（2）禁止将火源火种带入验级区和仓库内。

（3）必须与所聘临时工进行安全知识教育培训。

（4）必须与所聘人员签订《安全工作责任书》。

（5）每天开秤收购前，必须对仓库周围进行安全检查；收购人员未到齐时，不准开秤收购。

（6）不准闲散人员进入收购点。

（7）库内不准用明火照明。

（8）各项安全措施未落实不准开称收购。

（9）环境卫生未达标不准开称收购。

4.25.14　支持性文件

无。

4.25.15　附录

无。

Q/LNYC

甘肃省陇南市烟草公司企业标准

Q/LNYC. 028—2016

烤烟分级扎把技术规程

2016-07-08 发布　　2016-07-08 实施

甘肃省陇南市烟草专卖局（公司）　发布

前　言

本标准由陇南市烟草公司提出。

本标准由陇南市烟草公司负责起草。

本标准起草人：孙福山、王爱华、王松峰、刘伟。

4.26 烤烟分级扎把技术规程

4.26.1 范围

本规程规定了烤烟的分级技术及扎把要求。

本规程适用于陇南市初烤烟的分级扎把。

4.26.2 引用标准

下列标准所包含的条文，通过在本标准中引用而成为本标准的条文。本标准出版时，所示版本均为有效。所有标准都会被修订，使用本标准的各方应探讨使用下列标准最新版本的可能性。

GB 2635—1992 烤烟。

4.26.3 分级

4.26.3.1 基本原则

以成熟度为中心因素，首先对烟叶进行部位分组，然后进行颜色分组，挑出不同等级。

4.26.3.2 部分划分

4.26.3.2.1 按部位由下而上采收、烘烤，分炉次堆放，分炉次分级

4.26.3.2.2 按部位的外观特征划分部位

（1）部分的外观特征按 GB 2635—1992 执行。

（2）如果外观特征有几个因素相似或矛盾时，以脉相和叶形作为区分部位的主要依据。

4.26.3.2.3 确定部位原则

脉相、颜色以及外观特征具有哪个部位特征，就定为哪个部位。

4.26.3.3 组别划分

4.26.3.3.1 按 GB 2635—1992 执行

4.26.3.3.2 副组

（1）光滑叶组：包括光滑或僵硬面积大于 20%和褪色烟叶。

（2）杂色叶组：杂色面积大于 20%（含 20%）的烟叶。

（3）微带青叶组：叶脉带青或叶片含微浮青叶面积不超过 10%的烟叶。

（4）青黄叶组：黄色烟叶含有任何可见的青色，而且叶面含青程度不超过 30%的烟叶，杂色面积可以超过 20%。

4.26.3.3.3 主组

（1）主组：按 GB 2635—92 执行。

（2）颜色分组：根据实物样品分出柠檬黄、橘黄和红棕色三组。对介于两种颜色之间的级别可根据身份或油分来定级别。柠檬黄和橘黄间的，如果油分较多，身份较厚可定为橘黄色，反之定位柠檬黄色；介于枯黄和红棕色之间的，如果油分较多，身份较薄，定

位橘黄色，反之为红棕色。

（3）完熟叶组：成熟度较高的烟叶，多产于中上部烟叶，这类烟叶叶质干燥，手摇有响声，叶片结构疏松，叶面皱褶较多，嗅觉器官有明显的发酵的香味，叶面上经常有一些蛙眼病或赤星病斑，焦边枯尖，这类烟叶定位完熟叶组。

4.26.3.3.4　级别换分

（1）执行标准：按 GB 2635—1992 中的 5.2 条执行。

（2）操作要求

①对于砂土杂质较大的烟叶，用手拍去或用软质毛刷刷掉，直到叶面见不到附着沙土或杂质方可进行分级。

②青片、霉变、异味、火熏或火伤及经化学药品处理过的烟叶等不列级别，不予收购。

③叶片伤残、破损面积大于 50%的不可进入标准中所列级别。

④选择自然光线好的地方操作，严防日晒。

4.26.4　扎把

4.26.4.1　扎把规格的要求

烟把要求为自然把。每把 25~30 片同等级烟叶，把头周长 100~120mm，绕宽 50mm，烟绕与烟把使用同一等级别单片烟叶。烟把必须扎紧扎牢，叶基部不能完全包裹，并且要整齐一致。烟把内不得有秸皮、烟杈、烟梗、烟叶碎片及其他杂物。

4.26.4.2　烟把的存放

烟把堆放于通风干燥处，茎部向外，分次堆压，等级分开。烟堆下面垫衬木板、草席或塑料薄膜，周围用棚膜等遮盖严密。门窗用黑纸或其他布料遮严，防止光线透入房内。

4.26.4.3　出售前烟把水分要求

一般堆放至烟叶水分 16%~18%时，烤一炉分一炉交一炉，立即到指定地点出售。此时烟叶手感标准为烟筋稍软不易断，手握叶片有响声，叶茎向下，叶尖向上，烟把基本可以自然分开，但不下垂为宜。

4.26.5　支持性文件

无。

4.26.6　附录（资料性附录）

序号	记录名称	记录编号	填制/收集部门	保管部门	保管年限
—	—	—	—	—	—

Q/LNYC

甘肃省陇南市烟草公司企业标准

Q/LNYC. 029—2016

烤烟入户预检预验管理规程

2016-07-08 发布　　　　2016-07-08 实施

甘肃省陇南市烟草专卖局（公司）　发布

前　　言

本标准由陇南市烟草公司提出。

本标准由陇南市烟草公司负责起草。

本标准起草人：孟刚。

4.27 烤烟入户预检预验管理规程

4.27.1 范围

本标准规定了烤烟入户袋装预检的目的、要求、管理和程序。

本标准适用于陇南市烟叶收购袋装预检工作。

4.27.2 目的

提高收购等级纯度，解决“三混”烟问题。优化等级结构，规范收购秩序，缩短收购时间。

4.27.3 要求

4.27.3.1 建档管理

通过烟农户籍化管理，摸清烟农户基本情况。对每户建立档案，载明姓名、住址、面积、产量、质量、交售地点、包村技术员等内容。

4.27.3.2 工作职责

（1）明确入户预检员职责，包户范围和名单。

（2）入户预检员按照烟站统一安排的地点、时间、数量、部位进户预检。

（3）入户预检员负责预检烟叶纯度、装袋后的封签以及预检证签发。

4.27.4 袋签管理

4.27.4.1 预检袋的使用与管理

4.27.4.1.1 数量配置

预检袋由县局提供，发给烟农免费使用。

4.27.4.1.2 回收使用

烟叶交售完，收回预检袋。由各烟站负责管理，重复使用。

4.27.4.2 预检袋封签的管理与使用

封签，要严格管理和发放，建立领用登记制度，不得多发或少发，确保封签的正确使用。

4.27.5 预检程序

4.27.5.1 入户预检员

从烤出的第一炉烟叶起，按国标逐炉指导烟农分级，做到烤一炉分一炉，并分炉堆放。

4.27.5.2 收购前7d

预检员持烟农户籍化档案，按预定路线逐户预检袋装封签，并填写交售通知单发给烟农。

4.27.5.3　由村干部带队

烟农按预检通知单规定的时间、地点交售烟叶。

4.27.5.4　烟站凭预检通知单

安排烟农排队，按顺序交售。

4.27.5.5　预检员接烟农 IC 卡后

验看装烟袋封签是否完好并拆封初验，并严格登记。如封签异常，有权拒验。

4.27.6　支持性文件

无。

4.27.7　附录（资料性附录）

序号	记录名称	记录编号	填制/收集部门	保管部门	保管年限
—	—	—	—	—	—

Q/LNYC

甘肃省陇南市烟草公司企业标准

Q/LNYC. 030—2016

烟叶收购系统日常操作技术规程

2016-07-08 发布　　2016-07-08 实施

甘肃省陇南市烟草专卖局（公司）　发布

前　　言

本标准是根据《陇南市烤烟综合标准体系》要求制定，属烟叶收购系统日常操作技术规程标准。

本标准由陇南市烟草公司提出。

本标准由陇南市烟草公司负责起草。

本标准主要起草人：杨树勋、石钎力、李琅、权文彦。

4.28 烟叶收购系统日常操作技术规程

4.28.1 范围

本标准规定了烤烟收购系统主机、收购过程，检查核对数据、打印、上报等。

本标准适用于陇南市烟叶收购日常操作工作。

4.28.2 收购前收购主机准备

4.28.2.1 正确连接收购专用设备

包括电脑主机、打印机、电子秤、IC 卡读写器、收购显示屏。

4.28.2.2 确认各设备都准确连接好后

通电并打开专用设备（不可在带电的情况下进行对设备重新插拔连接的操作）。

4.28.2.3 打开主机电脑

并检查系统日期和时间为当天的日期和时间。

4.28.2.4 打开登录收购子系统（基层站点版）

4.28.3 收购主机操作

4.28.3.1 在［日常收购］菜单中选择相应的收购模式“主机开票”

4.28.3.2 插入烟农 IC 卡，按［Enter］键（注：IC 卡芯片朝上）

4.28.3.3 选择要称重的烟叶等级

4.28.3.4 称重（电子秤上放上烟叶）

按［Enter］键后冲电子秤读取烟叶重量，待重量稳定后再次按［Enter］键确认。

4.28.3.5 重复 4.28.3.3 和 4.28.3.4 操作。

4.28.3.6 点击“打印继续”，完成一张发票

4.28.3.7 重复 2~6 步

输入下一张发票。

4.28.4 检查核对收购主机数据

4.28.4.1 当天收购结束，检查当天的发票数据的准确性

（1）在［发票查询］中，核对每张发票的准确性。

（2）在［统计报表］→［烟叶收购日报、区间报表］统计总量是否正确。

4.28.4.2 检查当天的发票中是否存在异常的发票

（1）检查是否有手工、冲红的发票：在发票查询中发票类型选择相应的发票类型进行查询（主要有手工开票、补入发票、冲红异常类型发票）。

（2）检查是否有存在夜间开票的发票：在发票查询中起始时间选择夜间时间段便可查询出是否有夜间收购的发票。

4.28.4.3 检查各烟农已交烟的情况

在［统计报表］→［烟农交烟情况汇总表］中查询烟农交烟的情况（主要查询是否存在超合同、等级异常的情况）。

4.28.5 收购主机打印、上报

4.28.5.1 输入已付金额

在菜单栏中选择［日常收购］→［B、烟叶类型统计］；增加输入当天已付的金额，或者选择［统计］按钮系统自动算出应付金额；最后保存退出。

4.28.5.2 打印报表

在统计报表中、打印烟叶收购日报、区间报表与其他报表。

4.28.5.3 数据上报

（1）退出系统，对数据进行［数据备份］后退出。

（2）关掉主机电脑，把接 IC 卡读写器的接口换成接 modem，并连接好 modem 电源和电话线；重新开机。

（3）登录收购系统，在［数据联网］中，选择［上报接收］，［开始拨号］后选择［数据传输］。

4.28.5.4 退出烟叶收购系统。

4.28.6 支持性文件

无。

4.28.7 附录（资料性附录）

序号	记录名称	记录编号	填制/收集部门	保管部门	保管年限
—	—	—	—	—	—

ICS

GB

中华人民共和国国家标准

GB/T 2635—1992

烤 烟

国家质量技术监督局 发布

前　言

本标准由国家烟草专卖局提出。

本标准由国家烟草标准化技术委员会归口。

本标准由中国烟叶生产购销公司负责起草。

本标准主要起草人：赵兴、周尚勇、聂和平、张玉征、刘奕平、刘刚毅、张跃、孙福山、李明、朱尊权和冯国桢。

5 产品标准

5.1 烤烟

5.1.1 主题内容与适用范围

本标准规定了烤烟的技术要求、检验方法和验收规则等内容。

本标准适用于初烤或复烤后而未经发酵的扎把烤烟。文字标准并辅以实物样品，是分级、收购、交接的依据。出口供货以实物样品为依据。

5.1.2 引用标准

GB 8170 数值修约规则。

5.1.3 术语和代号

5.1.3.1 术语

5.1.3.1.1 分组 groups

在烟叶着生部位、颜色和其总体质量相关的某些特征的基础上，将密切相关的等级划分组成。

5.1.3.1.2 分级 grading

将同一组列内的烟叶，按质量的优劣划分的级别。

5.1.3.1.3 成熟度 maturity

调制后烟叶的成熟程度（包括田间和调制成熟度），成熟度划分为下列档次：

（1）完熟 mellow：上部烟叶在田间达到高度的成熟，且调制后熟充分。

（2）成熟 ripe：烟叶在田间及调制后熟均达到成熟程度。

（3）尚熟 mature：烟叶在田间刚达到成熟，生化变化尚不充分或调制失当后熟不够。

（4）欠熟 unripe：烟叶在田间未达到成熟或调制失当。

（5）假熟 premature：泛指脚叶，外观似成熟，实质上未达到真正成熟。

5.1.3.1.4 叶片结构 leaf structure

指烟叶细胞排列的疏密程度，分为下列档次：疏松（open）、尚疏松（firm）、稍密（close）和紧密（tight）。

5.1.3.1.5 身份 body

烟叶厚度、细胞密度或单位面积的重量。以厚度表示，分下列档次：薄（thin）、稍薄（less thin）、中等（medium）、稍厚（fleshy）、厚（heavy）。

5.1.3.1.6　油分　oil

烟叶内含有的一种柔软半液体或液体物质，根据感官感觉，分下列档次：

（1）多　rich：富油分，表观油润。

（2）有　oily：尚有油分，表观有油润感。

（3）稍有　less　oily：较少油分，表观尚有油润感。

（4）少　lean：缺乏油分，表观无油润感。

5.1.3.1.7　色度　color　intensity

指烟叶表面颜色的饱和程度、均匀度和光泽强度。分下列档次：

（1）浓　deep：叶表面颜色均匀，色泽饱和。

（2）强　strong：颜色均匀，饱和度略逊。

（3）中　moderate：颜色尚匀，饱和度一般。

（4）弱　weak：颜色不匀，饱和度差。

（5）淡　pale：颜色不匀，色泽淡。

5.1.3.1.8　长度　length

从叶片主脉柄端至尖端间的距离，以厘米（cm）表示。

5.1.3.1.9　残伤　waste

烟叶组织受破坏，失去成丝的强度和坚实性，基本无使用价值（包括由于烟叶成熟度的提高而出现的病斑、焦尖和焦边），以百分数（%）表示。

5.1.3.1.10　破损　injury

指叶片因受到机械损伤而失去原有的完整性，且每片叶破损面积不超过50%，以百分数表示。

5.1.3.1.11　颜色　color

同一型烟叶经调制后烟叶的相关色彩、色泽饱和度和色值的状态。

（1）柠檬黄色　lemon：烟叶表面全部呈现黄色，在习惯称呼的淡黄、正黄色色域内。

（2）橘黄色　orange：烟叶表观呈现橘黄色，在习惯称呼的金黄色、深黄色色域内。

（3）红棕色　red：烟叶表观呈现红黄色或浅棕黄色，在习惯称呼的红黄、棕黄色色域内。

5.1.3.1.12　微带青　greenish

黄色烟叶上叶脉带青或叶片含微浮青面积在10%以内者。

5.1.3.1.13　青黄色　green-yellow

黄色烟叶上有任何可见的青色，且不超过30%。

5.1.3.1.14　光滑　slick

烟叶组织平滑或僵硬。任何叶片上平滑或僵硬面积超过20%者，均列为光滑叶。

5.1.3.1.15　杂色　variegated

烟叶表面存在的非基本色颜色斑块（青黄烟除外），包括轻度洇筋，蒸片及局部挂灰，全叶受熏染，青痕较多，严重烤红，严重潮红，受蚜虫损害叶等。凡杂色面积达到或超过20%者，均视为杂色叶片。

5.1.3.1.16 青痕 green spotty

烟叶在调制前受到机械擦压伤而造成的青色痕迹。

5.1.3.1.17 纯度允差 tolerance

混级的允许度。允许在上、下一级总和之内。纯度允差以百分数（%）表示。

5.1.3.2 代号

5.1.3.2.1 颜色代号

颜色用下列代号表示：L—柠檬黄色、F—橘黄色、R—红棕色。

5.1.3.2.2 分组代号

分组以下列代号表示：X—下部（lugs），C—中部（cutters），B—上部（leaf），H—完熟（smoking leaf），CX—中下部（cutters or lugs），S—光滑叶（slick），K—杂色（variegated），V—微带青（greenish），GY—青黄色（green-yellow）。

5.1.4 分组、分级

5.1.4.1 分组

依烤烟叶片在烟株上生长的位置分：下部、中部、上部；依颜色深、浅分：柠檬黄、橘黄、红棕。即下部柠檬黄、橘黄色组；中部柠檬黄、橘黄色组；上部柠檬黄、橘黄、红棕色组；另分一个完熟叶组共八个正组；副组包括中下部杂色、上部杂色、光滑叶、微带青、青黄色五个副组。部位分组特征如表5-1所示。

表5-1 部位分组特征

组别	部位特征			颜色
	脉相	叶形	厚度	
下部	较细	较宽圆	薄至稍薄	多柠檬黄色
中部	适中，遮盖至微露，叶尖处稍弯曲	宽至较宽，叶尖部较钝	稍薄至中等	多橘黄色
上部	较粗到粗，较显露至突起	较宽，叶尖部较锐	中等至厚	多橘黄、红棕色

注：在特殊情况下，部位划分以脉相、叶形为依据

5.1.4.2 分级

根据烟叶的成熟度、叶片结构、身份、油分、色度、长度、残伤等7个外观品级因素区分级别。分为下部柠檬黄色4个级、橘黄色4个级；中部柠檬黄色4个级、橘黄色4个级；上部柠檬黄色4个级、橘黄色4个级、红棕色3个级；完熟叶2个级；中下部杂色2个级、上部杂色3个级；光滑叶2个级；微带青4个级、青黄色2个级，共42个级。

5.1.5 技术要求

5.1.5.1 品级要素

将每个因素划分成不同的程度档次，与有关的其他因素相应的程度档次相结合，以勾

画出各等级的质量状况，确定各等级的相应价值。品级要素的档次如表 5-2 所示。

表 5-2　品级要素及程度档次

品级要素＼档次		程度档次				
		1	2	3	4	5
品质因素	成熟度	完熟	成熟	尚熟	欠熟	假熟
	叶片结构	疏松	尚疏松	稍密	紧密	—
	身份	中等	稍薄、稍厚	薄、厚	—	—
	油分	多	有	稍有	少	—
	色度	浓	强	中	弱	淡
	长度	以厘米（cm）表示				
控制因素	残伤	以百分比控制				

5.1.5.2　品质规定如表 5-3 所示

表 5-3　品质规定

组别		级别	代号	成熟度	叶片结构	身份	油分	色度	长度（cm）	残伤（%）
下部 X	柠檬黄 L	1	X1L	成熟	疏松	稍薄	有	强	40	15
		2	X2L	成熟	疏松	薄	稍有	中	35	25
		3	X3L	成熟	疏松	薄	稍有	弱	30	30
		4	X4L	假熟	疏松	薄	少	淡	25	35
	橘黄 F	1	X1F	成熟	疏松	稍薄	有	强	40	15
		2	X2F	成熟	疏松	稍薄	稍有	中	35	25
		3	X3F	成熟	疏松	稍薄	稍有	弱	30	30
		4	X4F	假熟	疏松	薄	少	淡	25	35

（续表）

组别		级别	代号	成熟度	叶片结构	身份	油分	色度	长度（cm）	残伤（%）
中部C	柠檬黄L	1	C1L	成熟	疏松	中等	多	浓	45	10
		2	C2L	成熟	疏松	中等	有	强	40	15
		3	C3L	成熟	疏松	稍薄	有	中	35	25
		4	C4L	成熟	疏松	稍薄	稍有	中	35	30
	橘黄F	1	C1F	成熟	疏松	中等	多	浓	45	10
		2	C2F	成熟	疏松	中等	有	强	40	15
		3	C3F	成熟	疏松	中等	有	中	35	25
		4	C4F	成熟	疏松	稍薄	稍有	中	35	30
上部B	柠檬黄L	1	B1L	成熟	尚疏松	中等	多	浓	45	15
		2	B2L	成熟	稍密	中等	有	强	40	20
		3	B3L	成熟	稍密	中等	稍有	中	35	30
		4	B4L	成熟	紧密	稍厚	稍有	弱	30	35
	橘黄F	1	B1F	成熟	尚疏松	稍厚	多	浓	45	15
		2	B2F	成熟	尚疏松	稍厚	有	强	40	20
		3	B3F	成熟	稍密	稍厚	有	中	35	30
		4	B4F	成熟	稍密	厚	稍有	弱	30	35
	红棕R	1	B1R	成熟	尚疏松	稍厚	有	浓	45	15
		2	B2R	成熟	稍密	稍厚	有	强	40	25
		3	B3R	成熟	稍密	厚	稍有	中	35	35
完熟叶H		1	H1F	完熟	疏松	中等	稍有	强	40	20
		2	H2F	完熟	疏松	中等	稍有	中	35	35
杂色K	中下部CX	1	CX1K	尚熟	疏松	稍薄	有	—	35	20
		2	CX2K	欠熟	尚疏松	薄	少	—	25	25
	上部B	1	B1K	尚熟	稍密	稍厚	有	—	35	20
		2	B2K	欠熟	紧密	厚	稍有	—	30	30
		3	B3K	欠熟	紧密	厚	少	—	25	35
光滑叶S		1	S1	欠熟	紧密	稍薄、稍厚	有	—	35	10
		2	S2	欠熟	紧密	—	少	—	30	20

（续表）

组别		级别	代号	成熟度	叶片结构	身份	油分	色度	长度（cm）	残伤（%）
微带青 V	下二棚 X	2	X2V	尚熟	疏松	稍薄	稍有	中	35	15
	中部 C	3	C3V	尚熟	疏松	中等	有	强	40	10
	上部 B	2	B2V	尚熟	稍密	稍厚	有	强	40	10
		3	B3V	尚熟	稍密	稍厚	稍有	中	35	10
青黄色 GY		1	GY1	尚熟	尚疏松至稍密	稍薄、稍厚	有	—	35	10
		2	GY2	欠熟	稍密至紧密	稍薄、稍厚	稍有	—	30	20

5.1.5.3　烟叶水分含量规定如表 5-4 所示

5.1.5.4　烟叶含砂土率允许量如表 5-4 所示

5.1.5.5　烟叶扎把要求为自然把，每把 25~30 片，把头周长 100~120mm、绕宽 50mm

5.1.6　验收规则

5.1.6.1　定级原则

烤烟的成熟度、叶片结构、身份、油分、色度、长度都达到某级规定时，残伤不超过某级允许度时，才定为某级。

5.1.6.2　最终等级的确定

当重新检验时与已确定之级不符，则原定级无效。

5.1.6.3　一批烟叶界于两种颜色的界限上，则视其他品质先定色后定级

5.1.6.4　一批烟叶在两个等级界限上，则定较低等级

5.1.6.5　一批烟叶品级因素为 B 级，其中一个因素低于 B 级规定则定 C 级；一个或多个因素高于 B 级，仍为 B 级

5.1.6.6　青片、霜冻烟叶、火伤、火熏、异味、霉变、掺杂、水分超限等均为不列级，不予收购

5.1.6.7　中下部杂色 1 级（CX1K）限于腰叶、下二棚部位

5.1.6.8　光滑叶 1 级（S1）限于腰叶，上、下二棚部位

5.1.6.9　青黄 1 级限于含青二成以下的烟叶

5.1.6.10　青黄 2 级限于含青三成以下者

5.1.6.11　H 组中 H1F 为橘黄色，H2F 包括橘黄色和红棕色

5.1.6.12　中部微带青质量低于 C3V 的烟叶应列入 X2V 定级，中部叶短于 35cm 者在下部叶组定级

5.1.6.13　杂色面积超过 20%的烟叶，在杂色组定级

5.1.6.14　杂色面积少于 20%的烟叶，允许在正组定级，但杂色与残伤相加之和不得超过相应等级的残伤百分数，超过者定为下一级；杂色与残伤之和超过该组最低等级残伤允许

度者，可在杂色组内适当定级。

5.1.6.15 CX1K 杂色面积不超过 30%，超过 30%为下一个等级

5.1.6.16 B1K 杂色面积不超过 30%

5.1.6.17 B2K 杂色面积不超过 40%，超过 40%为下一个等级

5.1.6.18 褪色烟在光滑叶组定级

5.1.6.19 基本色影响不明显的轻度烤红烟，在相应部位、颜色组别二级以下定级

5.1.6.20 叶片上同时存在光滑与杂色的烟叶在杂色组定级

5.1.6.21 青黄烟叶片上存在杂色时仍在青黄烟组按质定级

5.1.6.22 破损的计算以一把烟内破损总面积占把内烟叶应有总面积的百分比计算；每张叶片的完整度必须达到 50%以上，低于 50%者列为级外烟。破损率的规定如表 5-4 所示

5.1.6.23 纯度允差的规定如表 5-4 所示

表 5-4 纯度允差的规定

<table>
<tr><th rowspan="2">级别</th><th rowspan="2">纯度允差不超过（%）</th><th rowspan="2">破损率（%）</th><th colspan="2">水分（%）</th><th colspan="2">自然含土率不超过（%）</th></tr>
<tr><th>初烤烟</th><th>复烤烟</th><th>初烤烟</th><th>复烤烟</th></tr>
<tr><td>C1F、C2F、C3F
C1L、C2L、B1F
B2F、B1L、B1R
H1F、X1F</td><td>10</td><td>10</td><td rowspan="4">16～18
（其中 4—9 月为
16～17）</td><td rowspan="4">11～13</td><td rowspan="4">1.1</td><td rowspan="4">1.0</td></tr>
<tr><td>C3L、X2F、C4L、C4F、X3F、X1L、X2L、B3F、B4F、B2L、B3L、B2R、B3R、H2F、X2V、C3V、B2V、B3V、S1</td><td>15</td><td>20</td></tr>
<tr><td>B4L、X3L、X4L
X4F、S2、CX1K
CX2K、B1K、B2K、
GY1</td><td>20</td><td>30</td></tr>
<tr><td>B3K、GY2</td><td>20</td><td>30</td></tr>
</table>

5.1.6.24 凡列不进标准级别的但尚有使用价值的烟叶，可视作级外烟。收购部门可根据用户需要议定收购，否则，拒收购

5.1.6.25 每包（件）内烟叶自然碎片不得超过 3%

5.1.7 检验方法

5.1.7.1 品质检验

（1）品质检验按本标准第 4 条逐项检验，以感官鉴定为主。

（2）品质检验取样数量为 5～10kg，从现场检验打开的全部样件中平均抽取，每样件至少抽样二把。检验打开的样件超过 40 件，只需任选 40 件。

（3）将送检样品逐把取 1/3 称重，按标准逐片分级，分别称重，经过复核无误，计算其合格率。如有异议时，可再取 1/3 另行检验，以两次检验结果平均数为准。

5.1.7.2　水分检验

现场检验用感官检验法，室内检验用烘箱检验法。

5.1.7.2.1　水分检验取样

取样数量不少于 0.5kg，从现场检验打开的全部样件中平均抽取。现场检验打开的样件超过 10 件，则超过部分，每 2~3 件任选一件。每样件的取样部位，从开口一面的一条对角线上，等距离抽出 2~5 处，每处各一把，从每把中任取半把，放入密闭的容器中，化验时，从每半把中选完整叶 2~3 片。

5.1.7.2.2　感官检验方法

初烤烟以烟筋稍软不易断，手握稍有响声，不易破碎为准。

5.1.7.2.3　烘箱检验方法

（1）仪器及用具：分析天平：感量 1/1 000g。

电热烘箱（或其他烘箱）：具有调节温度装置，并能自动控制温度在±2℃范围内，附带有 0~200℃温度计，汞银球位于试样搁板以上 1.5~2.0cm 处。只能使用中层搁板。

玻璃干燥器：内装干燥剂。

样品盒：铝制，直径 60mm，高 25mm，并在盖上及底盒侧壁标有号码。

（2）操作程序：从送检样品中均匀抽取约 1/4 的叶片，迅速切成宽度不超过 5mm 的小片或丝状。混匀后用已知干燥重量的样品盒称取试样约 5~10g，记下称得的试样重量。去盖后放入温度 100±2℃的烘箱内，自温度回升至 100℃时算起，烘 2h，加盖，取出，放入干燥器内，冷却至室温，再称重。按式（1）计算百分率：

$$\text{水分（\%）}=\frac{\text{试样重量}-\text{烘后重量}}{\text{试样重量}}\times 100 \qquad (1)$$

注：①每批样品的测定均应做平行试验，二者绝对值的误差不得超过 0.5%，以平行试验结果的平均值为检验结果。如平行试验结果误差超过规定时，应做第三份试验，在三份结果中以两个误差接近的平均值为准。

②检验结果所取数字，以 0.1%为准，下一位数字按 GB8170 进行修约。

5.1.7.3　砂土检验

现场检验用感官检验法，室内检验用重量检验法。

5.1.7.3.1　砂土检验取样

取样数量不少于 1kg。从现场检验打开的全部样件中平均抽取，如现场检验打开的样件超过 10 件，则任选 10 件为取样对象，每件任取 1 把。如双方仍有争议时，可酌情增加。

5.1.7.3.2　感官检验方法

用手抖拍烟把无砂土落下，看不见烟叶表面附有砂土即为合格。

5.1.7.3.3　重量检验方法

（1）用具：分析天平：感量 1/10g。

毛刷：宽 100mm，猪鬃长 70mm 左右。

分离筛：孔径 0.25mm（相当于 1 平方英寸 60 孔），附有筛盖筛底。

（2）操作程序。

$$砂土率（\%）=\frac{砂土重量}{试样重量}\times 100 \quad (2)$$

从送检样品中均匀取两个平行试样，每个试样约重400~600g。称得试样重量，在油光纸上将烟把解开，用毛刷逐片正反两面各轻刷5~8次，刷净，收集刷下的砂土，通过分离筛，至筛不下为止。将筛下的砂土称重，记录重量，按式（2）计算砂土百分数：

注：①以两次平行试验结果的平均数为测定的结果。

②检验结果所取数字位数，以0.1%为准，下一位数字，按GB8170进行修约。

5.1.7.4 熄火烟检验

5.1.7.4.1 取样数量每件抽取5处，每处任取两把，每把任取1片。从现场打开的全部样件中平均抽取。未成件的烟叶，按每50kg均匀取10把，每把1片，共10片；不足50kg者仍取10把，每把1片。

5.1.7.4.2 熄火烟检验用燃烧法。每张叶片横向其中部1/3（即除去叶尖部和叶基部各1/3），再横向平均剪成三条块，分别在明火上点燃后，吹熄火焰，同时计时至最后一火点熄灭止，即为阴燃时间。三条块中有二条块阴燃时间少于2s者即为熄火叶片。以此法检测后，按式（3）计算烟叶熄火率：

$$熄火率（\%）=\frac{熄火叶片数}{检查总叶数}\times 100 \quad (3)$$

5.1.8 检验规则

5.1.8.1 分级、交售、收购、供货交接均按本标准执行

5.1.8.2 现场检验

（1）取样数量，每批（指同一地区、同一级别烤烟）在100件以内者取10%~20%的样件；超出100件的部分取5%~10%的样件，必要时酌情增加取样比例。

（2）成件取样，自每件中心向其四周抽检样5~7处，约3~5kg。

（3）未成件烟取样，可全部检验，或按部位抽检样6~9处，约3~5kg或30~50把。

（4）对抽验按本标准第7条规定进行检验。

（5）现场检验中任何一方对检验结果有不同意见时，送上级技术监督主管部门进行检验。检验结果如仍存异议，可再复验，并以复验结果为准。

5.1.9 实物标样

5.1.9.1 实物标样是检验和验级的凭证为验货的依据之一

5.1.9.2 实物标样制订标准

实物标样分基准标样和仿制标样两类。

（1）基准标样根据文字标准制定，经全国烟草标准化技术委员会烟叶标准标样分技术委员会审定后，由国家技术监督局批准执行。3年更换1次。

（2）仿制标样，由各省、市、自治区各有关部门，根据基准标样进行仿制，经省技术监督局批准执行，仿制标样每年更新一次。

5.1.9.3 实物标样制定原则

（1）代表性样品，以各级烟叶中等质量叶片为主，包括级内大致相等的较好和较差叶片。每把20~25片。

（2）可用无残伤和无破损叶片。

5.1.10 包装、标志、运输、贮存

5.1.10.1 包装

（1）每包（件）烤烟必须是同一产区、同一等级。

（2）包装用的材料必须牢固、干燥、清洁、无异味、无残毒。

（3）包（件）内烟把应排列整齐，循序相压，不得有任何杂物。

（4）包装类型

分麻袋包装和纸箱包装两种。

（1）麻袋包装：每包净重为50kg，成包400mm×600mm×800mm。

（2）纸箱或木箱包装：每箱净重200kg，外径规格1 115mm×690mm×725mm。

5.1.10.2 标志

（1）必须字迹清晰，包内要放标志卡片。

（2）包（件）正面标志内容

①产地（省、县）。

②级别（大写及代号）。

③重量（毛重、净重）。

④产品年、月。

⑤供货单位名称。

（3）包件的四周应注明级别及其代号。

5.1.10.3 运输

（1）运输包件时，上面必须有遮盖物，包严、盖牢、防日晒和受潮。

（2）不得与有异味和有毒物品混运，有异味和污染的运输工具不得装运。

（3）装卸必须小心轻放，不得摔包、钩包。

5.1.10.4 贮存

5.1.10.4.1 垛高

麻袋包装初烤烟1~2级（不含副组2级）不超过5个包高，3~4级不超过6个包高；复烤烟不超过7个包高。硬纸箱包装不受此限。

5.1.10.4.2 场所

必须干燥通风，地势高，不靠火源和油仓。

（1）包位：须置于距地面300mm以上的垫石木上，距房墙至少300mm。

（2）不得与有毒物品或有异味物品混贮。

5.1.10.4.3 露天堆放

四周必须有防雨、防晒遮盖物，封严。垛底需距地面300mm以上，垫木（石）与包齐，以防雨水浸入。

5.1.10.4.4 存贮须防潮、防火、防霉、防虫。

定期检查，确保商品安全。

ICS

YC

中华人民共和国烟草行业标准

YC/T 25—1995

烤烟实物标样

国家烟草专卖局　发布

前　　言

本标准是根据我国烤烟收购、加工和工商交接的实际情况，针对烤烟实物标样制作、评定和使用保管而制定。

本标准为“GB 2635—1992 烤烟”的正确实施提供标准化、法制化实物依据。

从 1996 年 1 月 1 日起所有使用的样品，均应符合本标准的规定。

本标准附录 A 是标准的附录。

本标准由国家烟草专卖局提出。

本标准由全国烟草标准化技术委员会归口。

本标准起草单位：中国烟草生产购销公司、中国烟草总公司郑州烟草研究院。

本标准主要起草人：冯国桢、王卫康、于华堂、关博谦和聂和平。

5.2 烤烟实物标样

5.2.1 范围

本标准规定了烤烟实物标样的定义、制作、评定、证书、有效期限、包装、运输与保管等要求。

本标准适用于烤烟实物标样。"注"：白肋烟实物标样参照执行。

5.2.2 引用标准

下列标准包含的条文，通过在本标准中引用而构成为本标准的条文。在标准出版时，所示版本均为有效。所有标准都会被修订，使用本标准的各方应探讨、使用下列标准最新版本的可能性。

GB 2635—1992 烤烟。

5.2.3 定义

本标准采用下列定义。

5.2.3.1 烤烟实物标样

指根据 GB 2635—1992 的技术规定，选用当年或上年生产的烤烟初烤烟叶制作的实物样品。烤烟实物标样是烤烟收购、交接、仲裁的依据。烤烟实物标样包括基准标样和仿制标样。

5.2.3.2 基准标样

由国家烟草专卖局指定的单位统一制作的烤烟实物标样，是制作仿制标样的实物依据，是烤烟交接最终仲裁的实物依据。

5.2.3.3 仿制标样

以省（区）为单位统一制作的烤烟实物标样，是制作收购指导标样的实物依据。烤烟仿制标样与基准标样不符时，以基准标样为准。

5.2.4 环境条件

5.2.4.1 温度、湿度

温度：20~35℃。

相对湿度：65%~80%。

5.2.4.2 光照

色温：5 000~5 500K。

照度：300~1 000lx。

光源：自然光或人工模拟自然光。

5.2.5 实物标样制作

5.2.5.1 制作要求

基准标样依据 GB 2635—1992 对各等级的技术要求，并参照上年基准标样制作；仿制标样参照同年基准标样制作，必须保证年度间的稳定和产区间的平衡，不允许有质量水平高低差异。各等级之间质量不得交叉。

5.2.5.2 制作技术

（1）原料应保证无板结、无压油、无断筋现象。

（2）基准标样和仿制标样每把烟 15~25 片，少于 15 片无效。

（3）制作实物标样的烤烟叶片个体破损不得达到或超过 50%，每把烟破损率不得超过 GB 2635—1992 的相应规定。

（4）可用无破损叶片制作实物标样。

（5）可用无残伤叶片制作实物标样。

（6）基准标样和仿制标样无纯度允差。

（7）实物标样属代表性样品，把内烟叶以该等级中等质量叶片为主，同时还应包括该等级质量幅度内较好及较差的叶片。上、中、下限比例为 2∶6∶2。

5.2.6 审（评）定程序

5.2.6.1 审（评）定时间

基准标样和仿制标样在每年收购开始前完成。

5.2.6.2 审（评）定组织

基准标样由“全国烟草标准化技术委员会烟叶标准标样分技术委员会”审定；仿制标样由省（区）“烟叶标样审（评）定小组”评定。

5.2.6.3 审（评）定原则

基准标样和仿制标样由参加审（评）定的委员会全体委员逐把审评。最终以无记名投票方式表决。委员会 2/3 以上（含 2/3）委员同意为审（评）定通过。

5.2.7 认证、签封

5.2.7.1 认证、签封权限

基准标样由国家技术监督主管部门认证。并监督签封；仿制标样由省（区）技术监督部门认证并监督签封。

5.2.7.2 签封要求

（1）实物标样必须逐把签封。

（2）封条上必须标明产区、制作年份、类型、等级、叶片数，并加盖认证单位公章。

（3）签封后的标样于使用时发现有字迹涂改、封条撕裂、叶片数不符等现象，则此标样无效。

5.2.8 实物标样保存单位及保存数量

5.2.8.1 国家级指定单位保存基准标样 2 套，仿制标样 3 套

5.2.8.2 省（区）级保存基准标样 2 套，仿制标样 3 套

5.2.8.3 地区级、县级保存仿制标样 3~5 套

5.2.8.4 卷烟厂及复烤厂应保存调入产区的仿制标样 1 套

5.2.8.5 各收购单位保存仿制标样 1~2 套

5.2.9 有效期限及更换时限

5.2.9.1 有效时限

国家级指定单位保存的基准标样有效期限为 3 年。

省（区）级保存的基准标样有效期限为 1 年。

5.2.9.2 更换时限

基准标样和仿制标样每年更换 1 次。

5.2.10 实物标样证书

实物标样是评定认证单位向用户证明实物标样的质量保证书，每套标样一份。证书内容包括：类型、产区、品名、制作日期、有效期限、评定认证单位、使用范围等（格式见附录 A）。

5.2.11 实物标样的包装、运输及保管

5.2.11.1 包装

基准标样或仿制标样以套为单元，置于棕色塑料袋内，外加纸箱包装。纸箱内应附有实物标样证书。纸箱规格 L×W×H 为 80cm×50cm×10cm。柳条两侧印制“烤烟实物标样”字样，两端注明标样类别、产区、审（评）定单位、认证单位、日期、有效期限。

5.2.11.2 运输

避光、防摔、防潮。

5.2.11.3 保管

基准标样置于-15~0℃条件下保存。使用时须置放在室温下 2h 后方可开箱。

仿制标样可于常温条件下保存。必要时可使用药剂防虫防霉。

附录A
标准样品证书格式

正面

标准样品证书

类型：

产区：

品名：

样品编号：

评定认证单位；　　　　　　　　　　公章

制作日期：

有效期限：

保管方法：

使用范围：

背面：

标样等级质量情况

等级	叶片数	质量情况
X1L		
X2L		
X3L		
X4L		
X1F		
X2F		
X3F		
X4F		
C1L		
C2L		
C3L		
C1F		
C2F		
C3F		
B1L		
B2L		
B3L		
B4L		
B1F		
B2F		
B3F		
B4F		
B1R		
B2R		
B3R		
H1F		
H2F		
X2V		
C3V		
B2V		

（续表）

等级	叶片数	质量情况
B3V		
CX1K		
CX2K		
B1K		
B2K		
B3K		
S1		
S2		
GY1		
GY2		

ICS 65.160
X 87

GB

中华人民共和国国家标准

GB/T 19616—2004

烟草成批原料取样的一般原则

Toaccc-Smpig of batches of raw material-General principles

(ISO 4874：2000，MOD)

2004-12-14 发布　　2005-03-01 实施

中华人民共和国国家质量监督检验检疫总局
中国国家标准化管理委员会

前　言

本标准修改采用 ISO 4874：2000<烟草成批原料取样的一般原则>（英文版）

本标准根据 ISO 4874：2000 重新起草。

考虑到我国国情，与 ISO 4874：2000 相比，本标准存在少量技术性差异。这些技术性差异已编入正文并在它们所涉及的条款的页边空白处用垂直单线标识。在附录 B 中给出了技术性差异及其原因的一览表以供参考。

为便于使用，与 ISO 4874：2000 相比，本标准做了下列编辑性修改。

—删除了 ISO 4874：2000 的前言。

—删除了 ISO 4874：2000 的参考文献。

—增加了附录 B“本标准与 ISO 4874：200 的对照”。

本标准实施之日起，YC/T 5-19992《烟草成批原料取样的一般原则》废止。

本标准与 YC/T 5—1992 相比主要变化如下：

—删除了 YC/T 5—1992 的“引言”部分。

—修改了定义“特性”“货物”“单样”，分别为“特征”“交货货物”“小样”（YC/T 5—1992 的 2.1，2.3，27；本标准的 2.1，2.3，2.6）。

—修改定义“大样”和“小样”分别为“总样”和“缩减样，"（YC/T 5—1992 中的 2.9，2.10；本标准的 2.8，2.9）。

—删除了定义“样本”和“分样本”（YC/T 5—1992 的 2.5 和 2.11）。

—删除了 YC/T 5—1992 中 3.1“合同安排”中的条款 I。

—修改了“取样程序”（YC/T 5—1992 中的第 4 章；本标准中的 5.1）。

—修改了“取样报告”（YC/T 5—1992 中的第 5 章；本标准中的第 6 章）。

—修改了附录 A“取样举例”。

—增加了附录 B。

—增加了“参考文献”部分。

本标准的附录 A，附录 B 为资料性附录。

本标准由国家烟草专卖局提出。

本标准由全国烟草标准化技术委员会（TC144）归口。

本标准起草单位：中国烟草标准化研究中心。

本标准主要起草人：李栋、马明、李青常、张小渝和范黎。

5.3 烟草成批原料取样的一般原则

5.3.1 范围

本标准规定了对烟草成批原料取样的一般原则，用以评价一个或多个特征的平均值或不一致性。

本标准适用于成批烟叶（包括烤烟、晾烟和晒烟）和经过预处理的烟草原料（包括经过发酵、部分或全部去梗的原料，以及烟梗、碎叶、废料、再造烟叶）的取样。

5.3.2 术语和定义

下列术语和定义适用于本标准。

5.3.2.1 特征 characteristic

烟草的物理学、力学、尺寸、化学、生物学、植物学或感官等方面的性质。

[GB/T 18771.4—2002，定义 2.65]

5.3.2.2 批 batch

在一个或多个特性（如：烟叶部位、颜色、成熟度、烟叶长度）被认为一致的条件下产生的一定量的烟草。

注：该概念一般的含义是批中的烟叶属于同一品种，并由同一个产地生产的。

[GB/T 18771.4—2002，定义 2.64]

5.3.2.3 交货货物 consignment

同时交付的一定数量的烟草交付货物可以是一批或若干批烟草原料，或若干批中的若干部分。

5.3.2.4 取样单位 samplingunit

交货货物中的一个单元。

注 1：对于已分装的烟草其取样单位可以为烟包、木箱或纸板箱、筐或麻袋。

注 2：对于散装烟草，总质量为千克的交货货物应被视为由 ra/100 个取样单位组成。

5.3.2.5 分层取样 stratfi iiedsampling

对于可以分成不同子总体（称为层）的总体，取样时要按样品中的规定比例从不同层中抽取。

5.3.2.6 小样 icement

从一个取样单位一次取出的一定数量的烟草，构成单样的一部分。

5.3.2.7 单样（基础样品）single sample（basic sample）

为尽可能地代表取样单位而从该单位中取出的 N 个小样总合而成的一个样品。

[GB/T 18771.4—2002，定义 2.36]

5.3.2.8 总样 gros ssample

由所有单样构成的一个样品。

5.3.2.9　缩减样 reducedsample

从总样中取出的用以代表总样的一个样品。

[GB/T 18771.4—2002，定义 2.39]

5.3.2.10　实验室样品 laboratorysample

用于实验室检验或测试的样品，其代表总样。

注：根据情况，它的组成可以是：

（1）一个或若干单样。

（2）总样。

（3）总样中的一个缩减样。

5.3.2.11　试样 testsample

从实验室样品中随机抽取的用于测试的样品，其代表总样。

5.3.3　取样协议或任务委托书

各有关方的协议或任务委托书须注明。

5.3.3.1　在哪一个生产和交付阶段进行取样

5.3.3.2　负责取样方和监督方

5.3.3.3　需测定的特征

5.3.3.4　执行分析的实验室

5.3.3.5　取样和分析之间，允许的最长时间间隔（此间隔应尽可能的短）

5.3.4　取样

5.3.4.1　基本要求

实验室收到的样品应在运输或存放过程中未被损伤和发生变化。

5.3.4.2　取样设备

取样设备应适合于第 3 章（1）中规定的待测特征的测定。如测定烟叶尺寸、碎片大小分布等物理特征时，所使用的取样设备应不能造成这些特征的改变取样设备应洁净和干燥，并应不能影响随后的测定。

5.3.4.3　样品容器和存放注意事项

收集样品的容器应由化学惰性材料制成，为密封的，最好是不透光的。样品应存放于干燥、凉爽、避光并无异味的环境中，以避免污染、微生物滋生、害虫侵害或其他影响感官特征改变的情况发生。

5.3.5　取样程序

5.3.5.1　基本要求

取样程序应包括以下的步骤。

（1）对样品加贴标签用以正确识别。

（2）选择取样单位。

（3）抽取小样并组成单样。

（4）组成总样。

（5）组成缩减样。

（6）制备实验室样品。如除平均值外，还同时要检验不一致性，则需进行若干个实验室样品的分析。在这种情况下，实验室样品通常从一个单样或不超过由 2~3 个单样组成的总样中抽取。

5.3.5.2 受损取样单位的处理

受损取样单位的处理取决于分析目的。

（1）如受损与待测特征无关（如测量烟叶长度时病斑的影响），则受损取样单位应与未受损取样单位一样处理。

（2）如受损影响到测定，则受损取样单位应单独取样，并做记录。

（3）如受损已经到了不能对待测特征进行测定的程度时，则不应对该取样单位进行取样。

如有必要，可在受损取样单位中对烟草受损程度进行分级并从中抽取足够的小样。

5.3.5.3 取样单位的选择

取样单位的选择可以采取随机取样法或周期性系统取样法。

方法的选择取决于交货货物的性质。如果该交货货物未对批进行区分，则建议采用随机取法确定取样单位。如果该交货货物使用了连续的数字对批进行标注以表明生产次序，则适于采用周期性系统取样法选择取样单位。

5.3.5.3.1 随机取样法选择取样单位

随机从交货货物中抽取取样单位，使每个单位都有被抽取的可能。重复该过程直到得到要求的取样单位数量（n）。

5.3.5.3.2 周期性系统取样法选择取样单位

如果交货货物中有 N 个取样单位，而且这些取样单位进行了系统性的区分（例如，按生产次序），并编上 1^~N 号，则 n 个取样单位的周期性系统取样应按如下的编号抽取：

h， h+k， h+ 2k. . . . . .h+（n−1）k

式中：

h 和 k 是满足下式关系的整数

nk<N<n（k+1），且 h 续 k

h 一般取自第一个 k 值，且为整数。

5.3.5.4 小样的抽取和单样的组成

5.3.5.4.1 组成

根据情况，最小小样的组成应符合下列规定之一：

（1）3 把扎把烟叶。

（2）50 片烟叶（适用于在交付前未扎把的烟叶）。

（3）500g 烟草原料（香料烟、打叶或全部去梗叶片、烟梗、碎叶、废料或再造烟叶）的取样。

5.3.5.4.2 小样数

每个取样单位至少要抽取 3 个小样。如果仅抽取 3 个小样，则第 1 个小样应从取样单位的上部1/3中抽取，第二个小样从中部1/3中抽取，第三个小样从下部1/3中抽取，且取样位置不应集中在通过该取样单位的同一垂直线上。

如抽取3个以上的小样，则它们应均匀地分布在取样单位中。

5.3.5.4.3 单样的大小

每个单样是由从同一取样单位中所抽取的全部小样组成，其大小和组成应根据以下内容确定：

（1）烟草类型。

（2）取样单位的大小。

（3）测定项目的类型和数量。

注：样品大小的典型例子参见附录Ao

5.3.5.4.4 散装烟草

散装烟草应按照条款2.4中的注2分成若干取样单位，并按照5.4.1~5.4.3的规定进行取样。在这种情况下，需制订一个适合散装烟草大小的分层取样计划。

5.3.6 取样报告

取样报告应包括以下信息。

5.3.6.1 烟草的类型和来源。

5.3.6.2 交货货物的数量以及每批的数量或编号。

5.3.6.3 批的总质量。

5.3.6.4 包装方式。

5.3.6.5 包装的数量和单重，并注明净重还是毛重。

5.3.6.6 受损包装的数量和单重，并注明净重还是毛重。

5.3.6.7 原料外观情况。

5.3.6.8 取样目的和检测项目。

5.3.6.9 被取样的取样单位数量。

5.3.6.10 小样的数量、特征和原始位置。

5.3.6.11 单样的描述（种类、一致性和单重）。

5.3.6.12 单样的数量。

5.3.6.13 如需要，注明总样的组成和质量。

5.3.6.14 如需要，注明总样缩减的方法和缩减样的组成及质量。

5.3.6.15 实验室样品的组成和质量以及获取和保存实验室样品的方法。

5.3.6.16 取样者姓名（签字）。

5.3.6.17 取样日期。

5.3.6.18 被取样点代表姓名（签字）。

ICS 65.160
X 87

中华人民共和国国家标准

GB/T 23220—2008

烟叶储存保管方法

Tobacco leaves storage method

2008-12-31 发布 **2009-06-01 实施**

中华人民共和国国家质量监督检验检疫总局
中国国家标准化管理委员会 发布

前　　言

本标准的附录 A、附录 B、附录 C 为资料性附录。

本标准由国家烟草专卖局提出。

本标准由全国烟草标准化技术委员会（SAC/TC 144）归口。

本标准起草单位：中国烟草总公司郑州烟草研究院。

本标准主要起草人：宋纪真、周汉平、奚家勤、杨军和尹启生。

5.4 烟叶储存保管方法

5.4.1 范围

本标准规定了烟叶仓库建库、烟叶入库、原烟贮存与养护、片烟贮存与养护、虫害防治、烟叶出库等技术要求。

本标准适用于烤烟及白肋烟原烟、片烟、烟梗和香料烟及其他晾晒烟的贮存保管。

5.4.2 规范性引用文件

下列文件中的条款通过本标准的引用而成为本标准的条款。凡是注日期的引用文件，其随后所有的修改单（不包括勘误的内容）或修订版均不适用于本标准，然而，鼓励根据本标准达成协议的各方研究是否可使用这些文件的最新版本。凡是不注日期的引用文件，其最新版本适用于本标准。

GB/T 2635—1992 烤烟。

GB/T 5991.3 香料烟　检验方法。

GB/T 8966 白肋烟。

GB 50016 建筑设计防火规范。

YC/T 31 烟草及烟草制品　试样的制备和水分测定　烘箱法。

YC/T 205 烟草及烟草制品仓库设计规范。

《中华人民共和国消防条例》。

《仓库防火安全管理规则》（中华人民共和国公安部令第 6 号）。

5.4.3 术语和定义

下列术语和定义适用于本标准。

5.4.3.1　烟叶仓库

用于贮存各类烟叶的库房。通常为钢筋水泥结构，有防潮、隔热、通风、降温及排湿等建筑特性。

5.4.3.2　通风

利用库房的门、窗、通风洞或机械设备，使库内外空气交换。

5.4.3.3　去湿

利用吸潮剂和空气去湿机降低库内相对湿度。

5.4.3.4　密封

利用导热性差、隔潮性好的材料，将库房或烟叶严格密封起来，防止外界环境的影响。

5.4.3.5　霉变

因霉菌在烟叶上滋生繁殖引起的烟叶发霉变质。

5.4.3.6　异味

不同于烟草所具有的其他气味。

5.4.3.7　库耗

烟叶在储存过程中的质量损耗，包括自然损耗、虫害损耗、霉变损耗、造碎损耗等。

5.4.3.8　原烟

调制后未经复烤的烟叶。

5.4.3.9　翻垛

调换烟包在烟垛中的位置。

5.4.3.10　尸屑率

各虫态活体及尸体、虫粪、碎屑占烟叶质量的比例。

5.4.4　烟叶仓库及其要求

5.4.4.1　地址选择

烟叶仓库应设置在地下水位低、地势高、通风良好、四周排水通畅、交通方便、周围无污染影响的地方。

5.4.4.2　建库要求

5.4.4.2.1　地坪

应高出地面 0.5m 以上，并铺设防潮层。

5.4.4.2.2　墙

通常采用钢筋混凝土结构。

5.4.4.2.3　门窗

应结构严紧，开启灵活；安装孔径小于 1mm 的纱窗，门上安装风幕机。门窗的设计原则见 YC/T 205。

5.4.4.2.4　仓顶

仓顶应设隔热层。

5.4.4.2.5　通风洞

通风洞应设在距地坪 0.3~0.4m 处，在墙内侧安装插板以便开关，外墙安装孔径应小于 1mm 的纱窗。通风洞的大小为（0.35~0.40m）×（0.15~0.20m），通风洞的面积与库房面积之比为 1：（125~150）。

5.4.4.2.6　降温降湿设备

仓库应设置排风扇、去湿机等，库内温度高于 35℃的仓库应安装空调。

5.4.4.2.7　消防要求

应按照 GB 50016 和《仓库防火安全管理规则》配备消防设施。

5.4.5　烟叶入库

5.4.5.1　烟叶入库前的准备

5.4.5.1.1　仓库卫生

烟叶入库前应整理仓库卫生，清除蜘蛛网、垃圾、碎屑、碎烟，堵塞洞隙，用防护剂进行空仓和仓内用具消毒。

5.4.5.1.2 货位规划

每个仓库均应划分货位，并对货位进行编号。货位用色漆划线，距墙 0.5m，柱距 0.3m，垛距 0.5m，灯距 0.5m，顶距 0.5m，主走道 2.5~3.0m，距消防栓 1.0m。

5.4.5.2 入库检验

5.4.5.2.1 检验内容

（1）原烟检验项目：质量、水分、异味、虫害、霉变。

（2）片烟检验项目：质量、水分、异味、虫害、霉变、箱温、包装、标识。

5.4.5.2.2 原烟检验

（1）质量检验：每批在 100 件以内取 10%的样件，每超过 100 件应增抽 2~5 件，样件超过 40 件，随机抽取 40 件；逐件过磅，每件平均净质量在标识净质量±1%范围为质量合格。

（2）水分检验：烤烟按 GB 2635 取样，白肋烟按 GB/T 8966 取样，香料烟按 GB/T 5991.3 取样。

①烤烟和白肋烟检验。现场进行感官检验，以烟筋稍软不易断、手握稍有响声、不易破碎为合格，否则为不合格；若感官检验不合格，按 YC/T 31 测定水分。水分大于 18.0%为烟叶水分不合格。

②香料烟检验。现场进行感官检验，以手握松开后能自然展开，烟筋稍脆不易断、手握稍有响声不易破碎为准；若感官检验不合格，按 YC/T 31 测定水分。水分大于 15.0%为烟叶水分不合格。

（3）异味检验：对现场打开的烟包进行异味感官检验，鼻闻是否有不同于烟草所具有的其他气味。

（4）虫、霉检验：虫害检验：从打开的样件中随机描取 10 件作为取样对象，每样件至少取样 2 把，合计取样不少于 2.5kg。逐片拍打、抖动样烟，记录各虫态虫口数，计算虫口密度（头/kg）和尸屑率。根据尸屑率估算虫害损失率。

尸屑率的测算方法：称所取样品片烟的质量，展开叶片，检出成虫尸体、幼虫，用毛笔清扫烟叶上的烟末、碎屑、虫粪，将烟末、碎屑、虫粪过 18 目小筛。用精度 0.01 的分析天平称出各虫态虫体及尸体、虫粪、烟末和碎屑质量（18 目筛下质量），计算尸屑率。尸屑率为各虫态活体及尸体、虫粪、碎屑占烟叶质量的百分比。

虫害分级：虫害为害损失分共分 5 级，如表 5-5 所示。

表 5-5 虫害分级表

为害等级	尸屑率（%）	为害程度
Ⅰ	尸屑率<1.0	轻微
Ⅱ	1.0≤尸屑率<2.0	一般
Ⅲ	2.0≤尸屑率<3.0	中等
Ⅳ	3.0≤尸屑率<4.0	较严重

（续表）

为害等级	尸屑率（%）	为害程度
V	尸屑率≥4.0	严重

霉情检验：对抽样的每件（箱）采用感官检验的方法，叶面有白、青色绒毛状物或鼻闻有霉味的即为霉变烟叶，统计霉变烟叶的质量百分比。

霉变分级：霉变分3级，如表5-6所示

表5-6　霉变分级表

为害等级	霉变状况	为害程度
0	无霉变、霉味烟叶	无霉变
Ⅰ	有轻微霉味，霉变烟叶<0.5%	轻微霉变
Ⅱ	有较大的霉味，0.5%≤霉变烟叶<5%	中等霉变
Ⅲ	有强烈的呛人的霉味，霉变烟叶≥5%	严重霉变

5.4.5.2.3　片烟检验

（1）质量检验：每批片烟在100件以内抽取3%的样件，每超过100件增抽1件，样件超过10件，随机抽取10件。逐件过磅，样件平均净质量在标识净质量±0.5%范围内为合格，否则应对整批烟叶逐件过磅。

（2）水分检验：以质量检验取样的样件作为水分取样件，参照GB 2635先进行感官检验；若感官检验不合格，按YC/T 31分别测定表层烟叶水分和中心烟叶水分，水分大于13%为不合格。

（3）异味检验：对现场打开的样件进行感官异味检验，鼻闻有否不同于烟草所具有的其他气味。

（4）虫、霉检验：检验方法见5.2.2.4。

（5）箱温检验：每批随机抽取5～10件，测定箱温，将温度计插人烟箱正中，5min后读数，当平均包温小于37℃为包温合格，否则为不合格。

（6）包装检验：对所有入库烟箱进行包装检验，检查是否有破损及水浸、雨淋现象。

（7）标识检验：片烟烟箱应清楚标明产地、等级、年份、质量、打叶日期、加工企业等。

5.4.5.3　烟叶入库程序

5.4.5.3.1　合格烟叶的处理

检验合格的烟叶（等级、水分、质量合格，包装完好，无虫蛀，无霉变，无异味），由检验员和保管员同在凭证上（烟叶卡片）签字后，才能正常入库储存。

5.4.5.3.2　不合格烟叶的处理

（1）水分不合格烟叶的处理：原烟水分大于18%的烟叶不能正常入库。水分大于18%的原烟最好在2周内安排打叶；2周内无法安排打叶的应存放在有空调或有除湿条件的仓库，将仓库相对湿度控制在60%以下，烟包堆垛高度不超过3包。每周检测1次包温和水分，当包温超过环境温度3℃时，应翻垛、开包散湿，待包温和水分合格后转入正常仓库贮存。

片烟水分大于13%的烟叶不能正常入库。表层水分大于13%的片烟存放在相对湿度较低（低于60%）的仓库散湿，每周检测1次表层水分，水分正常后转入正常仓库贮存；中心水分大于13%的片烟每周检测1次水分和箱温，当箱温持续上升时打开烟箱，将水分偏高、发热的片烟藏在相对湿度较低（低于60%）的仓库散湿，水分降至合格后再装人烟箱正常存放。

（2）霉变、异味烟叶：拒收霉变、异味烟叶。

（3）虫蛀烟叶：虫蛀及有活虫烟叶不能正常入库，必须熏蒸杀虫后才能入库贮存，熏蒸杀虫按8.4进行。

（4）质量不合格烟叶：烟叶质量和标识质量不相符时按实际质量接收入库。

（5）包装不合格烟叶：破损严重及水浸、雨淋的烟箱更换包装，破损不严重的烟箱用胶带粘好。

5.4.5.4 烟叶存放及码垛

（1）烟叶存放原则：烟叶按年份、产地、等级存放，同种烟叶（指年份、产地相同，等级或配方一致）存放在两个仓库，在同一仓库的存放地点不多于2个；烟叶存放时首先按年份存放，不同年份烟叶分库或分层存放；再根据产区、部位及等级存放，将质量较好的中下部烟叶放在条件较好的楼层，上部烟放温度稍高的楼层。

（2）新烟入库前整理仓库，将零散烟叶（50件以下）集中存放，以空出仓库存放新烟。

（3）原烟码垛：根据烟叶类型、等级、产地等分别码垛，不得混贮。有条件时烟包存放在货架上，每层货架堆放2个烟包。无货架时烟包置于垫板上，香料烟一、二级不超过4个烟包，其他等级不超过5个烟包；其他类型的烟叶，上等烟4~5个烟包，中等烟5~6个烟包，下等烟6~8个烟包。

（4）复烤烟（片烟和烟梗）码垛：根据年份、类型、产地、等级等分别码垛，不得混贮。烟包或烟箱应置于垫板上，烟梗一般为7个烟包。纸箱包装片烟根据地面承受力确定箱高，一般为4个箱高。

5.4.5.5 填写烟叶卡片及输入计算机

烟叶码垛后及时填写烟叶卡片，内容包括：货位编号、入库日期、产地、类型、年份、等级、数量、水分及虫、霉状况，并将烟叶卡片的全部内容输入计算机。

5.4.6 原烟贮存与养护

5.4.6.1 空调仓库的温湿度控制要求及方法

5.4.6.1.1 空调仓库的温湿度要求

采用自然通风和空调调节仓库温湿度，将库内温度控制在25℃以下，相对湿度控制在60%~65%。

5.4.6.1.2　库内温湿度控制措施

库内温度高于25℃时开空调降温去湿。库内温度低于25℃，当库内相对湿度高于65%，若外界气候条件适合通风去湿时采用自然通风；若库内相对湿度高于65%，而外界气候条件不适合通风去湿时则采用空调去湿（降温）。

5.4.6.2　一般仓库的温湿度控制要求及方法

5.4.6.2.1　一般仓库的温湿度控制要求

采用自然通风和密闭去湿控制仓库温湿度，将库内温度控制在32℃以下，相对湿度控制在60%~70%。

5.4.6.2.2　一般仓库的湿度控制

（1）通风去湿。

①当库内相对湿度高于65%，外界条件适合通风去湿时进行仓库通风（绝对湿度与相对湿度转换参见附录C）。

②当库内温度、相对湿度和绝对湿度均高于库外时，宜通风。

③当库内温度和绝对湿度高于库外，相对湿度库内外相同时，宜通风。

④当相对湿度和绝对湿度库内大于库外，温度库内、外相同时，宜通风。

（2）密封去湿。

当库内相对湿度高于70%，外界条件不适于通风排湿时，采用去湿机去湿或吸潮剂吸湿。

5.4.6.2.3　一般仓库的温度控制

当库内温度高于库外而绝对湿度也大于库外时宜通风降温。

5.4.6.3　在库检查

5.4.6.3.1　检查内容

检查内容包括水分、包温、虫情及霉变。

5.4.6.3.2　检查方法及期限

（1）水分：每15d进行1次水分检测。按照烟叶产地和等级进行抽样，每个产地和等级选择1个货垛，从垛的四周和中心选择5个烟包，先进行水分感官检测，若感官检测水分超标（第二、第三季度水分不超过17%，第一、第四季度水分不超过18%），分别从每个烟包的表层和中心抽取1把烟叶，混合均匀后从中抽取10~20g样品，按YC/T 31测定水分。

（2）包温：每周进行2次包温检测。每层仓库选择2~3个货垛，分别从垛的四周和中心选择5个烟包，将温度计从烟包正中插人，5min后读数，当包温不均匀、有明显升高趋势时说明烟叶发热，有霉变危险，应尽快打叶。

（3）虫害、霉变检查：每15d进行1次虫害及霉变检查。每层仓库选择2~3个货垛，分别从垛的四周和中心选择5个烟包，每个烟包从表层和中心抽取1把烟叶放在白纸上，检查是否有霉变和虫蛀，若发现有活虫，计算虫口密度，虫口密度二烟叶样品活虫数（头）/烟叶样品质量（kg）。

5.4.6.4　害虫监测与控制

原烟仓库每200m^{2}悬挂烟草甲虫和烟草粉螟性激素诱捕板各1块，每周统计诱捕虫数。当每周平均每板诱捕虫数超过 10 头时喷洒防护剂；当每周平均每板诱捕虫数超过 30 头时应熏蒸杀虫。见附录 A。

5.4.7 复烤烟（片烟和烟梗）的贮存与养护

5.4.7.1 片烟的贮存期限及醇化要求

5.4.7.1.1 片烟的贮存期限

根据不同产地、不同质量状况片烟的适宜醇化期确定贮存期限，一般为 12~36 个月。

5.4.7.1.2 片烟的醇化要求

在片烟贮存期间应根据存放时间控制仓库的温湿度，烟叶存放时间在 18 个月内尽量创造适宜烟叶醇化的温湿度条件，库内温度以 20~30℃ 为宜，相对湿度以 60%~65% 为宜；烟叶存放时间在 30 个月以上应创造抑制醇化的温湿度条件（降低库内的温度和相对湿度）。

5.4.7.2 温湿度管理

5.4.7.2.1 库内温、湿度要求

一般季节库内温度控制在 30℃ 以下，相对湿度控制在 55%~65%；高温高湿季节库内温度控制在 32℃ 以下，相对湿度控制在 70%以下。

5.4.7.2.2 室外温湿度观测窗及库内温湿度表的设置

每个库区设室外温湿度观测窗 1 个。温湿度观测窗安装在库区外地势较高、通风良好的地方。库内常年设干湿球温度表，将校好的干湿球温度表悬挂于中央走道的一侧，避免辐射热的影响，离地面高 1.5m 左右，每 200~500m^2 设 1 只。

5.4.7.2.3 温湿度表的管理

湿度表水盂用水应是蒸馏水，液面保持在 1/2 以上，湿球用的脱脂纱布每 15d 换洗 1 次。干湿球温湿度表每 6~12 个月校准 1 次。

5.4.7.2.4 温湿度记录

每天 9：00 和 15：00 记录库内、外温度及相对湿度 1 次，通风前后及开去湿机前后，也应登记库内外温湿度。

5.4.7.3 仓库去湿

5.4.7.3.1 通风去湿

（1）当库内相对湿度高于 65%，外界条件适合通风去湿时进行仓库通风。

（2）当库内温度、相对湿度和绝对湿度均高于库外时，宜通风。

（3）当库内温度和绝对湿度高于库外。相对湿度库内外相同时，宜通风。

（4）当相对湿度和绝对湿度库内大于库外，温度库内、外相同时，宜通风。

5.4.7.3.2 密封去湿

当库内相对湿度高于 70%，外界条件不适于通风排湿时，采用去湿机去湿或吸潮剂吸湿。

（1）去湿机去湿：当库内温度高于 15℃，相对湿度超过 70%时，采用去湿机去湿，库内相对湿度降至 60%左右方可停机。

（2）氯化钙去湿：将氯化钙放在筛筐内，筛筐下放耐腐蚀的容器接纳液体，溶液不能滴漏到仓库地面。

（3）生石灰去湿：要使生石灰的温度降至室温后，再装入木箱等容器内，每次只装容量的1/2至1/3，生石灰不能紧靠烟垛，粉化后及时更新。

5.4.7.4　仓库降温

5.4.7.4.1　强制降温

当库内温度高于32℃时进行强制降温（开空调）或通风降温。

5.4.7.4.2　通风降温

当库内温度高于库外而绝对湿度也大于库外时可通风降温。

5.4.7.5　在库检查

5.4.7.5.1　检查内容

对库存烟叶的水分、包温、虫、霉情况及烟叶外观质量状况进行定期检查，根据检查情况，提出继续储存或使用建议。

5.4.7.5.2　检查期限

每年的高温高湿季节，每月进行一次水分、虫情及霉变检查，每周进行一次包温检查，其余季节根据情况进行抽查；每半年进行一次外观质量检查，检查内容包括颜色及油印状况，检查结果填写在检查记录表上，并及时输入计算机。

5.4.7.5.3　检查方法

（1）水分检查：根据烟叶的产地、等级，每层仓库选择1个货垛，分别从垛的四周和中心选择5个烟箱（包），进行水分感官检验，若感官检验水分超标，每个烟箱从烟箱的表层和中心抽取0.1kg左右的片烟，混合均匀后从中抽取5～10g样品，按YC/T 31测定样品水分。

（2）包温检验：根据烟叶的产地、等级，每层仓库选择1个货垛，分别从垛的四周和中心选择5个烟箱（包），将温度计从烟箱正中插入，5min后读数，当平均包（箱）温高于库内温度2℃时说明烟叶发热，有霉变危险，应加强跟踪。

（3）虫害、霉变检查：根据烟叶的产地、等级，每层仓库选择1个货垛，分别从垛的四周和中心选择5个烟箱（包），每个烟箱从烟箱的表层和中心抽取0.5kg左右的片烟放在白纸上，检查是否有霉变和虫蛀，若发现有虫蛀和霉变，则进行虫害、霉变检验，检验方法见5.2.2.4。

（4）外观质量检查：根据库存烟叶产地、等级状况及烟叶使用情况，对库存烟叶进行外观质量检查，抽查的等级数量不少于20%。对抽查的货垛，分别从垛的四周和中心选择5个烟箱（包），每个烟箱从烟箱的四周和中心抽取0.5kg左右的片烟（合计2.5kg左右），仔细进行颜色及油印方面的检查。

5.4.7.6　翻仓

5.4.7.6.1　片烟仓库一般不翻仓；存放烟梗的仓库在库内相对湿度较高的季节要进行翻仓，翻仓时间根据包温检查情况而定（包温检验方法按6.3.2.2或7.5.3.2进行）。

5.4.7.6.2　翻仓时每垛抽查5个烟包，检查虫霉情况及烟梗水分。若烟梗水分高，采取适当措施降低烟梗水分；发现虫情则安排杀虫，若有霉变，应将霉梗挑出，重新打包。

5.4.8 贮烟害虫防治

5.4.8.1 防治原则

坚持“预防为主，综合防治”的原则控制贮烟害虫，将贮烟害虫的损失降低到最小程度。

5.4.8.2 害虫预防

5.4.8.2.1 新烟与陈烟，不同年份的烟叶要分层存放。

5.4.8.2.2 烟叶入库前应做好仓库卫生，烟叶仓库无垃圾、碎屑、蛛网。烟叶出库后及时清理仓库，清扫垫板、地面。

5.4.8.2.3 所有入库烟叶应进行虫情检查。每个库点安排一个熏蒸库。有虫烟叶在熏蒸库杀虫后再进入仓库正常贮存。

5.4.8.2.4 尽量减少移库次数，若确需移库，在移库前须检查移出库、移入库及移库烟叶的虫情，若移入库有虫，应在移库后立即杀虫；若移入库无虫而移出库或移库烟叶有虫，须在原来仓库杀虫后才可移库。

5.4.8.2.5 在烟草甲虫和烟草粉螟成虫发生期，对有虫仓库喷洒防护剂，见附录 A。

5.4.8.2.6 在长江以北地区的低温季节（-4℃以下），采用自然通风和机械通风等，冻死部分越冬虫源，降低来年虫源基数。

5.4.8.3 虫情监测

5.4.8.3.1 所有仓库根据情况悬挂烟草甲虫和烟草粉螟性激素诱捕板，诱捕板悬挂在离地面 1.5m 处，每 $200m^2$ 仓库悬挂烟草甲虫和烟草粉螟性激素诱捕板各 1 块。诱捕板每 4 周到 8 周更换 1 次。

5.4.8.3.2 每周统计每个仓库的诱捕头数，统计结果记录在烟叶仓库虫情监测表上，并输入计算机。当每周平均每个诱捕板的诱捕头数超过 10 头时，必须熏蒸杀虫。

5.4.8.3.3 库内温度在 20℃以上时每月进行 1 次虫情检查，记录检查结果，并输入计算机。当虫口密度大于 5 头/kg，应立即熏蒸杀虫。

5.4.8.4 熏蒸防治

5.4.8.4.1 熏蒸时机的选择：每年一般进行 2 次熏蒸，第一次熏蒸安排在 3—6 月，当库内温度高于 16℃时开始进行第一次熏蒸；第二次熏蒸安排在 9—11 月。

5.4.8.4.2 熏蒸杀虫：采用磷化氢熏蒸。熏蒸前，排风扇、空调、开关等金属制品做好防护处理。第一次熏蒸原则上采用常规熏蒸，磷化铝用量为 $4\sim8g/m^3$ 或磷化镁用量为 $4\sim5g/m^3$；第二次熏蒸时若世代重叠严重，可采用间歇熏蒸，每次磷化铝投药量为 $4\sim5g/m^3$ 或磷化镁投药量 $2\sim3g/m^3$。熏蒸过程必须进行磷化氢浓度监测，在开始熏蒸后的第 12h、第 24h、第 48h、第 72h、第 96h、第 120h 和第 144h，观测空间和烟垛内的磷化氢气体浓度。当烟垛温度在 20℃以上时，烟垛内的磷化氢气体浓度必须在 200mg/kg 以上且维持至少 4d；当烟垛温度在 16~ 20℃时，烟垛内的磷化氢气体浓度必须在 300mg/kg 以上且维持 6d。

5.4.8.4.3 熏蒸杀虫方法：仓库密封性能较好采用整仓熏蒸；仓库密封性能较差采用分垛熏蒸，在分垛熏蒸时空间须配合使用防护剂。防护剂的使用见附录 A。

5.4.8.4.4　每次熏蒸结束后应及时填写熏蒸记录。

5.4.8.4.5　熏蒸后做好防护工作，防止再感染。

5.4.8.4.6　熏蒸安全守则见附录 B。

5.4.8.5　卷烟车间的虫害防治

卷烟生产车间常年悬挂烟草甲虫性激素诱捕板，每隔 200m^2 挂 1 块板，每周统计诱捕头数，若每周平均每板诱捕数超过 5 头，及时用真空吸尘器清理车间卫生，并喷洒防护剂。

5.4.9　烟叶出库

5.4.9.1　出库凭证

烟叶出库应有正式凭证，保管员要审核凭证上所列品种、等级、数量。

5.4.9.2　出库检查

（1）烟叶进库无异常状况，在日常检查时无任何霉变、虫蛀记录，进库时间在半年至一年的，出库时按 10%抽查；进库时间在一年至两年的，出库时按 15%抽查；进库时间在两年以上的，出库时按 20%抽查。

（2）烟叶出库检查时发现霉变、虫蛀或包装破损等烟叶，应对整批烟叶逐件检查，包装破损的须经加工整理后才能出库；有活虫时不准出库，必须杀虫后才能出库；霉变烟叶须经严格挑选后才能出库。

5.4.9.3　烟叶出库后的复核与记录

烟叶出库后及时复核账、货，将出货情况填写在烟叶卡片上，将霉变虫蛀损失填写在烟叶仓库霉变虫蛀损失登记表上，并将出库情况输入计算机。

5.4.10　仓库安全

5.4.10.1　仓库应执行《中华人民共和国消防条例》

5.4.10.2　烟叶仓库严禁存放有毒、有异味、易燃、易爆物品

5.4.10.3　烟叶仓库应符合避雷要求

5.4.10.4　仓库内严禁吸烟

5.4.10.5　在库区和库房内使用电器，必须严格执行安全操作规程

附录 A
(资料性附录)
几种常用药剂的使用方法

A.1 磷化铝的使用方法

A. 1. 1 常规施药

药剂要放在不能燃烧的器皿内，器皿间距 1. 3m 左右，每点片剂丸剂不超过 150g，片剂丸剂不得重叠堆积。

A. 1. 2 磷化氢和二氧化碳混合熏蒸

仓外向密封的仓库通入磷化氢和二氧化碳混合气体，或垛外向密封的烟垛通入磷化氢和二氧化碳混合气体。磷化氢的用量为 1. 0g/m^3。

A.2 磷化镁的使用方法

常规熏蒸磷化镁用量为 4~5m^3；间歇熏蒸时，每次磷化镁投药量为 2~3g/m^3。

A.3 拟除虫菊酯类烟草防护剂使用方法

A. 3. 1 列喜镇（Resigen）

主要用于空间消毒，采用超低容量喷雾，以 1∶4 的比例（体积比）用水稀释，用量为 200ml/1 000m^3。

A. 3. 2 凯安保

（1）空间消毒。采用超低容量喷雾，以 1∶4 体积比用水稀释，用量为 0. 2ml/m^3。

（2）地面、墙壁、仓库用具消毒。采用喷雾处理，以 1∶100 体积比用水稀释，用量为 1ml/m^2。

附录 B

(资料性附录)

熏蒸安全守则

B.1 被熏蒸的烟叶仓库

须严格密封，防止毒气外漏，不具备熏蒸条件的仓库，一律不准熏蒸。

B.2 熏蒸杀虫的库房

周围 30m 不得有生产车间、居民、交通要道和家畜、家禽饲养场等，并设警戒线。

B.3 熏蒸工作须经单位负责人批准

由技术熟练、有组织能力的人负责指挥，由经过训练、了解药剂性能，掌握熏蒸技术和防毒面具使用方法的人员参加操作。做好防止中毒和急救准备工作。

B.4 参加熏蒸人员

必须身体健康，精神正常，患有心脏病、肺病、肝炎、贫血、高血压、皮肤病和怀孕、哺乳、月经期的妇女均不能参加施药和接触毒气工作。

B.5 在投毒工作中

严格执行操作规程，佩戴有效防毒面具，严密组织，定点分工，动作迅速，投药时间最多不超过 20min。投药结束，迅速退出库房，由组长清点人数后，再关闭库门，由外面糊封。

B.6 禁止

在夜间或大风、大雨天气进行熏蒸或散毒。

B.7 参加发放

药剂、熏蒸施药、处理残渣和开仓散毒等与毒气接触的人员，要按规定发给保健食品、津贴，以保障工作人员身体健康。熏蒸前后禁止饮酒。

附录 C

（资料性附录）

不同温度下的饱和湿度

不同温度条件下的饱和湿度见表 C.1。

表 C.1 不同温度下的饱和湿度

温度（℃）	饱和湿度（g/m³）	温度（℃）	饱和湿度（g/m³）
1	5. 176	21	18. 142
2	5. 538	22	19. 220
3	5. 922	23	20. 353
4	6. 330	24	21. 544
5	6. 761	25	22. 795
6	7. 219	26	24. 108
7	7. 703	27	25. 486
8	8. 215	28	26. 913
9	8. 857	29	28. 447
10	9. 329	30	30. 036
11	9. 934	31	31. 702
12	10. 574	32	33. 446
13	11. 249	33	35. 272
14	11. 961	34	37. 183
15	12. 712	35	39. 183
16	13. 504	36	41. 274
17	14. 338	37	43. 461
18	15. 217	38	45. 746
19	16. 413	39	48. 133
20	17. 117	40	50. 600

Q/LNYC

甘肃省陇南市烟草公司企业标准

Q/LNYC. 031—2016

烟叶质量内控标准

2016-07-08 发布　　2016-07-08 实施

甘肃省陇南市烟草专卖局（公司）　发布

前　言

本标准由陇南市烟草公司提出。

本标准由陇南市烟草公司负责起草。

本标准起草人：杨树勋、乔万鹏、夏巍、王爱华、孙福山、梁洪波、王程栋、王松嶙。

5.5 烟叶质量内控标准

5.5.1 范围

本标准为陇南市全国烟草农业标准化示范基地生产烟叶质量标准。

本标准适用于陇南市生产的烟叶。

5.5.2 规范性引用文件

下列文件中的条款通过本标准的引用而成为本标准的条款。凡是注日期的引用文件，其随后所有的修改单（不包括勘误的内容）或修订版均不适用于本标准，然而，鼓励根据本标准达成协议的各方研究是否可使用这些文件的最新版本。凡是不注日期的引用文件，其最新版本适用于本标准。

GB 2635—1992 烤烟。

GB/T 13595—2004 烟草及烟草制品拟除虫菊脂杀虫剂、有机磷杀虫剂、含氮农药残留量的测定。

GB/T 13597—1992 烟叶中有机磷杀虫剂残留量的测定方法。

GB/T 13598—1992 烟叶中含氮农药残留量的测定方法。

GB/T 19616—2004 烟草成批原料取样的一般原则。

YC/T 160—2002 烟草及烟草制品 总植物碱的测定 连续流动法。

YC/T 159—2002 烟草及烟草制品 水溶性糖的测定 连续流动法。

YC/T 166—2003 烟草及烟草制品 总蛋白质含量的测定。

YC/T 161—2002 烟草及烟草制品 总氮的测定 连续流动法。

YC/T 162—2002 烟草及烟草制品 氯的测定 连续流动法。

YC/T 173—2003 烟草及烟草制品 钾的测定 火焰光度法。

YC/T 138—1998 烟草及烟草制品 感官评价法。

5.5.3 烟叶外观质量

5.5.3.1 颜色

下部叶多为柠檬色黄色，中部叶多为金黄色，上部叶多为金黄色至深黄色；各部位叶正反面色差较小。

5.5.3.2 油分

下部叶有，中部叶较多，上部叶较多。

5.5.3.3 成熟度

成熟

5.5.3.4 叶片结构

下部叶疏松，中部叶疏松，上部叶疏松至稍密。

5.5.3.5 叶片身份

下部叶稍薄，中部叶中等，上部叶中等至稍厚。

5.5.4 烟叶物理性

5.5.4.1 单叶重（g）

下部叶 6~8，中部叶 8~10，上部叶 10~12。

5.5.4.2 叶片厚度（mm）

下部叶 0.06~0.08，中部叶 0.08~0.10，上部叶 0.09~0.11。

5.5.4.3 叶面密度（g/m^2）

下部叶 50~60，中部叶 60~80，上部叶 80~90。

5.5.4.4 平衡水分（%）

上、中、下部叶含水量均在 16~18。

5.5.4.5 填充分值（cm^3/g）

下部叶 3.8~4.0，中部叶 3.7~3.9，上部叶 3.6~3.8。

5.5.4.6 含梗率（%）

下部叶 28~35，中部叶 30~35，上部叶 25~32。

5.5.4.7 出丝率（%）

下部叶 90~94，中部叶 93~95，上部叶 92~95。

5.5.4.8 拉力（N）

下部叶 1.1~1.2，中部叶 1.3~1.4，上部叶 1.6~1.7。

5.5.5 烟叶化学成分

5.5.5.1 烟碱含量（%）

下部叶 1.5~2.0，中部叶 1.8~2.8，上部叶 2.8~3.5。

5.5.5.2 总氮含量（%）

下部叶 1.2~1.6，中部叶 1.6~2.4，上部叶 1.8~2.5。

5.5.5.3 还原糖含量（%）

下部叶 14~22，中部叶 16~24，上部叶 13~20。

5.5.5.4 总糖含量（%）

下部叶 16~25，中部叶 18~26，上部叶 15~24。

5.5.5.5 钾含量（%）

下部叶 2.2~2.8，中部叶 1.5~2.0，上部叶 1.3~1.8。

5.5.5.6 氯离子含量（%）

下部叶 0.11~0.36，中部叶 0.1~0.3，上部叶 0.2~0.4。

5.5.5.7 淀粉含量（%）

下、中、上部叶≤5。

5.5.6 烟叶评吸质量

5.5.6.1 香气质

下部叶尚好—较好，中部叶较好—好，上部叶尚好—较好。

5.5.6.2 香气量

下部叶有—较足，中部叶较足、上部叶较足—充足。

5.5.6.3 烟气浓度

下部叶较小—中等，中部叶中等、上部叶中等—较大。

5.5.6.4 杂气

下部叶微有—较轻，中部叶较轻、上部叶中有。

5.5.6.5 烟气余味

下部叶尚纯净舒适、中部叶尚纯净舒适—纯净舒适、上部叶微滞舌—尚纯净舒适。

5.5.6.6 燃烧性

下部叶强，中部叶较强—强、上部叶适中—较强

5.5.7 烟叶安全性

农药残留量：含氮农药、有机磷杀虫剂、有机氯杀虫剂、拟除虫菊酯杀虫剂农药残留量均符合国家标准规定。

5.5.8 取样

按 YC 0005—1992 规定执行。

5.5.9 检测方法

按 GB/T 13595—2004、GB/T 13597—1992、GB/T 13598—1992、GB/T 19616—2004、YC/T 160—2002、YC/T 159—2002、YC/T 166—2003、YC/T 161—2002、YC/T 162—2002、YC/T 173—2003、YC/T 138—1998 规定执行。

5.5.10 非烟物质控制

不属于烟叶和烟梗的所有物质，包括但不局限于：土粒、纸类、绳类、金属碎片、烟茎和烟杈、塑料、泡沫材料、木头、茅草、杂草、油类和麻布纤维。

5.5.11 支持性文件

无。

5.5.12 附录（资料性附录）

序号	记录名称	记录编号	填制/收集部门	保管部门	保管年限
—	—	—	—	—	—

Q/LNYC

甘肃省陇南市烟草公司企业标准

Q/LNYC. 032—2016

烟叶质量检验技术规程标准

2016-07-08 发布　　　　　　2016-07-08 实施

甘肃省陇南市烟草专卖局（公司）　发布

前　　言

本标准是根据《陇南市烤烟综合标准体系》要求制定，属烟叶质量检验技术规程标准。

本标准由陇南市烟草公司提出。

本标准由陇南市烟草公司负责起草。

本标准主要起草人：杨树勋、夏巍、乔万鹏。

5.6 烟叶质量检验技术规程

5.6.1 范围

本标准规定了烟叶质量检验方法、有关规定等。

本标准适用于陇南市烟叶质量检验工作。

5.6.2 规范性引用文件

下列文件中的条款通过本标准的引用而成为本标准的条款。凡是注明日期的引用文件，其随后所有的修改单（不包括勘误的内容）或修订版均不适用于本标准，然而，鼓励根据本标准达成协议的各方研究是否可使用这些文件的最新版本。凡是不注日期的引用文件，其最新版本适用于本标准。

GB 2635—1992　烤烟。

5.6.3 术语

烟叶检验是根据烟叶分级标准，对烟叶的品质、水分、砂土率等项目进行科学的评定，并根据评定结果是否达到国标的规定。其检验方式包括抽样和检验。根据检验的需要分为室外检验（现场检验）和室内检验。

5.6.4 烟叶质量检验

5.6.4.1 抽样方法

抽样是指从被检商品总体中按照一定的方法采集部分具有代表性样品的过程，又称取样、拣样。抽样的方法主要有两种，即百分比抽样和随机抽样法。

5.6.4.2 检验的基本方法

5.6.4.2.1　检验时采用摸、折、握等手段进行，根据手感评定

烟草的品质指标“油分”可通过手感烟叶的油润与丰满度予以判定其多少；“叶片结构”则可体现在触觉的柔滑与拉手程度等方面；而烟叶水分则靠手感烟叶湿润与干燥程度来鉴定。

5.6.4.2.2　视觉检验

主要是利用人的视觉器官（眼）来鉴别烟叶外观特征的方法。通过眼睛的观察来判定烟叶部位、颜色、色度、残伤等。一般情况下，视觉检验应在日光或规定的灯光下进行，同时还要注意检验环境中墙壁、容器、物件等色泽的干扰，以确保检验的准确性。

5.6.4.2.3　听觉检验

是利用人的听觉器官来检验烟叶水分的方法。烟叶水分含量不同，手握时响声不同。手握时叶片沙沙响且烟片易碎，烟叶水分含量在15%以下；手握叶片有响声，稍碎，水分含量在16%左右；手握叶片稍有响声不易碎，水分含量在17%左右；叶片柔软，手握响声细微，水分含量在18%左右；叶片湿润，手握无响声，水分含量在19%以上。

5.6.5 烟叶检验的有关规定

5.6.5.1 烟叶收购检验等级合格率

对未成件的烟叶可全部检验，亦可按部位各抽取6~9处，或随机抽样，抽样数量3~5kg或30~50把。检验以把为单位进行，按国家标准规定分组、分级逐项检验，以感官鉴定为主，检验时运用各等级的品质规定综合考虑，按把或按重计算等级合格率。

5.6.5.2 等级合格率的计算

5.6.5.2.1 *以把数计算*

只要符合纯度允差规定的烟把即为合格把。合格的烟把数占被检验总把数的百分比率，即为等级合格率，这是检验工作中常用的方法。

5.6.5.2.2 *以重量计算*

合格烟叶的重量占被检烟叶总重量的百分比率，即为等级合格率。

5.6.6 支持性文件

无。

5.6.7 附录（资料性附录）

序号	记录名称	记录编号	填制/收集部门	保管部门	保管年限
—	—	—	—	—	—

Q/LNYC

甘肃省陇南市烟草公司企业标准

Q/LNYC. 033—2016

烟叶收购质量控制标准规程

2016-07-08 发布　　　　2016-07-08 实施

甘肃省陇南市烟草专卖局（公司）　发布

前　言

本标准是根据《陇南市烤烟综合标准体系》要求制定，属烟叶收购质量控制标准。

本标准由陇南市烟草公司提出。

本标准由陇南市烟草公司负责起草。

本标准主要起草人：黄明迪、杨树勋、夏巍、乔万鹏。

5.7 烟叶收购质量控制标准

5.7.1 范围

本标准规定了烟农分级、扎把、待售烟叶；烟站收购检验的烟叶；烟站收购库内储存的烟叶；烟站成包的烟叶等级质量控制要求。

本标准适用于陇南市烟叶收购质量控制。

5.7.2 控制内容

5.7.2.1 烟农挑拣过程内纯度、扎把规格及等级质量控制

5.7.2.2 收购过程的烟叶质量控制

5.7.2.3 入库过程的烟叶质量控制

5.7.2.4 仓库内堆放过程的烟叶质量控制

5.7.2.5 成包过程的烟叶质量控制

5.7.3 控制依据

5.7.3.1 烤烟国家标准

5.7.3.2 烟叶质量控制指标

5.7.3.3 国家、省、市烟草主管部门对烟叶收购等级质量的具体要求

5.7.3.4 参照国家标准化委员会审定的烟叶实物基准样品仿样

5.7.4 控制指标

5.7.4.1 烟农待售烟叶

每把20~25片，把头周长100~120mm，绕宽50mm，扎成自然把或半自然把，无平摊烟把；把内叶片部位、颜色、长度、等级均匀一致，同级同腰，无垫头、无掺杂使假。纯度允差：上等烟≤10%，中等烟≤15%，下低等烟≤20%。

5.7.4.2 烟站收购烟叶

等级合格率达到80%，初烤烟自然含水率16%~18%，其中二、三季度16%~17%，一、四季度16%~18%，无水份超限烟，砂土率<1.1%。

5.7.4.3 烟站收购入库烟叶

分等级、分层摆把堆放，把头朝外，堆高≤1.5m左右，无串等错级。

5.7.4.4 成包烟叶

规格每包净重50kg，允差±0.25kg；包内烟叶分层摆把、堆放整齐，无窝把烟，无掺杂使假烟，无水份超限烟，无霉变烟，无混部、混色、混级烟，等级合格率达到80%以上；包长80cm，宽60cm，厚40cm，烟包压实适度，无出油结饼；烟包捆绳横三、竖二，每包缝合不少于48针；刷唛清晰，规范端正，包内烟叶等级与刷唛等级一致。

5.7.5 控制程序、要求

控制程序按照烟叶生产、交售、入库管理的程序，逐步控制，层层负责，质量管理控制递进，质量问题倒推追溯。

5.7.5.1 烟农质量控制

烟农堆烟叶自行按照控制指标，合理分级扎把，交由预检员预检审查。

5.7.5.2 预检员质量控制

（1）监督烟农质量控制。

（2）对烟农初步分级烟叶按照预检管理办法进行预检，对预检质量合格烟叶，填制预检证，同意送烟站交售；对达不到预检质量烟叶，指导烟农重新分级。

5.7.5.3 烟站检验员质量控制

（1）监督预检员质量控制。

（2）对预检烟叶按照控制标准和收购要求，进行质量审查、对预检不合格烟叶退回重新预检，对合格烟叶定级交售。

5.7.5.4 主检员质量控制

（1）监督烟站检验员质量控制。

（2）对烟站检验员进行的烟叶审查和定级，进行复查和审查。对定级有疑义的，重新审查，对质量合格和定级符合要求烟叶，收购入库。

5.7.5.5 仓库管理员质量控制

对收购入库烟叶，按照控制标准，入库管理，成包调运。

5.7.5.6 烟叶管理股股长质量控制

（1）监督烟站收购烟叶质量。

（2）检查指导烟站收购等级质量，平衡收购等级眼光，纠正收购等级偏差。

（3）监督烟站收购入库、成包调出的等级合格率、把内纯度、扎把规格、包装质量。

5.7.5.7 经理、主管经理质量控制

（1）监督烟叶管理股股长烟叶质量控制。

（2）检查全县入户预检、复验、定级收购入库、成包烟叶等级合格率、把内纯度、扎把规格、包装质量。

5.7.6 质量控制措施

5.7.6.1 对质量控制人员进行质量管理、业务知识、职业道德培训

（1）烟农分级培训每年 1 次，由烟技员和预检员共同组织，培训到户，培训合格率 95%。

（2）预检员培训每年 1 次，由烟叶股组织，培训到人，培训合格率 100%。

（3）检验员培训每年 1 次，由烟叶股组织，培训到人，培训合格率 100%。

（4）仓库管理员培训每年 1 次，由烟叶股组织，培训到人，培训合格率 100%。

（5）主检培训每年 1 次，由县（区）营销部组织，培训到人，培训合格率 100%。

5.7.6.2　对烟农的分级技术培训与入户指导，印发分级操作规程，达到户均一份，规范操作

5.7.6.3　加强收购烟叶质量的过程控制，实行“到站验证、售前复验、公正定级”办法

坚持“逐户约时、分村排日、干部带队、轮流交售”制度，严格执行收购等级标准、保证收购等级平稳一致。烟叶执行收购质量的过程管理的规定。

5.7.6.4　坚持售前复验、坚持主检定级，收购确认和严格收购手续传递制度

5.7.6.5　加强仓内烟叶质量控制，坚持入库烟叶“同级同垛摆把堆放”制度，确保在库烟叶等级纯度符合要求

5.7.6.6　加强成包质量的过程控制

（1）装箱成包烟叶包内烟叶要分层摆放，达到成包的同包烟叶等级纯度一致，无出油结饼，合格率达到85%；

（2）包重、包装麻片、捆绳、缝合、包型、刷唛等，要达到规定的标准要求；

（3）对成品烟包，要分等级堆放，防止在集运装车时串等错级。

5.7.7　质量责任追究

实行质量责任制，明确每一个环节的质量责任，上一道程序要对下一道程序负责，下一道程序要对上一道程序实施监督，在哪一个环节上出现质量问题就追究哪一个环节的责任，并不准进入下一道环节。

（1）检验员、主检员要对所复验、定级收购、调出烟叶的等级纯度、扎把规格及等级合格率负责，经检查若不符合要求或等级合格率低于规定标准，要追究各自的责任。

（2）过磅员、保管员要对过磅、复秤入库及成包、调出的烟叶质量、数量负责，若发生数量亏损及入库、成包、调出烟叶等级纯度、扎把规格不符合要求或有掺杂使假的，追究各自的责任。

（3）烟站站长（副站长）要对全站入户预检、复验、定级收购、成包调出的烟叶质量、包装质量负总责，若出现质量问题，要追究站长（副站长）的责任。

（4）县公司烟叶收购质量巡回检验员、烟叶股长、主管经理、经理，要对全县入户预检、复验、定级收购、成包调出的烟叶质量、包装质量负责，若出现质量问题，按责任范围，分别追究各自的责任；凡因收购等级合格率低，或收购掺杂使假烟叶、水份超限烟叶、霉变烟叶，造成的降级、报废损失，以及因扎把规格、成包质量等问题而发生的挑拣整理费、二次成包费等，按责任范围，由有关责任人承担。

（5）因违犯收购工作的要求和纪律，不按合同收购，降低标准收购，跨区收购，加价收购，内外勾结、体外循环、非法从外地收购烟叶，造成收购等级合格率低、收购烟叶质量低劣，损害企业信誉，给企业造成严重损失的，报请纪检监察部门按国家局、省局及市局（公司）有关纪律处罚规定，给予党纪、政纪处分，情节严重的移交司法机关追究刑事责任。

（6）通过落实各环节人员质量责任制和责任追究制，促使各环节人员各司其职，各负其责，环环相扣，保证烟叶收购质量达到国标及市场要求，提升烟叶信誉，促进陇南市烟叶可持续发展。

5.7.8 支持性文件

无。

5.7.9 附录（资料性附录）

序号	记录名称	记录编号	填制/收集部门	保管部门	保管年限
—	—	—	—	—	—

Q/LNYC

甘肃省陇南市烟草公司企业标准

Q/LNYC. 034—2016

烟叶产品质量安全规程

2016-07-08 发布　　**2016-07-08 实施**

甘肃省陇南市烟草专卖局（公司）　发布

前言

本标准由陇南市烟草公司提出。

本标准由陇南市烟草公司负责起草。

本标准起草人：杨树勋、乔万鹏、夏巍。

5.8 烟叶产品质量安全规程

5.8.1 范围

本标准规定了烟叶安全生产的要求。

本规程使用于陇南市的烤烟生产。

5.8.2 烟叶生产物资

5.8.2.1 种子

统一由烟草公司供应烟草品种，禁止种植杂劣或自繁自育的种子。

5.8.2.2 农药

按国家公布农药目录使用，禁止使用目录外的农药。严格按说明使用农药剂量、浓度，防止出现药物中毒或药残量超标。

5.8.2.2.1 对症下药

农药品种很多，特点不同，应针对要防治的对象，选择最合适的品种。

5.8.2.2.2 适时用药

施药时间一般根据有害生物的发育期、作物生长进度和农药品种而定。

5.8.2.3 化肥

产区使用的化肥必须有国家质检部门检验证明，并且允许使用的品种。质量符合 GB 15063—2009 标准，氯离子≤1%。严禁使用三无或假冒产品，影响烟叶质量。

5.8.2.4 地膜

使用绿色无公害地膜，降低对土壤的危害。

5.8.2.5 包装物

5.8.2.5.1 麻绳

规格直径 1cm，重量 0.5kg，单根长度 14m，无潮湿、无霉变、无污染、无接头、脱胶好、柔软度好、耐拉力强。

5.8.2.5.2 麻袋片

每片重量 500g、长 130cm、宽 110cm，仅使用 1 次的旧麻袋片，大小、厚度均匀一致，无潮湿、无霉变、无污染、无字痕。

5.8.3 生产过程

5.8.3.1 育苗

5.8.3.1.1 品种

严格按烟草公司提供的良种进行育苗，严禁种植杂劣品种。

5.8.3.1.2 温度

按照培育壮苗的要求，严格控制温度，严防低温冻苗或高温烧苗。烟草幼苗生长的最适温度是 18~25℃，低于 17℃ 和高于 30℃ 则生长受到抑制，高于 35℃ 高温易灼伤烟苗。

当棚内温度高于 30℃时及时开棚通风降温。低于 17℃时及早关棚保温，或加盖草席等遮盖物。

5.8.3.1.3 湿度

湿度过高易造成育苗盘上蓝绿藻和霉菌的生长，在棚架上形成水滴下落会击伤烟苗，应及时开棚通风排湿。特别是在前一天温度较高，第二天突然降温的情况下，即是棚内温度低于 18℃，也要开棚排湿，排湿时间可尽量缩短，确保棚内温度不低于 10℃。

5.8.3.1.4 炼苗

一是开棚通风，让烟苗适应棚外气候环境；二是进行断水断肥处理，8：00从漂浮池内取出苗盘，18：00 放回漂浮池内，炼苗程度以烟苗中午发生萎蔫，早晚能够恢复为宜，若缺水用洁净自来水或井水用喷务器喷水补充，确保提高移栽成活率。

5.8.3.2 栽培

5.8.3.2.1 整地保墒

前茬作物收获后，及时深耕（深度 20~25cm），疏松土层，改善土体的通透性，蓄积有效降水；秋末冬初，耙地 1 次，切断土壤表层的毛细管，减少土壤水分蒸发，疏松土壤，增加土壤孔隙度，以利贮纳晚秋降水。

5.8.3.2.2 耙地保墒

“惊蛰”前后，耙地 1 次，打碎胡基，整平地表，切断土壤表层的毛细管，减少土壤水分蒸发。

5.8.3.2.3 抢墒起垄覆膜

惊蛰后或移栽前遇降水抢墒起单垄覆膜，也可采用地膜覆盖垄沟栽培。

5.8.3.2.4 栽后及时中耕松土

烤烟移栽后行间土壤板结，水分蒸发快，要及早中耕松土锄草 2~3 次，保持行间土壤疏松，卫生良好。

5.8.3.2.5 适时灌溉

烟苗移栽时每株灌定根水 1~1.5kg，干旱的情况下，移栽 15d 后再补水一次，每株 2kg。旺长期是烟株需水量最大的时期，此时土壤含水量应保持在田间相对含水量的 75%~85%，灌溉方法为穴灌或隔行漫灌。旺长期烟田灌溉要做到“早”灌，时间安排在 6 月中旬，每株灌水 3~4kg，以促进烟叶旺长。

5.8.3.3 大田管理

（1）田间管理要做到早管、勤管。栽后 5d 内天查苗、补苗，分类管理，提高烟田整齐度。

（2）烟株现蕾前后，如气象预报降水量较多，应在降水之前揭去地膜，根部培土 10cm 高。

（3）平顶与留叶：烟株现蕾一周后打顶，留有效叶 20~22 片。化学药剂抑芽：止芽素+1%洗衣粉。用软瓶滴注法。用药前先除去烟杈再用药，以提高药效。

5.8.3.4 调制

（1）成熟采收：不采生，不漏熟，下部叶适时采收，中部叶成熟采收，上部叶充分成熟采收。

（2）夹烟前对采收的烟叶按烟叶素质首先进行分类，将过熟、含水量大、薄叶分为一类；将适熟叶、含水量适宜、厚薄适中的烟叶分为一类；将欠熟、含水量小、厚叶分为一类；将病叶、残伤、破损叶归入过熟一类。做到分类夹烟，便于烘烤及烤后分级。

（3）严格按照密集烤房烟叶烘烤技术进行烘烤。

5.8.3.5 仓储减少烟叶损耗，避免烟叶损失

（1）加强烟叶盘点和统计，确保库存烟叶数量无差错。

（2）加强管理，做好防火、防盗工作，确保烟叶质量无重大变化。

5.8.4 烟叶产品

5.8.4.1 重金属

严禁在土壤含铅、砷、镉等重金属含量高的地区种植烟叶，严禁施用重金属超标的农家肥。

5.8.4.2 农残

（1）在无农药污染的土地上种植烟叶，控制农残超标。

（2）利用农业防治、物理防治、生物防治相结合的办法，控制烟草病虫害，减少农药的摄入，使农残控制在合理范围内。

5.8.4.3 转基因成分

（1）严禁种植杂劣品种、私自繁育品种、未经审定品种、不明来源品种或可能的转基因品种。

（2）严禁在烟叶种植过程中使用诱发烟叶转基因检测结果呈阳性的农药、化肥等相关产品。

5.8.4.4 霉变

（1）控制好入库烟叶的水分，以含水量17%为适宜。

（2）坚持经常性多点测温，如发现包温升高，应立即采取散热排湿措施，做到在霉变发生前予以有效的防止。

（3）根据烟叶品质的不同、含水量的高低，采取不同的垛形堆码及倒垛通风散热，确保仓储烟叶安全。

5.8.5 支持性文件

无。

5.8.6 附录（资料性附录）

序号	记录名称	记录编号	填制/收集部门	保管部门	保管年限
—	—	—	—	—	—

Q/LNYC

甘肃省陇南市烟草公司企业标准

Q/LNYC. 035—2016

烤烟贮存运输规程

2016-07-08 发布　　　　2016-07-08 实施

甘肃省陇南市烟草专卖局（公司）　发布

前　言

本标准由陇南市烟草公司提出。

本标准由陇南市烟草公司负责起草。

本标准起草人：黄明迪、杨树勋、李彦、夏巍。

5.9 烤烟贮存运输规程

5.9.1 范围

本规程制定了烤烟贮存条件、贮存要求、运输条件、运输要求及管理。

本规程适用于陇南市烤烟的贮存、运输管理。

5.9.2 贮存要求

（1）跺高：麻片包装初烤烟，上等烟垛高不超于5个包，其余等级不超过6个包。

（2）场所必须干燥通风，地势高，远离火源和油仓。

（3）包位：须置于距地面30cm以上的垫木（石）上，距墙至少30cm。

（4）不得与有毒品或有异味物品混贮。

（5）露天堆放，四周必须有防雨、防晒遮盖物、封严垫实。

（6）存贮期须防潮、防火、防霉、防虫、定期检查，确保商品安全。木（石）与包齐，以防雨水浸入。

5.9.3 贮存管理

5.9.3.1 烟叶的包装管理

（1）建立常年的固定打包队：打包人员必须熟悉烟叶等级、打包规格、打包方法，基层烟站加强对打包队的领导工作，与打包队签订烟叶包装经济承包合同。

（2）严格监督包装规格和质量。

（3）烟叶入包前，挑出不合格等级的烟叶、霉坏烟叶、水分超限烟叶，化学药剂处理过的烟叶及其他异杂物。

（4）严禁错用包皮造成的刷唛与级别不符。

（5）刷唛要清晰，县名及站名印刷清楚，烟包内放齐“三员”卡片（分级员、司磅员、保管员）。

（6）烟包厚度均匀，符合标准（80cm×60cm×40cm），捆扎三横二竖牢固，缝针足数，不少于44针。

（7）包装物料严格管理，随用随领，单位核算，降低损耗。

5.9.3.2 烟叶贮存业务管理

5.9.3.2.1 入库业务管理

依据烟叶入库凭证进行检验、过磅、卸货、码堆、复核等手续后，再办理入库手续，按设置位置存放。

5.9.3.2.2 保管业务管理

对入库的烟叶进行分类，合理堆码，货位上编号进行记卡标量，最后建立和健全烟叶保管账卡随时查对。

5.9.3.2.3　出库业务管理

出库调销或复烤的烟叶必须凭烟叶调拨站开具的烟叶调拨单出库，遵循“手续完备，发货及时，不出差错，先进先出”的原则。

5.9.3.3　烟叶养护管理

（1）对仓库的虫害及其他自然灾害，坚持预防为主，防治结合。

（2）根据仓库条件，合理堆码，加强温度控制，定时抽样检查质量的变化情况，采取相应措施降低损失。做到三勤：“勤检查、勤翻垛、勤测报”。

（3）搞好仓库的清洁卫生，及时清除杂物，定期消毒。

5.9.3.4　烟把贮存配套设备管理体

装卸、打包、计量、消防等工具和劳保用品由专人加强管理体系，降低设备消耗。

5.9.3.5　烟叶仓库安全管理

（1）仓库设计合理，与办公区、生活区、车队、油库隔离，按《建筑设计防火规范》的有关规定设置防火设备。

（2）严格管理好电源、水源及建立专职义务消防队，一切器材应经常检查修复。

（3）建立警卫、值班、巡逻、会客登记等制度，做好防汛、防盗、防火、防破坏等安全工作。

5.9.4　烟叶地方运输管理办法

5.9.4.1　区内烟叶运输的管理

烟叶调运要有组织有计划地进行，所属站点必须按照市公司下达的调运计划按等级、数量、时间的要求，均衡调运，令行禁止，并且有专人押运送烟。

5.9.4.2　烟叶调销过程中的运输管理

按照《中华人民共和国烟草专卖法》规定实行一车一证，货证相符，准运证、调拨单据、合同书三证齐全。准运证开具的等级、数量必须与实际运输的等级、数量相符。

5.9.4.3　调销过程中运输的要求

发货时，县（区）公司必须按照市公司下达的调拨计划的等级、数量、重量进行装车发货，轻装轻卸，不得摔包，调运车辆应备齐帆布棚、塑料布等包装物，车上包装要牢固，标志对外，刷唛一致清楚，长途运输覆盖防雨蓬布，路途注意运输安全，在人员允许情况下派专人押运。

5.9.4.4　运输过程中的管理

装车前认真检查车况，要求车体完整，门窗齐全，不漏不破。对装过煤炭、沥青、油渍等物的必须打扫干净，严禁使用有毒、有污染、有异味的车辆承运烟叶。根据不同等级烟叶的特点，做好烟包装卸工作，严防烟叶污染、破碎，确保运输过程中的烟叶安全。

5.9.4.5　烟叶调销运输过程中的注意事项

（1）装卸过程中严禁发生包装破损、摔包、勾包、丢失、错装、漏装等现象，严防烟叶破损。

（2）发运的烟叶严禁商品标准不清，级别混杂，等级不符，调运的烟叶与运输要求“三证”上所列等级不符等现象。

(3) 严禁使用有污染或载有燃易爆等不具备保证烟叶运输质量各安全条件的车辆。

(4) 运输过程中，严防烟叶因外来因素造成燃烧、雨淋、霉变等情况的发生。

5.9.5 支持性文件

无。

5.9.6 附录（资料性附录）

序号	记录名称	记录编号	填制/收集部门	保管部门	保管年限
—	—	—	—	—	—

Q/LNYC

甘肃省陇南市烟草公司企业标准

Q/LNYC. 036—2016

烤烟生产科技项目实施管理规程

2016-07-08 发布 2016-07-08 实施

甘肃省陇南市烟草专卖局（公司） 发布

前　　言

本标准是根据《陇南市烤烟综合标准体系》要求制定，属烤烟生产科技项目实施管理规程标准。

本标准由陇南市烟草公司提出。

本标准由陇南市烟草公司负责和中国农业科学院烟草研究所起草。

本标准主要起草人：石钎力。

6 管理服务标准

6.1 烤烟生产科技项目实施管理规程

6.1.1 范围

本标准规定了烤烟生产科技项目试验程序、方法及管理。

本标准适用于陇南市烤烟生产中的各种试验活动。

6.1.2 试验示范程序

确定科技项目→申报科技项目→制订实施方案→落实试验措施→分析鉴定试验结果→总结试验结论。

6.1.3 试验示范项目确立的条件

6.1.3.1 试验项目

必须符合国家政策和行业要求。

6.1.3.2 具有一定的技术先进性

对环境无污染。

6.1.3.3 能提高烟叶生产整体水平

增加烟农种植效益。

6.1.3.4 可降低生产成本

减轻烟农劳动强度。

6.1.3.5 易被烟农掌握、接受和推广

6.1.4 试验项目组织实施

6.1.4.1 申请立项

审查批准。

6.1.4.2 制定完善可行的试验实施方案

6.1.4.3 确定责任人及项目实施人员

明确分工。

6.1.4.4 按方案组织实施

详细记录操作过程和数据。

6.1.5 试验总结

试验示范工作结束后，由试验示范管理人和执行人对试验工作汇总数据，总结成绩，查找问题，初步提出试验总结及试验结论；总结提炼试验示范结果，推荐上报试验得出的先进成果，报请行业专家鉴定，提出推广意见。对结果不明显的试验项目做出继续试验或取消的决定。

6.1.6 支持性文件

无。

6.1.7 附录（资料性附录）

序号	记录名称	记录编号	填制/收集部门	保管部门	保管年限
—	—	—	—	—	—

Q/LNYC

甘肃省陇南市烟草公司企业标准

Q/LNYC. 037—2016

标准化烟叶收购站管理规程

2016-07-08 发布　　　　2016-07-08 实施

甘肃省陇南市烟草专卖局（公司）　发布

前 言

本标准是根据《陇南市烤烟综合标准体系》要求制定，属标准化烟叶收购站管理规程标准。

本标准由陇南市烟草公司提出。

本标准由陇南市烟草公司负责起草。

本标准主要起草人：黄明迪、杨树勋、李彦、李玉良、李琅。

6.2 标准化烟叶收购站管理规程

6.2.1 范围

本标准规定了标准化烟站的管理工作。

本标准适用于陇南市烟叶收购站的管理。

6.2.2 规范性引用文件

下列文件中的条款通过本标准的引用而成为本标准的条款。凡是注明日期的引用文件，其随后所有的修改单（不包括勘误的内容）或修订版均不适用于本标准，然而，鼓励根据本标准达成协议的各方研究是否可使用这些文件的最新版本。凡是不注日期的引用文件，其最新版本适用于本标准。

GB/T 2635—1996 烤烟。

6.2.3 人员编制

6.2.3.1 站长

1名，负责站内各项工作。

6.2.3.2 副站长

1名，协助站长工作，负责烟站业务工作。

6.2.3.3 技术员

若干名，负责辖区烟叶生产指导和收购工作。

6.2.3.4 安检员（兼）

1名，负责烟站安全保卫、物资保管和发放工作。

6.2.3.5 会计员（兼）

1名，负责烟站财务登记清算工作。

6.2.3.6 微机操作员（兼）

1名，负责烟站相关数字资料输入上报及微机维护工作。

6.2.3.7 炊事员

1名，负责烟站员工的饮食生活。

6.2.4 岗位职责

6.2.4.1 站长职责

（1）负责烟站的全面工作，是各项工作的第一责任人。

（2）负责烟站的组织管理，组织烟站工作人员学习国家法律、法规。

（3）负责技术员队伍管理，考核、考评，确保各项工作落到实处。

（4）负责辖区烟叶生产布局调制和阶段性工作安排。

（5）服从当地政府与烟草局双重管理，协调好烟站与乡镇及各种烟村、组之间关系，争取地方政府对烟叶生产、收购工作的支持。

（6）负责业务手续审签工作，做到票据账务等真实、合法。

（7）完成上级部门交办的工作任务。

6.2.4.2 副站长职责

（1）协助站长工作，主要负责烟站业务工作。

（2）组织辖区烟叶生产及收购工作。

（3）负责烟站烟叶生产技术员工作情况检查、指导。

（4）负责烟站生产技术试验、推广工作。

（5）负责技术员、烟农的技术培训工作。

（6）负责烟叶规范化生产收购措施的落实，对烟叶收购质量负主要责任。

（7）完成站长交办的工作任务。

6.2.4.3 烟技员职责

（1）具体负责实施对烟叶生产和收购工作。

（2）负责与烟农的产购合同签订工作。

（3）负责烟农技术培训和指导。

（4）负责烟农进行户籍化管理。

（5）负责辖区烟叶生产物资的使用指导和监督。

（6）负责提供所驻村、组、户烟叶生产所需详实、准确的数据资料。

（7）协调好种烟村组及烟农的关系，争取村组干部和烟农的支持。

（8）完成站长、副站长交办的工作任务。

6.2.4.4 安检员（兼保管员、门卫）职责

（1）执行上级各项政策、法规，遵守烟站各项规章制度。

（2）负责出入烟站人员安全检查和物资出入登记。

（3）负责生产物资的领用、保管、登记、发放工作。

（4）负责不定期对烟站安全工作进行检查，杜绝各种不安全隐患。

（5）负责烟站卫生及公用设施维修管理。

6.2.4.5 会计员职责

（1）严格执行财务制度和财经纪律。

（2）负责烟站财产、包装物的登记管理和使用监督。

（3）负责物资扶持费的管理，做到账票相符、账账相符、账物相符。

（4）负责汇总上报各类账表和烟叶生产统计资料。

（5）协助站长搞好内务管理。

6.2.4.6 微机操作员职责

（1）严格执行烟站各项规章制度。

（2）负责按操作规程管理、使用资料、维护微机。

（3）负责输入烟叶生产、收购资料，按时上传数据。

（4）负责核实、打印收购发票，并妥善管理。

（5）负责微机资料的管理、保存。

6.2.4.7 炊事员职责

（1）遵守烟站各项规章制度。

（2）负责烟站饮食的改善和提高。

（3）监督核实食品质量，做好采购登记。

（4）负责饮食卫生和消毒工作。

（5）定期公布灶务账目。

6.2.5 烟站人员的培训

6.2.5.1 工作要求

各烟站要制定好年度烟站人员的培训计划，烟站人员应积极参加烟站组织的各项培训活动，并做好培训情况登记、考核。

6.2.5.2 培训方式

各烟站人员进行有计划地分类培训，实行长期与短期相结合，理论学习与生产实践相结合，系统教学与专题研讨相结合的方式进行培训。

（1）理论培训：由烟站副站长根据阶段性生产技术要求进行培训。

（2）现场培训：由烟站召集人员在生产现场进行操作技术演示、培训。

6.2.6 烟站制度

6.2.6.1 学习制度

（1）坚持个人自学为主，烟站每月开展两次集体学习。利用生产间隙，通过座谈会、理论探讨、心得交流等形式相互学习、相互促进。

（2）建立学习考核制度，各烟站对技术员学习情况进行检查登记。

（3）突出业务重点，积极探索研究烟叶生产科技知识。

6.2.6.2 工作制度

（1）例会制度。周一上午，烟站召开本周工作布置会。周六中午，烟站召开本周工作汇报会，解决工作中存在问题。

（2）请销假制度。烟站人员不得无故旷工、缺岗、缺勤，请假 1~2d 以书面形式向站长请假，3d 以上以书面形式由站长同意后报烟叶股审批，每月累计请假不得超过 6d，生产关键环节一律不准请假，全年累计请假不得超过 20d。站长、副站长请假报烟叶股审批。

（3）技术指导与服务制度。落实与烟农的“全面服务、分类到户”的见面制度，并填写指导烟农服务明白卡，以便检查。技术员对烟农进行技术分类指导。

6.2.6.3 廉洁制度

（1）严禁利用职务上的便利，为他人谋取私利，收受贿赂。

（2）严禁利用职务上的便利，侵吞、骗取、贪污公私财物。

（3）严禁吃请，因工作需要就餐者，要及时付费。

（4）烟站的账目、物资到账清楚，物资入库准确，账物相符。

（5）严格执行国家标准收购烟叶，严禁抬价和压级。

（6）严禁参与倒卖、走私烟草制品。

6.2.6.4 安全制度

（1）严格遵守交通规章制度，严禁超速行驶和无证驾驶车辆。

（2）烟站设备、机械严格按操作规程使用管理，进入烟站严格登记检查。

（3）严禁私拉乱接电线，严禁使用电炉。

（4）烟站要坚持值班和巡查制度。

（5）烟站库区严禁吸烟，不准存放易燃易爆物品。

（6）做好安全检查记录登记，定期查找、分析、讲评安全工作。

6.2.7 烟站收购

烟叶收购要严格执行国家标准和省市公司有关烟叶收购制度规定，按照收购规程执行。

6.2.8 考核奖惩

年终根据各项制度、目标任务完成情况对烟站进行考核联评，市局（公司）研究奖惩。

6.2.9 附则

本办法的有关规定与上级规定的内容相冲突的，按上级规定执行。本管理办法由陇南市烟草公司负责解释并实施。

Q/LNYC

甘肃省陇南市烟草公司企业标准

Q/LNYC. 038—2016

烟用物资管理发放规程

2016-07-08 发布　　　　2016-07-08 实施

甘肃省陇南市烟草专卖局（公司）　发布

前　言

本标准由陇南市烟草公司提出。
本标准由陇南市烟草公司负责起草。
本标准起草人：杨树勋、李彦、张艳萍、石钎力。

6.3 烟用物资管理发放规程

6.3.1 范围

本办法规定了陇南市烟草公司烟用物资采购、质量标准、验收、结算，烟用物资发放的原则，物资投放标准，发放办法，监督机制等。

本办法适用于陇南市烟草公司烟用物资管理发放工作。

6.3.2 采购原则

烟用物资的采购坚持“公开招标、优质优价、同质比价、同价比质”的原则进行采购。

6.3.3 采购依据

根据省局（公司）下达的年度烟叶生产产前投入补贴标准，由种烟县结合当年烟叶生产实际，按照种植面积提报计划，市局（公司）会议研究，确定采购品种和数量。

6.3.4 采购办法

烟用物资采购由陇南市烟草公司进行公开招标采购。

6.3.5 合同签订

根据公开招标确定的供应单位，由陇南市烟草公司签订烟用物资采购合同。

6.3.6 质量标准

所有采购的烟用物资必须符合产品质量国家标准。

6.3.7 验收入库

6.3.7.1 接收

供方根据需方合同签订的品种、数量、交货时间地点发货，需方由专人负责接收，不符合合同规定的品种、数量拒绝接收。

6.3.7.2 抽检

组织烟叶、财务、质量监督部门同供方按10%的比例抽检，检验合格的填写入库验收单，不合格的做退货处理。

6.3.8 货款结算

种烟县局将物资入库后，收货单传市公司烟叶科，烟叶科填写验收单、调拨单，财务科根据合同、验收单按审批程序付款，种烟县局根据调拨单记账保管。

6.3.9 物资兑现发放原则

统一兑现标准，统一扶持项目，统一账务处理，统一监督管理。

6.3.10 物资发放办法

（1）种烟县局根据当年烟叶补贴标准，按照合同种植面积核定发放标准。
（2）各烟站按照辖区种植面积，统一领用保管。
（3）保管员按照合同发放物资，烟农在领用花名册上签字确认。
（4）技术员监督指导烟农使用。
（5）对可重复使用的烟用物资做好回收工作。

6.3.11 监督管理制度

（1）各烟站要张榜公布物资发放情况，公开举报电话，接收群众监督。
（2）对各烟站领用清单、库存实物进行核查，存在问题限期整改。
（3）对虚报冒领等方式套取物资投机盈利，一经发现，按照有关规定对责任人以经济和行政处罚，直至撤职、辞退。
（4）各烟站工作人员要妥善保管票据、账簿。

6.3.12 支持性文件

无。

6.3.13 附录（资料性附录）

序号	记录名称	记录编号	填制/收集部门	保管部门	保管年限
—	—	—	—	—	—

Q/LNYC

甘肃省陇南市烟草公司企业标准

Q/LNYC. 039—2016

烟叶生产技术培训管理规程

2016-07-08 发布　　　　2016-07-08 实施

甘肃省陇南市烟草专卖局（公司）　发布

前　言

本标准由陇南市烟草公司提出。

本标准由陇南市烟草公司和中国农业科学院烟草研究所负责起草。

本标准起草人：杨树勋、夏巍、权文彦。

6.4 烟叶生产技术培训管理规程

6.4.1 范围

本标准规定了对烟叶生产人员、烟农、管理人员的培训管理及方法。

本标准适用于陇南市烟叶生产技术培训工作。

6.4.2 培训内容和对象

（1）以《陇南市烤烟综合标准体系》为基础教材。重点培训：集约化漂浮育苗；平衡施肥；大田管理；成熟采收；科学烘烤；分级扎把；新技术推广。

（2）培训对象为所有烟叶生产人员、收购人员、烟农及各级管理人员。

6.4.3 培训方法 采取分层次培训

6.4.3.1 第一层次培训

由市局（公司）组织培训。培训对象为市县局烟叶生产管理人员、各烟叶收购站站长、片区技术员负责人、部分乡村干部、烟农代表。

6.4.3.2 第二层次培训

由种烟县营销部组织培训。培训对象为烟叶股、烟叶收购站工作人员、相关村组干部、全体技术员、烟农代表。

6.4.3.3 第三层次培训

由烟叶收购站组织培训。培训对象为各烟叶收购工作人员、全体烟叶生产技术人员。

6.4.3.4 第四层次培训

由烟叶股人员负责，烟站站长配合分环节对全体烟农进行培训。培训到位率达到100%，培训地点在各种烟村村委会。

6.4.4 培训要求

（1）每次培训都要有培训内容及培训过程记录。

（2）从各烟叶收购站起，逐级制定培训方案，上报市局（公司）备案。

6.4.5 支持性文件

无。

6.4.6 附录（资料性附录）

序号	记录名称	记录编号	填制/收集部门	保管部门	保管年限
—	—	—	—	—	—

Q/LNYC

甘肃省陇南市烟草公司企业标准

Q/LNYC. 040—2016

烟农户籍化管理工作规程

2016-07-08 发布　　　　2016-07-08 实施

甘肃省陇南市烟草专卖局（公司）　发布

前 言

本标准对陇南市烟草专卖局（公司）烟叶生产经营管理体系的流程管理的陇南市职业烟农的基本信息、生产操作、交售和评价等内容与要求、责任与权限等做出了规定。本标准的实施，将进一步提升部门的管理水平，促进陇南烟草的“管理标准化”。

本标准由陇南市烟草专卖局（公司）提出。

本标准由陇南市烟草专卖局（公司）管理。

本标准由陇南市烟草专卖局（公司）起草。

本标准主要起草人员：杨树勋、申彦宏、荣翔麟、王艳丽。

6.5 烟叶生产烟农户籍化管理规范

6.5.1 范围

为规范陇南市烟农户籍化管理，特制定本标准。

本标准适用于陇南市烟草专卖局（公司）。

6.5.2 规范性引用文件

下列文件对于本文件的应用是必不可少的。凡是注日期的引用文件，仅所注日期的版本适用于本文件。凡是不注日期的引用文件，其最新版本（包括所有的修改单）适用于本文件。

YC/T 479—2013 烟草商业企业标准体系 构成与要求。

YC/T 290—2009 烟草行业农业标准体系。

YC/Z 204 烟草行业信息化标准体系。

6.5.3 术语和定义

下列术语和定义适用于本文件。

6.5.3.1 烟叶种植收购合同（以下简称合同）

是指烟草公司与种植烤烟的主体（烟农、家庭农场、种植大户）签订的、明确双方权利义务的电子和书面形式合同。合同须经双方签字、盖章后方能生效。

6.5.3.2 烟农户籍化

户籍，又称户口，是指国家主管户政的行政机关所制作的，用以记载和留存住户人口的基本信息的法律文书。烟叶生产烟农户籍，是烟草部门为强化对种烟农户的管理，参照中华人民共和国的户籍管理制度，建立烟农的基本信息、烟叶生产水平、烟叶交售信用的一种管理制度。

6.5.4 职责

6.5.4.1 烟叶生产科

负责全市烟叶生产烟农户籍化的管理和指导工作。

6.5.4.2 烟叶收购站

负责烟农户籍化信息的建档、录入、审核和保存。

6.5.5 管理内容和方法

6.5.5.1 基本信息管理

6.5.5.1.1 总则

将烟农资料（包括户主姓名、身份证号码、家庭住址、家庭人口、劳动力、文化程度、银行开户账号、种烟年限、适宜种烟地块面积、烤房资料等）和合同内容（包括合同签订面积、合同签订交售量、当年田（地）烟种烟面积、种植品种等）录入微机，建立烟农基本信息档案。

6.5.5.1.2　建立档案

烟农提交种烟申请时，由烟站负责为每一个烟农建立户籍信息档案。

6.5.5.1.3　信息录入

由烟站负责组织专门人员将烟农的户籍信息档案及时录入信息系统，提交分公司进行审核。

6.5.5.1.4　档案存储

由烟站负责烟农户籍信息档案的归档、保管。

6.5.5.2　种植规划管理

将烟农基本烟田资料（包括基本烟田编号、前作、土壤肥力等）记录在册，建立烟农烟叶种植规划、轮作等信息档案。

6.5.5.3　生产过程管理

6.5.5.3.1　总则

根据烟农的生产操作过程，建立烟叶生产操作过程管理信息平台，使烟农的购苗情况、大田准备、移栽、大田管理、施肥、病虫害防治、成熟采摘、烘烤等有可追溯性，从而加强烟叶生产、收购管理，提升烟叶质量和管理水平。

6.5.5.3.2　购苗

记录购苗品种、价格、数量等情况，建立购苗信息档案。

6.5.5.3.3　大田准备

记录轮作面积、连作面积、机耕情况（机耕时间、深度）、整地理墒情况（墒高、行距、株距、质量）等，建立大田准备信息档案。

6.5.5.3.4　施肥

记录施肥种类、数量、方式等，建立施肥信息档案。

6.5.5.3.5　移栽

记录移栽时间、移栽方式（膜下小苗、膜上壮苗）、盖膜质量（黑膜、白膜）等，建立移栽信息档案。

6.5.5.3.6　大田管理

（1）记录查缺补塘：时间、烟苗成活率、补苗数量。

（2）追肥情况：追肥方式、时间、数量、次数。

（3）揭膜除草情况：时间、质量。

（4）中耕培土情况：时间、质量。

（5）封顶打杈情况：时间、抑芽剂使用情况。

（6）优化烟叶结构：不适用烟叶种类、数量、处理方式及时间等；建立大田管理信息档案。

6.5.5.3.7　病虫害防治

（1）将病虫害防治对象、防治方式、防治面积、防治效果等记录在册。

（2）化学防治方式时，应记录农药使用种类、数量、施用方法、负责人及时间。

（3）记录封顶时间、封顶方式、留叶数、抑芽方式，在进行化学抑芽时应记录抑芽剂种类及施用时间、数量、方式方法等。

6.5.5.3.8　成熟采摘。记录烟叶的采摘时间、次数、数量等。

6.5.5.3.9　烘烤。记录烤房容量、烘烤炉数、各炉烘烤时间、烘烤方式、烘烤管理情况、烘烤中出现的问题等。

6.5.5.4　交售管理。记录每次交售烟叶的品种、等级、数量等。

6.5.5.5　烟农评价管理

（1）在烟叶育苗、移栽、大田管理、采收调制、预检和收购等每个环节结束时，定期对烟农进行考核、评审，实行动态管理。

（2）对烟农进行分类指导，提高其整体素质和种植水平。

6.5.5.6　信息档案的完善与修改

当烟农户籍信息发生变化时，由烟站向分公司提出申请，分公司烟叶生产经营科报烟叶生产部经批准后，进行相应完善和修改工作。

6.5.6　程序

可划分为：A 类户、B 类户、C 类户。

（1）A 类户标准：指年烟叶种植面积 30 亩以上、技术水平良好，基础设施具备烟田灌溉和烟叶密集式烘烤条件的烟农。

（2）B 类户标准：指年烟叶种植面积 15 亩，技术水平较好，基础设施具备烟田灌溉和烟叶密集式烘烤条件的烟农。

（3）C 类户标准：指年烟叶种植面积 10 亩以上、技术水平一般，烟田不具备灌溉条件，烟叶烘烤使用普通烤房的烟农。

6.5.7　工作要求

6.5.7.1　A 类户

以培训为主，指导为辅，保证每 4d 1 次上门指导。

6.5.7.2　B 类户

培训指导并重，保证每 3d 1 次上门指导。

6.5.7.3　C 类户

生产关键环节必须每 2d 1 次上门指导。

6.5.8　支持文件

无。

6.5.9　附录（资料性附录）

序号	记录名称	记录编号	填制/收集部门	保管部门	保管年限
—	—	—	—	—	—

Q/LNYC

甘肃省陇南市烟草公司企业标准

Q/LNYC. 041—2016

烟叶生产技术指导服务标准

2016-07-08 发布　　2016-07-08 实施

甘肃省陇南市烟草专卖局（公司）　发布

前　　言

本标准由陇南市烟草公司提出。

本标准由陇南市烟草公司负责起草。

本标准起草人：杨树勋、张曦、孟刚、梁洪波、王程栋、宋文静。

6.6 烟叶生产技术指导服务标准

6.6.1 范围

本标准规定了烟叶生产技术指导服务内容、方式等。

本标准适用于陇南市烟叶生产技术指导。

6.6.2 内容

（1）种植布局规划、烟田选择。

（2）种植收购合同签订。

（3）烟田冬翻整地技术。

（4）品种选择及育苗技术。

（5）施肥、起垄、覆膜技术。

（6）规范化移栽技术。

（7）平顶、打权合理留叶及病虫害综合防治等田间管理技术。

（8）烤房建设、维修及养护。

（9）成熟采收及科学烘烤技术。

（10）烟叶保管、分级扎把技术。

6.6.3 方式

6.6.3.1 培训

集中培训：邀请专家对技术管理人员培训，技术管理人员对烟站技术人员培训，由烟站技术人员对烟农进行阶段性生产技术培训。

现场培训：由包片技术员或烟站召集烟农在生产现场进行操作演示、培训。

6.6.3.2 现场指导

（1）包片服务制度：以村为单位派驻一名生产技术员，负责指定区域内的各项指数指导。

（2）户籍服务管理制度：包片技术员对辖区内烟农户按户籍化管理标准划分为 A、B、C 分类，建立烟农户籍档案，实行分类技术指导服务。

6.6.4 生产技术指导的检查督促

县局（营销部）按计划落实育苗、移栽、大田管理、采收烘烤、分级收购六个阶段组织生产检查，督导各烟站生产技术落实，每月对各烟站工作进行考核考评。

6.6.5 支持性文件

无。

6.6.6 附录（资料性附录）

序号	记录名称	记录编号	填制/收集部门	保管部门	保管年限
—	—	—	—	—	—

Q/LNYC

甘肃省陇南市烟草公司企业标准

Q/LNYC. 042—2016

烟用物资供应服务标准

2016-07-08 发布　　　　2016-07-08 实施

甘肃省陇南市烟草专卖局（公司）　发布

前　　言

本标准由陇南市烟草公司提出。

本标准由陇南市烟草公司负责起草。

本标准起草人：杨树勋、李彦、石钎力、孟刚。

6.7　烟用物资供应服务标准

6.7.1　范围

本标准规定了烤烟生产配套物资采购、供应等具体服务措施。

本标准适用于陇南市烟草公司烤烟生产配套物资供应服务。

6.7.2　计划编制

种烟县局（营销部）根据烟叶种植收购计划及产前投入计划，对烟用物资数量、品种需求编制计划，上报市烟草公司。

6.7.3　物资采购

由陇南市烟草公司根据批复需求计划，统一组织公开招标采购。

6.7.4　物资供应

6.7.4.1　按照烟用物资供应标准

根据烟农种植面积统一发放，造册登记，接受烟农监督。

6.7.4.2　可重复使用的要搞好回收

由烟站统一保管，以备下年使用。

6.7.5　供应期服务

6.7.5.1　烟用物资的供应

要提前准时发放。

6.7.5.2　按种植面积投放

烟农签字确认。

6.7.6　售后服务

6.7.6.1　烟用物资使用技术指导

（1）举办烟用物资使用技术培训班。

（2）烟叶技术员深入农户，检查指导。

6.7.6.2　服务监督

陇南市烟草公司负责对烟用物资的发放进行监督，设立烟农监督举报电话。

6.7.6.3　了解烟农对烟用物资供应服务的评价

（1）走访烟农，发放调查问卷。

（2）召集烟农代表开座谈会征求意见。

（3）收集物资供应信息，归纳汇总上报。

6.7.7 支持性文件

无。

6.7.8 附录（资料性附录）

序号	记录名称	记录编号	填制/收集部门	保管部门	保管年限
—	—	—	—	—	—

Q/LNYC

甘肃省陇南市烟草公司企业标准

Q/LNYC. 043—2016

烤烟产品售后服务标准

2016-07-08 发布　　2016-07-08 实施

甘肃省陇南市烟草专卖局（公司）　发布

前　言

本标准由陇南市烟草公司提出。

本标准由陇南市烟草公司负责起草。

本标准起草人：杨树勋、李彦、石钎力、王艳丽、梁洪波、王程栋、宋文静、杨金广、申莉莉。

6.8 烤烟产品售后服务标准

6.8.1 范围

本标准规定了烤烟产品售后服务标准。

本标准适用于陇南烤烟产品售后服务。

6.8.2 烤烟售后服务

6.8.2.1 陇南市烟草公司烟叶科全面负责烟叶售后服务工作

种烟县局（营销部）积极配合。

6.8.2.2 向需方提供烟叶生产自然条件、技术文件

6.8.2.3 向需方提供各种经营证照

烤烟产品内在质量化验结果。

6.8.2.4 按需方购销合同要求

办理烟草专卖准运证手续，协助运输单位发运。

6.8.2.5 在加工地点需方对产品验收时出现问题及时处理

（1）需方对产品的质量有质疑，供需双方应进行现场验级，协商处理

（2）需方对产品的重量有质疑，经现场复核后，以实际重量加上途耗在1%以内，供方予以确认。

6.8.2.6 对产品质量进行跟踪

（1）不定期到需方单位调查烟叶使用情况。

（2）调查收集需方对烟叶使用的意见，提高产品进入满足需方需求计划。

（3）做好意见反馈单的收集、整理和归档。

（4）加强产品售后服务，提高企业信誉。

6.8.3 支持性文件

无。

6.8.4 附录（资料性附录）

序号	记录名称	记录编号	填制/收集部门	保管部门	保管年限
—	—	—	—	—	—

Q/LNYC

甘肃省陇南市烟草公司企业标准

Q/LNYC. 044—2016

陇南烟草烟叶育苗专业化服务规程

2016-07-08 发布　　　　2016-07-08 实施

甘肃省陇南市烟草专卖局（公司）　发布

前　言

本标准对甘肃省陇南市烟草公司育苗专业化服务的内容与要求等做出了规定。

本标准由甘肃省陇南市烟草公司烟叶生产科提出。

本标准由甘肃省陇南市烟草公司烟叶生产科归口管理。

本标准由甘肃省陇南市烟草公司烟叶生产科起草。

本标准主要起草人：杨树勋、申彦宏、李玉良、李琅、梁洪波、董建新、王程栋、宋文静。

6.9 陇南烟草烟叶育苗专业化服务规程

6.9.1 范围

本标准规定了陇南市烤烟专业化育苗原则、方式、运作程序、扶持政策。

本标准适用于陇南市烤烟专业化育苗工作。

6.9.2 规范性引用标准

下列文件中的条款通过本标准的引用而成为本标准的条款。凡是注日期的引用文件，其随后所有的修改单（不包括勘误的内容）或修改版均不适用于本标准。然而，鼓励根据本标准达成协议的各方研究是否可使用这些文件的最新版本。凡是不注日期的引用文件，其最新版本适用于本标准。

Q/LNYC. 008—2016 烟草集约化育苗基本技术规程。

6.9.3 专业化育苗原则及模式

实行“烟农自愿、市场运作、政策扶持、质量监控”的原则，通过烟叶种植专业合作社或烟叶育苗专业户与当年具有烟草部门烟叶种植收购合同的烟农签订烟苗购销协议，按合同种植面积批量生产烟苗，以烟苗购销协议的形式商品化销售给合同种烟农户。形成烟草部门统一组织，烟农出资委托育苗，专业户有偿培育烟苗的专业化育苗模式。

6.9.4 运作程序

6.9.4.1 育苗专业户选择

（1）烟叶种植专业合作社或烟叶育苗专业户提出申请，经辖区烟叶收购站批准后方可成为专业化育苗户，签订专业化育苗协议。

（2）专业化育苗从业人员要求初中以上文化，责任心强、组织能力好，育苗技术过硬，服从烟叶生产技术员指导，按育苗工序和技术规范操作，具有一定的经济基础和商业意识。

（3）原则上每个专业化育苗户从业人员 3~5 人，年龄在 50 岁以下，具有 3 年以上种烟经验。烟叶收购站根据种植计划和生产布局批准育苗专业户时，对上一年育苗质量好的烟叶种植专业合作社或烟叶育苗专业户可优先考虑。

6.9.4.2 育苗规模

烟叶种植专业合作社要充分提高育苗工场设施利用率，培育烟苗 2 000 亩以上，每户育苗专业户培育烟苗 100 亩以上的规模，育苗方式采用漂浮或湿润由育苗专业户和购苗烟农协商确定。

6.9.4.3 市场运作

（1）在专业化育苗工作开始前，烟农以购苗协议的形式向育苗专业户订购烟苗数量，确定购苗价格，同时由购苗烟农向育苗专业户缴纳订购烟苗总金额的 20%作为购苗保证金，育苗户要出具证明给烟农，烟苗移栽时苗款两清。

（2）烟苗移栽时，如果育苗专业户违约，无法提供烟农订购的烟苗数量，育苗专业户必须退还烟农购苗保证金，并按烟农购苗数量总金额的100%赔偿烟农损失；如果烟农违约，不执行已订购的烟苗数量，育苗专业户可将收取的烟农购苗保证金不予退还。

（3）在供苗过程中不能由烟农随意挑选，必须整池整盘按顺序供应。烟叶收购站对烟苗供应情况进行实时监督。

（4）育苗专业户在育苗全过程，所遇到的一切风险由育苗专业户承担。

（5）烟苗价格由烟叶收购站监督指导并提出指导价，具体由育苗专业户与购苗烟农协商确定。凡烟叶种植专业合作社或烟叶育苗专业户育苗设施、育苗物资等烟草部门进行了基础设施或烟叶产前投入的，各育苗专业户要根据自投物资、用工、管理等成本，实行保本微利，合理确定烟苗价格。凡定价不合理，有损烟农利益的，烟叶收购站拒绝育苗物资投入，并取消专业化育苗资格。

（6）烟叶种植专业合作社要根据烟叶育苗工场生产经营情况，每年预提一定比例的设备维修基金，确保育苗设施长期运行发挥效益。

6.9.5　政策扶持

（1）烟草部门按当年烟叶产前投入计划和扶持政策供应部分育苗物资。

（2）烟草部门按当年与烟农签订的烟叶种植收购合同面积供应烤烟籽种。

（3）各烟叶种植专业合作社育苗工场育苗盘由烟草部门一次性投入，后续发生损害，丢失、短少必须自行配备，育苗专业户自行购买或向烟农租用。

（4）根据烟农协议购苗数量，育苗户必须多育5%的烟苗作为备用苗。

6.9.6　育苗技术

严格按照Q/LNYC. 008—2016烟草集约化育苗基本技术规程执行，且接受管辖区烟叶生产技术员的指导监督，烟苗移栽前烟叶收购站要组织对育苗操作、管理及质量进行综合评价，确保培育出的烟苗达到无病壮苗标准，成苗率达到90%以上。

6.9.7　支持文件

Q/LNYC. 008—2016烟草集约化育苗基本技术规程。

6.9.8　附录（资料性附录）

序号	记录名称	记录编号	填制/收集部门	保管部门	保管年限
—	—	—	—	—	—

Q/LNYC

甘肃省陇南市烟草公司企业标准

Q/LNYC. 045—2016

陇南现代烟草农业机械专业化服务规程

2016-07-08 发布　　　　2016-07-08 实施

甘肃省陇南市烟草专卖局（公司）　发布

前　　言

本标准对甘肃省陇南市烟草公司现代烟草农业机械专业化服务的内容与要求等做出了规定。

本标准由甘肃省陇南市烟草公司烟叶生产科提出。

本标准由甘肃省陇南市烟草公司烟叶生产科归口管理。

本标准由甘肃省陇南市烟草公司烟叶生产科起草。

本标准主要起草人：杨树勋、李承彦、张曦、孟刚、梁洪波、董建新、王程栋、宋文静。

6.10 陇南现代烟草农业机械专业化服务规程

6.10.1 范围

本标准规定了陇南市现代烟草农业机械专业化服务原则、运作方式、运作程序。

本标准适用于陇南市现代烟草农业机械专业化服务工作。

6.10.2 规范性引用文件

下列文件中的条款通过本标准的引用而成为本标准的条款。凡是注日期的引用文件，其随后所有的修改单（不包括勘误的内容）或修改版均不适用于本标准。然而，鼓励根据本标准达成协议的各方研究是否可使用这些文件的最新版本。凡是不注日期的引用文件，其最新版本适用于本标准。

国家烟草专卖局烟叶生产基础设施烟草农业机械管理办法（国烟办综〔2009〕54号）。

中国烟叶公司烟草农业机械选型测试规范（中烟叶生〔2013〕41号）。

甘肃省烟叶生产基础设施烟草农业机械购置补贴实施办法（甘烟叶〔2009〕33号）。

6.10.3 服务原则

实行“烟农自愿、市场运作、惠及烟农、政策扶持”的原则，通过鼓励和支持烟农使用先进适用烟草农业机械，提高农业综合生产能力，促进农业增产增效、农民节本增收，加快推进农业机械化进程，建设现代烟草农业。

6.10.4 运作方式

烟草农业机械由烟叶种植专业合作社或烟叶种植家庭农场产权所有者统一组织管理，与当年具有烟草部门烟叶种植收购合同的烟农，按服务项目签订烟草农业机械专业化服务协议，以低于市场作业价为烟农提供专业化服务。

6.10.5 运作程序

（1）烟草农业机械产权所有者与需服务的烟农签订专业化服务协议，明确专业化服务项目、时间、数量、质量和费用等。

（2）烟草农业机械由产权所有者统一调配，农忙时节必须优先保证服务与烟叶生产，按与烟农协议约定的服务项目和时间合理安排，确保不误农时，确保服务质量。

（3）专业化服务由辖区烟叶收购站结合当地市场行情，按烟草农业机械类型提出低于市场价的指导价，具体由专业化服务组织和烟农协商确定。

（4）专业化服务项目完成后，烟农按协议约定一次性支付专业化服务费。

（5）烟草农业机械在专业化服务全过程，所遇到的一切风险由农机产权所有者承担。

（6）烟叶收购站对烟草农业机械专业化服务进行监督评价，对监督评价情况进行上报。

6.10.6 扶持措施

（1）为鼓励和支持烟农使用先进适用的农业机械，加快推进现代烟草农业机械化进程，烟草行业按照烟叶生产基础设施建设项目计划和补贴资金政策和有关规定，对烟叶生产专业合作组织购买的，适用于烤烟生产的农机具给予一定比例的购机补贴。

（2）补贴资金的使用遵循公开、公正、惠及烟农的原则。

（3）补贴对象是依法注册符合补贴条件的烤烟种植专业合作社或直接从事烤烟生产的农机服务组织。

6.10.7 社会化服务

（1）建立完善的农业机械专业化服务组织，为烟农和烤烟生产经营组织提供机耕、施肥、起垄、育苗、移栽、植保、烘烤和分级、运输等服务。

（2）烟农、农业机械专业化服务组织可以按照双方自愿、平等协商的原则，为烟农和农业生产经营组织提供各项有偿农业机械作业服务。

（3）烟草农业机械作业应当符合有关农业机械作业质量标准或者服务方与用户约定的标准。

（4）鼓励社会资本引进先进适用的专用烟草农业机械，加快推进现代烟草农业机械化进程。

6.10.8 支持文件

国家烟草专卖局烟叶生产基础设施烟草农业机械管理办法（国烟办综〔2009〕54号）。

中国烟叶公司烟草农业机械选型测试规范（中烟叶生〔2013〕41号）。

甘肃省烟叶生产基础设施烟草农业机械购置补贴实施办法（甘烟叶〔2009〕33号）。

6.10.9 附录（资料性附录）

序号	记录名称	记录编号	填制/收集部门	保管部门	保管年限
—	—	—	—	—	—

Q/LNYC

甘肃省陇南市烟草公司企业标准

Q/LNYC. 046—2016

陇南烟草烟叶植保专业化服务规程

2016-07-08 发布　　　　2016-07-08 实施

甘肃省陇南市烟草专卖局（公司）　发布

前　言

本标准对甘肃省陇南市烟草公司烟叶植保专业化服务规程的内容与要求等做出了规定。

本标准由甘肃省陇南市烟草公司烟叶生产科提出。

本标准由甘肃省陇南市烟草公司烟叶生产科归口管理。

本标准由甘肃省陇南市烟草公司烟叶生产科起草。

本标准主要起草人：杨树勋、荣翔麟、权文彦、王凤龙、杨金广、申莉莉。

6.11 陇南烟草烟叶植保专业化服务规程

6.11.1 范围

本标准规定了陇南市烟叶植保专业化服务原则、运作方式、程序、扶持政策。

本标准适用于陇南市烟叶植保专业化服务工作。

6.11.2 规范性引用文件

下列文件中的条款通过本标准的引用而成为本标准的条款。凡是注日期的引用文件，其随后所有的修改单（不包括勘误的内容）或修改版均不适用于本标准。然而，鼓励根据本标准达成协议的各方研究是否可使用这些文件的最新版本。凡是不注日期的引用文件，其最新版本适用于本标准。

Q/LNYC. 007—2016 烟草用农药质量要求。

Q/LNYC. 017—2016 烤烟病虫害预测预报规程。

Q/LNYC. 018—2016 烤烟病害防治技术规程。

Q/LNYC. 019—2016 烤烟病害防治技术规程。

6.11.3 专业化服务原则和方式

实行“烟草指导、烟农自愿、专业操作、政策扶持”的原则。通过烟草部门引导和技术指导，烟农出资委托，烟叶种植专业合作社组建专业化植保队，以协议的形式对烟农的烟叶大田统一开展病虫害专业化综合防治。

6.11.4 运作程序

（1）烟叶种植专业合作社组织成立植保专业化服务队，专业化服务队数量根据服务面积设定，按每个植保专业队服务人员 5 人，每个队员服务面积 50 亩配备组建队伍。

（2）专业化植保从业人员要求初中以上文化，责任心强、具有一定的农业基础知识或烟叶植保经验，服从烟叶生产技术员指导，按烟草植保工序和技术规范操作。

（3）每一烟叶种植专业合作社要积极从社会或烟农中招聘从业人员，确保专业化植保面积达到 2 000 亩以上的规模。

（4）在烟叶专业化植保工作开始前，实行烟农委托，专业化植保组织以植保协议的形式与烟农签订烟草病虫害统防统治服务协议书。主要内容包括：收费标准、综治措施、效果评价、事故责任确认及经济赔偿标准等事宜。

（5）在专业化植保进行时，由烟农现场监督落实，技术人员现场进行指导，植保专业队按操作工序和技术标准要求进行规范操作。

（6）烟农在统防统治时提供防治农药。为集中时间，统一施药浓度，统一施药质量，统一防治效果，由烟叶技术员根据烟叶田间病虫害发生情况，提出防治农药品类，烟叶种植专业合作社协调当地农药经销商对所需农药进行配送，烟农现场采购。

（7）烟叶种植专业合作社植保专业队在专业化植保全过程，所遇到的一切风险由烟叶种植专业合作社承担。未达到协议约定植保要求，属植保专业队防治不当，烟农有权终止植保协议，并不支付所发生的植保费用。

6.11.5 政策扶持

（1）烟草部门按当年烟叶产前投入计划供应部分植保农药或物资。

（2）农药物资供应遵循公开、公正、惠及烟农的原则。

6.11.6 植保技术

严格按照 Q/LNYC. 017—2016 烤烟病害防治技术规程、Q/LNYC. 018—2016 烤烟病害防治技术规程有关规定执行，且接受管辖区烟叶生产技术员的指导监督，烟叶大田管理期烟叶收购站要组织对各专业化植保队的日常工序操作、组织管理、植保质量进行综合评价。

6.11.7 支持文件

Q/LNYC. 007—2016　烟草用农药质量要求。

Q/LNYC. 017—2016　烤烟病虫害预测预报规程。

Q/LNYC. 018—2016　烤烟病害防治技术规程。

Q/LNYC. 019—2016　烤烟病害防治技术规程。

6.11.8 附录（资料性附录）

序号	记录名称	记录编号	填制/收集部门	保管部门	保管年限
—	—	—	—	—	—

Q/LNYC

甘肃省陇南市烟草公司企业标准

Q/LNYC. 047—2016

陇南烟草烟叶烘烤专业化服务规程

2016-07-08 发布　　　　2016-07-08 实施

甘肃省陇南市烟草专卖局（公司）　发布

前　言

本标准对甘肃省陇南市烟草公司烟叶烘烤专业化服务的内容与要求等做出了规定。

本标准由甘肃省陇南市烟草公司烟叶生产科提出。

本标准由甘肃省陇南市烟草公司烟叶生产科归口管理。

本标准由甘肃省陇南市烟草公司烟叶生产科起草。

本标准主要起草人：黄明迪、杨树勋、夏巍、乔万鹏、王爱华。

6.12 陇南烟草烟叶烘烤专业化服务规程

6.12.1 范围

本标准规定了陇南市烟叶烘烤专业化服务原则、运作方式、程序、扶持政策。

本标准适用于陇南市烟叶烘烤专业化服务工作。

6.12.2 规范性引用文件

下列文件中的条款通过本标准的引用而成为本标准的条款。凡是注日期的引用文件，其随后所有的修改单（不包括勘误的内容）或修改版均不适用于本标准。然而，鼓励根据本标准达成协议的各方研究是否可使用这些文件的最新版本。凡是不注日期的引用文件，其最新版本适用于本标准。

Q/LNYC. 024—2016 烤烟密集烘烤技术规程。

6.12.3 专业化烘烤原则及方式

实行“烟草引导、烟农自愿、市场运作、科学发展”的原则，通过烟叶种植专业合作社或烟叶烘烤专业户，利用烟叶烘烤工场或密集式烤房群，聘请烘烤经验丰富，技术过硬，责任心强的烟叶技术人员或烟农为烘烤师，组织成立烟叶烘烤专业化服务队，以协议的形式对农户的烟叶进行标准化烘烤，推动现代烟草农业发展。

6.12.4 运作程序

（1）建立烘烤专业队。烟叶种植专业合作烘烤专业队或烘烤专业户的建立，必须具有一定的经济基础和商业意识，聘请的烘烤师从业 2 年内必须取得烟叶烘烤师职业资格证书，从业人员必须具备初中以上文化，年龄在 50 岁以下，责任心强、组织能力好，烘烤技术过硬，服从烟叶生产技术员指导，按烟叶烘烤操作工序和技术规范操作。

（2）建立组织，明确职责。由烟叶种植专业合作社或烘烤专业户组织成立烟叶专业化烘烤管理组和专业化烘烤队。管理组负责专业化烘烤工作的安排部署、管理指导、技术培训、服务协调、纠纷处置、物资筹备和财务费用等工作；专业化烘烤队负责烟叶专业化烘烤的具体操作实施，共同与辖区技术员对烟农成熟采收进行指导，发放准采证；烟农负责按准采证要求进行采收编杆。

（3）双方协商，合理定价。专业化烘烤服务费由烟叶收购站监督指导，具体由烘烤专业户与委托烟农协商确定，各烘烤专业户要根据自投烘烤物资、用工、管理等成本，实行保本微利，多中取利，合理确定委托加工烘烤费用标准。

（4）签订协议，量化标准。由烟叶种植专业合作社或烘烤专业户统一组织，与委托烟农签订代烤加工协议，主要内容包括：收费标准、质量评价、烘烤事故责任确认及经济赔偿标准等事宜。

（5）服务费收取方式。烘烤所需的煤炭、电费等相关费用可采取的方式：一是在开烤前，由烟农根据各自的种植面积，按比例筹集资金采购煤炭、预摊电费，烤后决算；二是由有关组织或烟农担保，烘烤专业户先垫付代烘烤费用，采取“先记账、后结算”的方式，烤后按杆向烟农收取烘烤相关费用。

（6）烘烤质量。各专业化烘烤队烘烤人员原则上每人负责5个以上烤房，做到烤房承包到人、对烘烤质量进行承诺。烘烤专业户在保证鲜烟叶质量的前提下，要求每一烤炉的烤后烟叶黄烟率达到95%以上，蒸片、严重挂灰等不正常烟叶在3%以下。

（7）风险赔付。烘烤专业户在专业化烘烤全过程，所遇到的一切风险由烘烤专业户承担。未达到烘烤质量指标的，属烘烤专业户烘烤不当，烟农有权终止烘烤协议，另择他人烘烤并不支付烘烤费用。

（8）烟叶种植专业合作社要根据烟叶烘烤工场生产经营情况，每年预提一定比例的烤房设备管护基金，确保烘烤设施管护到位长期发挥效益。

6.12.5 政策扶持

（1）为鼓励和支持烟农推行先进适用的密集式烘烤工艺，提高烟叶烘烤质量，烟草行业按照烟叶生产基础设施建设项目计划和补贴资金政策和有关规定，对烟叶生产专业合作组织或烟农密集式烤房设备和装烟室进行补贴。

（2）补贴资金的使用遵循公开、公正、惠及烟农的原则。

6.12.6 烘烤技术

严格按照Q/LNYC. 024—2016烤烟密集烘烤技术规程有关规定执行，烟叶生产技术指导员要加强监督指导，落实技术措施。烟叶收购站要组织对各烘烤专业户从业人员进行技术培训，对烘烤操作、管理及质量进行综合评价，确保烟叶烘烤质量。

6.12.7 支持文件

Q/LNYC. 024—2016烤烟密集烘烤技术规程。

6.12.8 附录（资料性附录）

序号	记录名称	记录编号	填制/收集部门	保管部门	保管年限
—	—	—	—	—	—

Q/LNYC

甘肃省陇南市烟草公司企业标准

Q/LNYC. 048—2016

专业化分级技术规程

2016-07-08 发布　　2016-07-08 实施

甘肃省陇南市烟草专卖局（公司）　发布

前　言

本标准对甘肃省陇南市烟草公司专业化分级技术的内容与要求等做出了规定。

本标准由甘肃省陇南市烟草公司烟叶生产科提出。

本标准由甘肃省陇南市烟草公司烟叶生产科归口管理。

本标准由甘肃省陇南市烟草公司烟叶生产科起草。

本标准主要起草人：黄明迪、杨树勋、夏巍、乔万鹏、王爱华和孙福山。

6.13 专业化分级技术规程

6.13.1 范围

为规范专业化分级技术，特制定本标准。

本标准适用于甘肃省陇南市烟草公司。

6.13.2 规范性引用文件

下列文件对于本文件的应用是必不可少的。凡是注日期的引用文件，仅所注日期的版本适用于本文件。凡是不注日期的引用文件，其最新版本（包括所有的修改单）适用于本文件。

GB 2635 烤烟。

YC/T 479—2013 烟草商业企业标准体系构成与要求。

YC/Z 290—2009 烟草行业农业标准体系。

DB 53/065—1998 烤烟分级扎把技术规范。

6.13.3 术语与定义

下列术语和定义适用于本标准。

6.13.3.1 专业化分级

人员进行烟叶分级培训合格后，由统一的组织（合作社）所进行的烟叶分级工作。

6.13.3.2 等级纯度

指某等级合格数量与上下一级及近邻等级的烟叶数量之和占抽检总数的百分比。

6.13.4 专业化分级原则及方式

按照“烟草引导、烟农自愿、专业分级、市场运作”的原则，通过烟草部门引导和技术指导，采取烟叶种植专业合作社组织成立烟叶分级专业化服务队或烟农互助合作分级服务队，由烟农出资委托，烟叶分级专业化服务队以协议的形式对烟农烘烤的烟叶按照国家42级烤烟分级标准进行分级扎把。

6.13.5 运作程序

（1）烟叶种植专业合作社组织成立烟叶分级专业化服务队或具有一定组织能力的烟农牵头组织成立烟农互助合作分级服务队，专业化服务队根据服务区域、户数、面积组建。

（2）专业化分级从业人员要求初中以上文化，责任心强、种植烟叶2年以上，具有一定的烟叶分级知识，服从烟叶生产技术员指导，按烟叶分级工序规范操作，按42级分级标准分级扎把。

（3）每个专业化分级队下设若干小组，每个小组设组长1名，由其中的1名分级工担任，负责专业化分级小组的日常管理、组织协调、技术指导、质量把关等具体工作。

（4）每个专业化分级人员日工作定额150~200kg，每个专业化分级组设3个工位，每工位配备1人。一工位负责去青去杂、部位颜色分组。二工位负责级别分级。三工位负责验收、扎把。

（5）烟叶收购站每组配备1名技术员现场跟班进行技术指导和质量监督，并对分级质量负责，收购预检员再不进行交售前预检。

（6）专业化分级服务费收费标准由县营销部结合产区劳动用工等成本实际，提出烟农能接受，专业化分级能发展的合理指导价，由专业化分级队与委托分级烟农协商确定。

（7）在烟叶专业化分级工作开始前，实行烟农委托，专业化分级队以协议的形式与烟农签订烟叶专业化分级服务协议书。主要内容包括：收费标准、分级地点、分级质量、纠纷处置等事宜。

（8）在专业化分级进行时，由烟农现场配合并监督分级，烟叶技术人员进行现场指导，专业化分级工按操作工序和技术标准要求进行规范操作。

（9）未达到协议约定分级相关要求，烟农有权终止分级协议，并不支付所发生的分级费用。

（10）烟叶分级专业化服务队在分级全过程，所遇到的一切风险由烟叶分级专业化服务队承担。

6.13.6 分级技术

严格按照DB 53/065-1998　烤烟分级扎把技术规范中有关规定执行，且接受管辖区烟叶生产技术员的监督指导，烟叶收购站要组织对各专业化分级服务队的日常工序操作、组织管理、分级质量进行综合评价。

6.13.7 支持文件

无。

6.13.8 附录（资料性附录）

序号	记录名称	记录编号	填制/收集部门	保管部门	保管年限
—	—	—	—	—	—

Q/LNYC

甘肃省陇南市烟草公司企业标准

Q/LNYC. 049—2016

陇南烟草职业化烟农培育管理规程

2016-07-08 发布　　　　2016-07-08 实施

甘肃省陇南市烟草专卖局（公司）　发布

前　言

本标准对甘肃省陇南市烟草公司职业化烟农培育管理规程做出了规定。

本标准由甘肃省陇南市烟草公司烟叶生产科提出。

本标准由甘肃省陇南市烟草公司烟叶生产科归口管理。

本标准由甘肃省陇南市烟草公司烟叶生产科起草。

本标准主要起草人：黄明迪、杨树勋、李彦、荣翔麟和孟刚。

6.14 陇南烟草职业化烟农培育管理规程

6.14.1 范围

本标准规定了陇南市职业化烟农培育的意义、职业化烟农的标准及评定程序。

本标准适用于陇南市职业化烟农的培育和管理工作。

6.14.2 评定标准

（1）自愿选择烟草农业为主要职业，“以烟为生、精于种烟”，种烟收入为家庭主要经济来源。

（2）有适度规模种植基础，年种烟 20 亩以上，具备开展烟田机械化作业、密集式烘烤的条件。

（3）烟叶种植户主年龄在 55 岁以下，家庭至少有两个以上的劳动力，能保证烟叶正常生产。

（4）善于学习和运用先进生产科技知识，能基本掌握现代烟草农业生产技术与工序操作技能。

（5）近三年种烟亩产量、亩产值、上中等烟比例高于全县平均水平。

（6）服从烟叶生产技术指导和管理，自觉遵守烟草专卖法律法规和烟叶种植收购合同管理。

（7）主动传授、应用新技术、新方法，示范带动周围烟农共同努力提高烟叶生产整体水平。

6.14.3 评定程序

（1）烟叶收购站对当年种植烟叶 20 亩左右的烟农按职业化评定标准进行引导，烟农自愿提交申请，由所在烟农合作社或村委会推荐。

（2）烟叶收购站对申请、推荐的烟农组织进行审核，符合基本条件的报县营销部批准，然后在村庄张榜公示，没有异议的，确定为职业化烟农。

（3）县营销部围绕职业化烟农管理，制定和实施职业化烟农培训计划，定期或按生产环节对精益化管理、生产技术规程、标准化生产、重点环节工序操作、烟农专业合作社、密集式烘烤和收购秩序等进行培训，建立职业化烟农管理制度体系。

（4）烟叶收购站按生产环节组织采取生产跟踪指导、生产现场讨论、优秀烟农传经、实地操作示范、田间地头观摩等方式，有效提高职业化烟农的生产技能和管理水平。

（5）县营销部根据年度烟叶生产产前投入计划，制定和落实年度烟叶产前投入兑现方案，对职业化烟农实行全方位指导与服务，产前投入物资与普通烟农实行差异化兑现。

（6）县营销部根据职业化烟农评定标准和年度生产经营情况，每年烟叶收购结束进行一次综合考核评价，实行动态管理。

（7）对年度考评优秀、积极上进、带动作用明显的，优先推荐为先进典型，下年可适度增加烟叶生产产前投入物资种类；对不求上进、不讲诚信、难以适应要求的，给予 1 年观察期，到期仍不改正，取消其资格。

6.14.4　烟农管理

对烟农的分类管理要综合烟农的种烟规模、诚信意识、劳力状况、技术水平到位率、烟用设施的齐全程度等因素合理的设置权重比，考核记分，将烟农按照初级、中级和高级三个级别进行划分，然后针对烟农实行个性化服务和差异化管理。

初级烟农：基本认同烟叶生产，种烟收入是家庭收入的调节，种烟不是很专业，种植水平不是很高，能基本或者不能完成烟叶合同任务，基本能按照烟草部门的要求落实生产技术，年种烟面积 20 亩以上，生产上等烟比例达到 28%以上。在管理上，采取有针对性的服务和扶持，稳定烟叶种植信心，解决生产上的问题和困难，积极开展生产和烘烤培训，提高烟叶种植的收入，使其向中级烟农转化。

中级烟农：认同烟叶生产，烟叶经济收入是家庭收入的重要经济来源，烟叶种植水平较高，能基本完成烟叶合同任务，基本能按照烟草部门的要求落实生产技术，年种烟面积 30 亩以上，生产上等烟比例达到 30%以上。在管理上，加大扶持和支持力度，在烟叶生产和收购的各个环节加强考核，提高烟叶种植水平，提高种烟效益，使烟叶种植水平向高级烟农转化。

高级烟农：热爱烟叶生产，主要职业以烟叶种植为主，烟叶经济收入是家庭的主要经济收入来源，种烟技术水平高，能严格按照烟叶技术员的指导落实生产技术，烟叶交售到指定的收购站，能保质保量的完成烟叶合同任务，严格执行烟叶生产收购各项政策。在管理上，加大扶持力度，优先安排基础设施建设项目，优先安排种植计划，优先兑现烟叶产前投入，积极引导高级烟农尝试新技术，创新烟叶生产技术和方法，实现规模种植，降低烟叶种植成本。年种烟面积 40 亩以上，生产上等烟比例 33%以上。

6.14.5　支持文件

无。

6.14.6　附录（资料性附录）

序号	记录名称	记录编号	填制/收集部门	保管部门	保管年限
—	—	—	—	—	—